普通高等教育电气工程系列规划教材

电力工程基础

付 敏 白红哲 吕艳玲 编

机械工业出版社

本书共分七章,第一章介绍电力系统的基本概念和基本知识,第二章讲述电力系统的电气接线、发电厂变电所的电气主接线及电力系统一次设备,第三章讲述输电线路和变压器的参数及等效电路,第四章讲述电力系统的潮流计算、无功功率平衡与电压调整、有功功率平衡与频率调整,第五章讲述电力系统短路电流的计算与分析,第六章讲述电力系统的稳定性问题,第七章介绍电力系统的继电保护与自动装置。每章后附有小结、复习思考题和习题。

本书可作为电气工程及其自动化专业的教材,还可作为电力类专业人员的培训教材。

图书在版编目(CIP)数据

电力工程基础/付敏,白红哲,吕艳玲编. —北京:机械工业出版社,2016.11(2023.12重印)

普通高等教育电气工程系列规划教材

ISBN 978-7-111-54984-0

Ⅰ.①电… Ⅱ.①付… ②白… ③吕… Ⅲ.①电力工程-高等学校-教材 Ⅳ.①TM7

中国版本图书馆 CIP 数据核字(2016)第 235830 号

机械工业出版社(北京市百万庄大街 22 号　邮政编码 100037)
策划编辑:王雅新　责任编辑:王雅新　张利萍　责任校对:肖　琳
封面设计:张　静　责任印制:张　博
北京雁林吉兆印刷有限公司印刷
2023 年 12 月第 1 版第 5 次印刷
184mm×260mm・14.25 印张・351 千字
标准书号:ISBN 978-7-111-54984-0
定价:42.00 元

电话服务　　　　　　　　　网络服务
客服电话:010-88361066　　机 工 官 网:www.cmpbook.com
　　　　　010-88379833　　机 工 官 博:weibo.com/cmp1952
　　　　　010-68326294　　金　书　网:www.golden-book.com
封底无防伪标均为盗版　　　机工教育服务网:www.cmpedu.com

前言

本书是根据加强基础、拓宽专业知识面、减少理论教学学时以及增加实践学时的教学改革新要求而编写的。编者总结近20年的教学经验，结合当前电力系统日新月异的发展状况，针对电气类本科学生确定了教材内容，书中涉及电力系统的基本概念、电网中各元件的参数及等效电路、电力系统的稳态分析与暂态分析、电力系统保护与控制等内容。为帮助学生在学习过程中对知识的整体把握，书中在每章内加入了小结、复习思考题和习题。

本书共分七章。第一、五章由付敏编写，第二、六、七章由吕艳玲编写，第三、四章由白红哲编写。全书由付敏统稿、整理、审核。在本书编写过程中得到了哈尔滨理工大学电气与电子工程学院领导和教师的大力支持与帮助，在此表示衷心感谢。同时，向本书所引用的参考文献作者表示感谢。

限于编写人员的水平，虽精心编写，广泛搜集素材，但书中仍难免存在缺点和不足，恳请广大读者批评指正，提出宝贵意见。

编　者

目 录

前言
第一章 电力系统概述 1
第一节 电力系统的组成 1
第二节 电力系统的特点及要求 4
第三节 电力系统的电压等级和选择 7
第四节 电力系统负荷 9
第五节 发电厂生产过程 12
本章小结 21
复习思考题 21

第二章 电力系统接线及一次设备 23
第一节 电力系统的接线方式 23
第二节 电力系统的中性点接地方式 24
第三节 发电厂和变电所的电气主接线 33
第四节 电力系统一次设备 43
本章小结 51
复习思考题 52

第三章 电网元件的参数计算及等效电路 53
第一节 输电线路的结构 53
第二节 输电线路的参数计算及等效电路 61
第三节 变压器的参数计算及等效电路 68
本章小结 76
复习思考题 76
习题 77

第四章 电力系统稳态分析与计算 78
第一节 电网元件的电压与功率损耗计算 78
第二节 开式电网的潮流计算 85
第三节 简单闭式电网的潮流计算 94
第四节 电力系统无功功率平衡与电压调整 100
第五节 电力系统有功功率平衡与频率调整 117
第六节 电力系统的经济运行 124
第七节 超高压远距离直流输电 129
本章小结 135
复习思考题 136
习题 136

第五章 电力系统短路电流的计算 138
第一节 概述 138
第二节 标幺制 140
第三节 无限大功率电源供电网络的三相短路电流计算 146
第四节 有限容量电源供电网络三相短路起始次暂态和冲击电流的实用计算 151
第五节 网络的变换与化简 155
第六节 利用运算曲线计算短路电流 158
第七节 对称分量法及序网络图 163
第八节 电力系统简单不对称短路的计算 173
第九节 电力系统非全相的计算简介 179
本章小结 181
复习思考题 182
习题 182

第六章 电力系统运行的稳定性 185
第一节 概述 185
第二节 电力系统的功率特性 186
第三节 简单电力系统的静态稳定性 190
第四节 电力系统的暂态稳定性 193
本章小结 199
复习思考题 199

第七章 电力系统保护与控制 201
第一节 概述 201
第二节 电力系统继电保护的一般问题 202
第三节 电力设备的继电保护 206
第四节 电力系统自动装置 213
本章小结 217
复习思考题 218

附录 短路电流周期分量计算曲线数字表 219

参考文献 223

第一章

电力系统概述

第一节 电力系统的组成

一、电力系统的组成

在电力工业发展的初期,由于对电能的需求量不大,发电厂都建设在用户附近,规模也小,而且孤立运行,各电厂间没有联系。随着工农业的发展和科学技术的进步,对电力的需求量和发电厂容量都在不断增大。为了节省燃料的运输费用,发电厂建设在蕴藏动力资源所在地,而这些地区往往远离电力用户。为了减少远距离电能输送过程中的功率损耗和电压损耗,需要提高输电电压,因此在发电厂和输电线路间必须建设升压变电所,实现电能的远距离输送。而当电能输送到负荷中心后,为满足用户对电压的要求,又必须经过降压变电所降压,及配电线路向用户供电。另外,随着用电量的增多,发电厂的数量也逐渐增多,同时电力用户对供电的可靠性也提出了更高的要求。于是,将彼此孤立运行的发电厂通过输电线路和变电所相互连接起来,形成现代的电力系统。图 1-1 所示为一个现代电力系统接线图。

在图 1-1 中,该电力系统由大容量的水力发电厂、火力发电厂和热电厂生产电能。其中,水力发电厂由于其容量大,输电距离远,因此将电压升高到 500kV 后经过双回输电线路送到变电所 1;火力发电厂 1 的电能升压至 220kV 后由线路送到变电所 3,并通过线路与 220kV 电网相连;火力发电厂 2 是建设在燃料产区的区域性火电厂,它所生产的电能通过 220kV 线路送往负荷中心;热电厂位于负荷附近,它除了发电外,还向周围的工厂及用户供热。由图可见,电力系统是由多个发电设备、输变电设备和用电设备等组成的系统,完成了电能的生产、输送、分配以及消费任务。具体说电力系统就是由发电机、变压器、输电线路和用电设备组成的系统。

交流电力系统都是三相输送电能的,但为了简单、清晰地表示设备之间的连接关系,同时系统正常运行时,三相系统是对称的,因此一般情况下常将其接线图画成单线的接线图。为了便于讨论分析,常用图 1-2 来描述一个简单的电力系统。

在电力系统中,通常将输送电能和分配电能的设备(输电线路和变电设备)组成的网络称为电力网(简称电网)。由图 1-1 可清晰看到电网由输电线路以及由其所联系起来的各级变电所构成,在电力系统中,担负着对电能的输送和分配任务。通常按供电范围和电压等级可将电网分为三类:地方电网、区域电网和超高压远距离输电网。

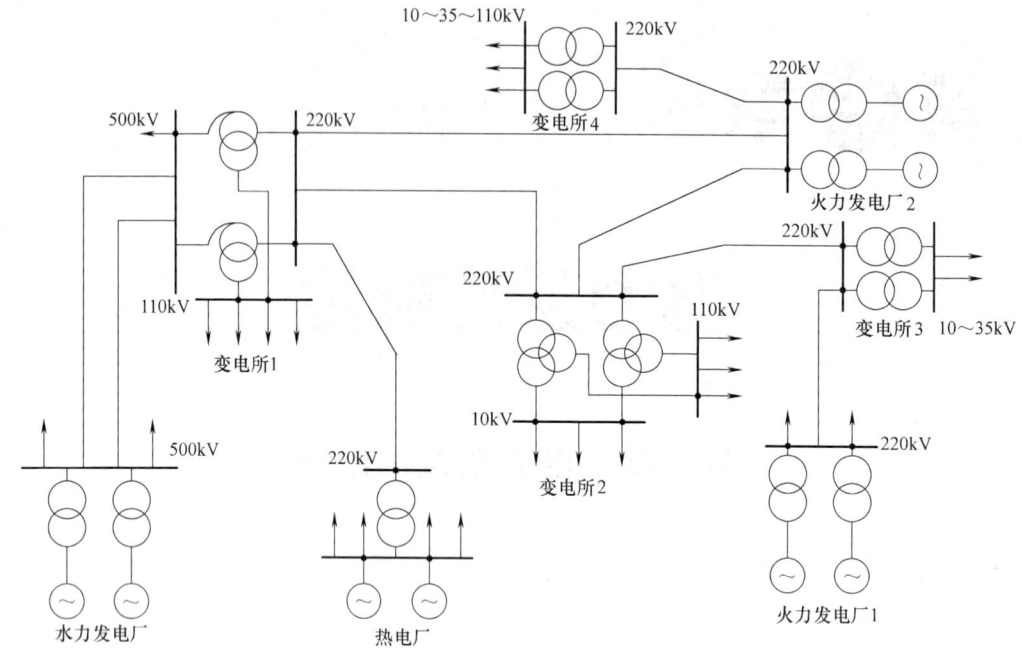

图 1-1　现代电力系统接线图

图 1-2　简单的电力系统

地方电网是指电压不超过 110kV、供电半径在 20～50km 以内的电网。一般城市、工矿区和农村配电网属于地方电网。

区域电网是指电压在 110～220kV、供电半径超过 50km 的电网。这类电网联系发电厂较多，目前，我国大部分省（自治区）的电网属于区域电网。

超高压远距离输电网是指电压在 330kV 以上，由远距离输电线路连接构成的电网。该类电网往往联系几个区域性电网形成跨省（自治区）的电网，如我国的东北、华北、华中等大区电力系统就属于这一类型。

变电所在电网中起着变换和分配电能的作用，其除有升压和降压之分外，还可分为：区域变电所、地方变电所以及终端变电所等。

区域变电所（又称枢纽变电所），位于联系电力系统各部分的枢纽点，地位重要，电压等级为 330kV 及以上，进出线回路数多，一般汇集多个电源和大容量联络线。该变电所一旦停电，将引起整个系统解列，甚至造成部分系统瘫痪。枢纽变电所对电力系统的稳定性和可靠性起重要作用。

地方变电所（又称二次变电所），是一个地区或一个中小城市的主要变电所，电压等级一般为 110～220kV，主要向地区或城市用户供电。该变电所停电将造成该地区或城市供电的紊乱。

终端变电所，是电力系统最末端的用户变电所，多数是工业企业变电所和城市居民小区、商业网点及农村的乡镇变电所，电压等级一般为110kV，直接向一个局部地区用户供电，不承担转送功率任务。该变电所停电将造成用户供电的中断。

另外，考虑到火力发电厂的汽轮机、水力发电厂的水库以及核电站的反应堆等这些发电厂的动力设备，则有了动力系统这一概念。动力系统是指电力系统与发电厂的动力设备（火电厂的热力设备、热力网，水电厂的水力设备，核电站的反应堆等）构成的整体。

二、联合系统的优越性

将孤立运行的发电厂通过电网连接起来组成联合系统，这样并网运行在技术、经济上有如下几个明显的优越性。

（1）减少备用容量的百分比　为了使在发电机发生故障及在机组检修时，系统不中断对电力用户的供电，即为了提高电力系统的供电可靠性，往往机组装机时都留有备用容量（备用容量是装机容量与最大负荷之差）。由于备用容量在联合系统中可以共同享有，因此系统容量越大，备用容量在总装机容量中所占的百分比也就越小。

（2）可以采用大容量高效率的发电机组　大容量机组效率高，运行费用少，占地面积小。从供电可靠性及经济性考虑，孤立运行的电厂由于没有足够的备用容量，因此不能采用大容量机组，否则，一旦机组因检修或故障而退出运行，将造成电网的大面积停电，给国民经济带来巨大损失。对于联合电力系统，由于拥有足够的备用容量，可采用高效率的大容量机组。

（3）可充分利用水电厂的水力资源　水电厂发电有很强的季节性，这是因为水力资源受季节的影响大。在夏、秋丰水期水量大，水电厂可多生产电能；在冬、春枯水期水量小，水电厂只能承担少量的发电任务。如果水、火电厂组成联合电力系统，丰水期时水电厂多发电，火电厂少发电，并安排火电厂机组检修；枯水期时火电厂多发电，水电厂少发电，并安排水电厂机组检修。这样既充分利用了水力资源，又减少了化石能源的消耗，提高了经济性，实现了低碳环保。另一方面，水电机组起动方便，宜于作为调频电厂，减少火电机组调频时的起动煤耗，从而也提高火电厂效率。

（4）可减小系统总装机容量　不同地区由于生产、生活以及时间、季节等各种条件的差异，最大负荷出现时间各不相同，当组成联合系统后，系统总负荷的最大值小于系统内所有负荷最大值之和，从而减小了系统装机容量，提高了系统的经济性能。

（5）可提高供电可靠性　电力系统中有大量的发电机、变压器、输电线等电力设备，这些设备在运行中不可避免会发生故障，单台机组故障对用户供电没有影响或者影响不大，而多台机组同时故障或系统瓦解的概率很小。组成联合系统后，提高了系统的供电可靠性。

由上可知，采用联合系统显著地提高了电力系统运行的可靠性和经济性。因而，世界各国电力系统的规模越来越大，有的发达国家已经形成了全国统一的电力系统，甚至相邻国家之间也建立了互联的电力系统。但需要指出的是，随着电力系统的日益增大、联系的不断紧密，也越容易发生因系统内一处故障处理不及时或处理错误，而引起其他地区随之发生故障的现象。近二、三十年来世界上发生的几次著名大停电事故，都是由于这种事故波及所导致的。可见，系统的规模并不是在所有场合下都是越大越好，而是应该依据实际条件以适当的方式建立联合系统。

三、电力系统的基本参数

描述一个具体电力系统采用下面的基本参数：

（1）总装机容量　系统中实际安装的所有发电机组额定有功功率总和，单位为 kW（千瓦）、MW（兆瓦）、GW（吉瓦）。

（2）年发电量　系统中所有发电机组全年实际发出的电能总和，单位为 kW·h（千瓦时）、MW·h（兆瓦时）、GW·h（吉瓦时）、TW·h（太瓦时）。

（3）最大负荷　在规定时间（一天、一月或一年）内，系统总有功功率负荷的最大值，单位为 kW（千瓦）、MW（兆瓦）、GW（吉瓦）。

（4）年用电量　接在系统上所有用户全年所用电能的总和，单位为 kW·h（千瓦时）、MW·h（兆瓦时）、GW·h（吉瓦时）、TW·h（太瓦时）。

（5）额定频率　我国规定的交流电力系统的额定频率为 50Hz，国外则有额定频率为 60Hz 和 25Hz 的电力系统。

（6）最高电压等级　指系统中最高电压等级的电力线路的额定电压，单位为 kV（千伏）。

第二节　电力系统的特点及要求

一、电力系统的特点

电能在生产、输送、分配及使用过程中表现出与其他工业部门产品有明显的不同，即电力系统具有以下几个特点：

（1）电能不能大量储存　电能的生产、输送、分配和使用是同时完成的。发电厂任意时刻所发出的电量取决于电力用户在同一时刻使用的电量和电力系统自身损耗的电量，即电力系统中功率时时保持平衡。因而电力系统中任何环节发生元件故障都将会影响电力系统的正常工作。

迄今为止尽管人们对电能存储进行了大量的研究，并在一些电能的储存方式上，如抽水蓄能、飞轮储能、压缩空气储能以及化学电池储能等有了某些突破性的进展，但仍没有完全解决经济、高效、大容量的电能储存问题。因此，电能不能大量储存是电能生产的最大特点。

（2）过渡过程非常迅速　电能是以电磁波的形式传播的，其传播速度为光速（300km/ms），因此运行过程中任何变化引起系统在电磁和机电方面的过渡过程都十分短暂。发电机、变压器、输电线路以及电力设备的投入或退出运行、负荷的增减都在瞬间完成，电力系统发生异常和故障所引发的过渡过程更是非常短暂，往往用毫秒（ms）、微秒（μs）甚至纳秒（ns）来计量。因此，不论是正常运行时所进行的调整和切换操作，还是故障时所做的切除及恢复操作，必须采用先进的信息控制技术和各种自动装置来迅速、准确地完成。

（3）与国民经济各部门及人民生活关系极为密切　由于电能具有易于集中生产、便于远距离输送、易于转换成其他形式能量等优势，电能已经成为国民经济各部门以及人民生活不可或缺的能源，如果电能供应不足或突然停电将给国民经济造成巨大损失，给人民生活带来不便。

（4）具有明显的地区性特点　由于各个电力系统的能源结构、负荷结构不同，因而各个电力系统的组成也各不相同，甚至是完全不同。

二、电力系统运行的要求

由于电力系统具有上述特点，对其提出了以下基本要求。

1. 保证供电的可靠性

这是电力系统运行的首要任务，保证供电可靠性就是不间断地向用户供电。电力系统运行过程中，由于设备受自然灾害或人为误操作等原因的影响，不可避免地会发生各种各样的故障，轻者造成局部停电损失，重者导致设备损坏或大面积停电，造成经济上的严重损失和政治上的不良影响。因此，电力系统的各个部门应加强现代化管理，提高设备的运行和维护质量，尽可能避免系统发生故障，一旦发生故障也要尽量缩小故障影响的范围。应当指出，目前绝对防止故障的产生是不可能的，并且各种用户对供电可靠性的要求也不一样。因此，应根据电力用户的重要性不同，区别对待，以便在事故情况下把给国民经济造成的损失限制到最小。从实际出发，通常将电力用户分为三类：

第一类用户：停电会造成人身伤亡，设备损坏，产品报废，生产秩序长时间不易恢复，或在政治上给国家造成重大损失的用户。这类用户要求有很高的供电可靠性。对该类用户通常应设置两路或以上相互独立的电源供电，其中每一路电源的容量均应保证在此电源单独供电的情况下能满足用户的用电要求。确保当任一路电源发生故障或检修时，都不会中断对用户的供电。

第二类用户：如果中断供电会造成大量减产，工人窝工，城市公共事业及人民生活受到影响的用户。对该类用户应设专用供电线路，条件许可时也可采用双回路供电，并在电力供应出现不足时优先保证其电力供应。

第三类用户：一般指不属于第一类、第二类的其他用户，短时停电不会给这类用户造成严重后果，如小城镇、小加工厂及农村用电等。

当系统发生事故，出现供电不足的情况时，应当首先切除三类用户的用电负荷，以保证一、二类用户的用电。需要指出的是，用户的重要程度不是一成不变的，如农业用户，在平时是第三类电力用户，允许短时间停电，但当发生洪涝或严重干旱时，必须按第一类用户对待，保证向其不间断供电。

2. 保证良好的电能质量

频率、电压和电压波形是电能质量的三个基本指标。当系统的频率、电压和波形不符合电气设备的额定值要求时，往往会影响设备的正常工作，危及设备和人身安全，影响用户的产品质量等。因此为保证电力系统安全经济可靠运行，国家提出系统所提供的电压、频率和电压波形必须在所允许的变化范围内。

（1）电压　电力系统各点的实际运行电压允许在一定程度上偏离其额定电压，在这一允许偏离范围内，各种电力设备及电力系统本身仍能正常运行。我国目前所规定的用户供电电压允许的电压变化范围，见表1-1。

表 1-1　用户供电电压允许变化范围

线路额定电压	电压允许变化范围(%)
35kV 及以上	±5
10kV 及以下	±7
低压照明	−10 ~ +5
农业用户	−10 ~ +5

由于输电过程中存在电压损耗，电网中各节点的电压将随着运行方式的改变而发生变化，为了保证电压质量满足要求，需要采取一定的调压措施，有关这方面的内容将在第四章第四节无功功率平衡与电压调整中进行介绍。

（2）频率　目前世界上大多数国家规定的额定频率为50Hz（美国为60Hz），而各国对频率变化的容许偏差规定不一，有的国家规定不超过 ±0.5Hz，也有一些国家规定为不超过 ±(0.2 ~ 0.5)Hz。我国的技术标准规定电力系统的额定频率为50Hz，大容量系统允许频率偏差为 ±0.2Hz，中小容量系统允许频率偏差为 ±0.5Hz。

由电机理论可知，在并联运行的电力系统中，系统内所有机组在任一瞬间的频率值是一致的。在稳定运行情况下，频率值取决于所有机组的转速，而机组的转速则主要决定于输入、输出功率的平衡情况。所以，要保证频率的偏差不超过规定值，就要通过一定的调频措施，保持电源与负荷间的有功功率平衡。有关这方面的内容将在第四章第五节有功功率平衡与频率调整中进行介绍。

（3）波形　规定电力系统给用户供电的电压波形为正弦波形。系统中尽管发电机发出符合标准的正弦波形，但由于系统中有许多电压与电流成非线性关系的电气元件（如电弧炉、电焊设备等），都是电力系统谐波电流和电压的来源，特别是电力电子装置大量使用后系统中产生了大量谐波，造成系统电压波形的畸变，从而使供电的电压达不到正弦波形。

电压波形质量用波形总畸变率来表示，正弦波的畸变率是指各次谐波有效值二次方和的方均根值占基波有效值的百分比。要求380V/220V线路电压波形总畸变率不大于5%，其他情况下电压波形总畸变率不大于4%。

为保证电能质量，必须采取措施对谐波进行抑制或补偿。

3. 保证充足的电力

最大限度地满足用户的电力需求，为国民经济的各部门提供充足的电力。为此，首先应按照电力先行的原则做好电力系统发展的规划设计，认真搞好电力建设，以确保电力工业的建设优先于其他的工业部门。其次，还要加强现有设备的维护，以充分发挥潜力，确保足够的备用容量，以防止事故的发生。

4. 保证电力系统运行的经济性

要使电能在生产、传输和分配过程中损耗小、效率高，以期最大限度地降低电能成本。电能成本的降低不仅会使各用电部门的成本降低，更重要的是节省了能量资源，因此会带来巨大的经济效益和长远的社会效益。为了实现电力系统的经济运行，除了进行合理的规划设计外，还须对整个系统实施最佳经济调度，实现火电厂、水电厂及核电厂负荷的合理分配，同时还要提高整个系统的管理技术水平。

概括地说对电力系统的基本要求就是：保证对用户不间断地供给可靠、优质、充足而又价廉的电能。

第三节 电力系统的电压等级和选择

一、电力系统的电压等级

电力系统中的电机、变压器和用电设备都是按一定的标准电压设计和制造,这些设备只有在标准电压下运行时,其技术性能和经济性能才是最好的,也才能保证其安全可靠运行,这个标准电压就是通常所说的额定电压。另一方面,为使电力工业和电工制造业的生产标准化、系列化和统一化,世界上的许多国家和有关国际组织都制定了关于额定电压等级的标准。电压等级指的是电力系统及电力设备的额定电压级别系列。表1-2给出了我国国家标准所规定的额定电压。

表1-2 国家标准(GB)所规定的额定电压

用电设备额定电压 /kV	交流发电机额定电压 /kV	变压器额定电压/kV	
		一次绕组	二次绕组
3	3.15*	3及3.15	3.15及3.3
6	6.3	6及6.3	6.3及6.6
10	10.5	10及10.5	10.5及11.0
—	13.8*	13.8	—
—	15.75*	15.75	—
—	18*	18	—
—	20*	20	—
35	—	35	38.5
63	—	63	69
110	—	110	121
220	—	220	242
330	—	330	363
500	—	500	5550
750	—	750	—
1000	—	1000	—

注:1. 带*号的数字为发电机专用;
   2. 变压器二次绕组栏内的3.3、6.6、11kV电压适用于短路阻抗值在7.5%以上的变压器。

目前我国常用的电压等级有:220V、380V、3kV、6kV、10kV、35kV、110kV、220kV、330kV、500kV、750kV和1000kV。

从表1-2可见,电力系统内同一电压等级电气设备的额定电压不相同。

二、电网及电力设备额定电压的确定

为了适应各种电气设备对额定电压的需求,电力系统对各设备的额定电压做出了相应的规定,以使电网的额定电压和电气设备的额定电压相一致。

1. 电网额定电压

规定电网的额定电压和用电设备的额定电压相同。

2. 电力线路额定电压

如图1-3a所示,线路ab有功率通过时,由于线路阻抗的存在使得线路首、末两端的电压不等,且首端电压U_a高于末端电压U_b,沿线路ab的电压分布如图1-3a所示,接在线路

中的用电设备 $LD_1 \sim LD_5$ 所承受的电压各不相同，为使用电设备所承受的电压尽量与其额定电压相接近，应取线路的平均电压 $U_{av} = (U_a + U_b)/2$ 等于用电设备的额定电压，即线路的额定电压也与用电设备的额定电压相同。

由于通常允许用电设备实际工作电压偏离额定电压 ±5%，而电力线路从始端到末端的电压损耗一般为 10%，因此，通常使线路首端电压比额定电压高 5%，而线路末端电压比额定电压低 5%。这样，接在线路任一点处的用电设备所承受的电压均不超过额定电压的 ±5%。

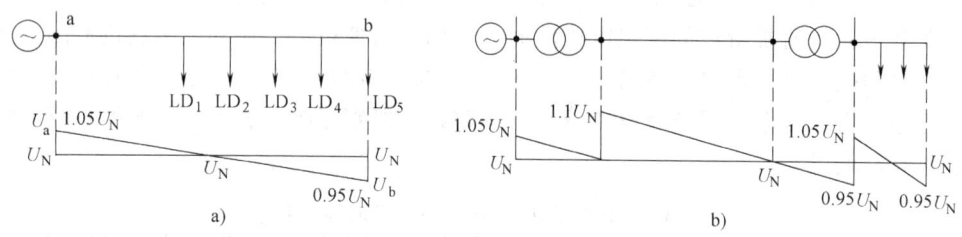

图 1-3　电网中电压的分布

3. 发电机额定电压

发电机总是接在线路的首端，因此发电机的额定电压比所接线路的额定电压高 5%。

4. 变压器额定电压

电力变压器在输变电过程中具有供电设备和用电设备的双重作用。变压器一次绕组连接电源或发电机，接收电能，相当于用电设备；变压器二次绕组连接负荷，向负荷提供电能，相当于发电机，或供电设备。因此，变压器一次绕组额定电压应等于用电设备的额定电压。但需要注意的是，对于直接与发电机连接的变压器一次绕组额定电压应等于发电机的额定电压，使之相互配合。变压器二次绕组的额定电压是指变压器空载运行时的电压。当变压器在额定负载下运行时，其内部阻抗会造成大约 5% 的电压损耗。为使变压器在额定负载下工作时，二次绕组的电压比同级电网的额定电压高 5%，规定变压器二次绕组的额定电压比电力系统额定电压高 10%。若变压器阻抗较小，内部电压损耗也较小，则规定这类变压器二次绕组额定电压仅比用电设备额定电压高 5%。

由上述规定，当线路上接有升压变压器和降压变压器，并在额定负荷下运行时，沿线路的电压分布情况如图 1-3b 所示。

为了适应电力系统运行调节的需要，通常在变压器的高压绕组上设计制造有分接抽头。分接抽头用百分数表示，即表示分接头电压与主抽头电压的差值占主抽头电压的百分数。对于同一电压等级的变压器，当用作升压变压器和降压变压器时，即使分接头百分值相同，分接头的电压也不同。如图 1-4 所示为连接于 220kV 和 10kV 电压等级下具有分接头 $(1 \pm 2 \times 2.5\%) U_N$ 的升压、降压变压器分接头额定电压。

三、电力系统电压等级的选择

在规划设计时，输配电网络额定电压的选择又被称为电压等级的选择。三相交流输电线路传输的有功功率 $P = \sqrt{3} UI\cos\varphi$，输送功率一定时，线路的电压越高，线路中的电流就越小。由于减小了电流，一方面使得线路上的功率损耗、电能损耗以及电压损耗相应减小，另

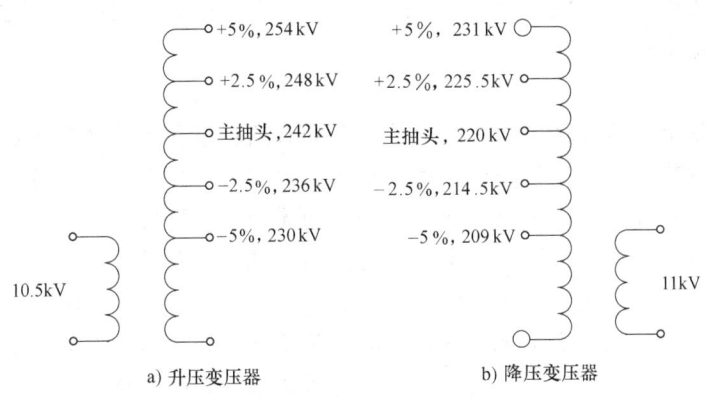

图 1-4 变压器分接头额定电压

一方面可以减小输电导线的横截面积,从而节约了有色金属用量,降低了导线的成本。但是,电压越高,要求线路的绝缘水平越高,输电线路的走廊加宽,杆塔的几何尺寸也将随着导线之间的距离和导线对地之间距离的增加而加大。这样增加了线路的投资和杆塔的材料消耗。同时,线路两端变电站内的变压器以及断路器等设备的投资也将随电压的升高而增加。所以,电压等级的选择是关系到电力系统建设费用高低、运行是否方便、设备制造是否经济合理的一个综合性问题,因而是较为复杂的问题。根据以往的设计和运行经验,我国电网的额定电压、输电距离和传输功率之间的大致关系见表 1-3,该表可供选择电网额定电压时参考。

表 1-3 电网的额定电压、输电距离与传输功率的关系

额定电压 /kV	传输功率 /kW	输电距离 /km	额定电压 /kV	传输功率 /kW	输电距离 /km
6	100～1200	4～15	220	100000～500000	100～300
10	200～2000	6～20	330	200000～1000000	200～600
35	2000～10000	20～50	500	600000～1500000	400～1000
110	10000～50000	50～150			

第四节 电力系统负荷

一、负荷的基本概念与负荷特性

1. 负荷的基本概念

电力系统中接有数量众多、千差万别的用电设备,这些用电设备包括异步电动机、同步电动机、各类电炉、整流设备、电力电子设备、信息技术设备、家用电器设备以及照明设备等。通常,把用户的这些用电设备所消耗的功率(或电能)称为"负荷"。其中,电功率分为有功功率和无功功率,负荷也分为有功负荷和无功负荷。电力系统的综合用电负荷就是系统中所有用电设备消耗功率的总和;另外,综合用电负荷加上网络中线路和变压器所损耗的功率得到的就是系统中各发电厂应供应的功率,称其为电力系统的供电负荷(供电量)。供

电负荷再加上各发电厂本身消耗的功率（厂用电）得到的是系统中各发电机应发的功率，即电力系统的发电负荷（发电量）。

2. 负荷特性

负荷特性是指电力负荷从电力系统电源吸取的有功功率和无功功率随负荷端电压及系统频率变化而改变的规律，其变化规律与系统运行参数有关。从定义中不难看出，负荷特性既有电压特性和频率特性之分，又有有功功率特性和无功功率特性之分；另外，负荷特性还可进一步分为静态特性和动态特性。静态特性是指系统进入稳态运行后，负荷功率与电压或频率的关系；动态特性则是指在电压、频率急剧变化过程中负荷功率与电压、频率的关系。将上述三种特征相结合，从而确定某一种特定的负荷特性，如无功功率静态电压特性、有功功率静态频率特性。负荷特性对研究电力系统的电压调整、频率调整有着直接的联系。

二、负荷曲线

用户用电设备的起动或停止对电力系统而言完全是随机的，因此负荷也是随机的，但从长时间来看却显示出某种程度的规律性。例如某些负荷随季节（冬、夏季）、企业工作制（一班或倒班作业）的不同而出现一定程度的变化。负荷变化的规律性可用负荷曲线来描述。所谓负荷曲线就是指在某一段时间内用电设备有功、无功负荷随时间变化的图形。负荷曲线有多种形式：按负荷种类分，可分为有功负荷曲线和无功负荷曲线，常用的是有功负荷曲线（如无特殊说明，一般所提到的负荷曲线均指的是有功负荷曲线）；按时间段的长短分，可分为日负荷曲线、年负荷曲线等；按计量地点可以分为用户、电力线路、变电所、发电厂和电力系统的负荷曲线。下面介绍几种常用的负荷曲线。

1. 日负荷曲线

日负荷曲线是用来反映一天内（0~24h）负荷随时间的变化情况，是制定各发电厂发电负荷计划及系统调度运行的依据。典型的日负荷曲线如图1-5所示，负荷曲线中的最大值称为日最大负荷 P_{max}（峰荷），最小值称为日最小负荷 P_{min}（谷荷），而把最小负荷以下的部分称为基本负荷，显然，基本负荷不随时间变化。

根据负荷曲线可以求出系统中用户的日用电量为

$$W = \int_0^{24} P dt \tag{1-1}$$

为了反映负荷曲线的起伏情况，引入一个负荷率 K_P 的概念，其定义为

$$K_P = \frac{P_{av}}{P_{max}} \tag{1-2}$$

式中，P_{av} 为日平均负荷，$P_{av} = W/24$。

负荷率 K_P 值小，表明负荷曲线起伏变化大，发电机的利用率较差。

无功负荷也在一天中不断变化，图1-6给出了日无功负荷曲线。对比同一负荷的有功功率和无功功率日负荷曲线（图1-5和图1-6），可见，这两类负荷曲线不完全相似，因为一日之内功率因数是变化的，在低负荷时功率因数相对较低，而在高峰负荷时功率因数较高。另外，无功功率与有功功率的最大负荷不一定同时出现。

对于不同性质的用户，其负荷曲线也各不相同。负荷曲线的变化规律取决于负荷的性质、厂矿企业的生产制度以及用电地区的地理位置、当地气候条件和人民生活习惯等。

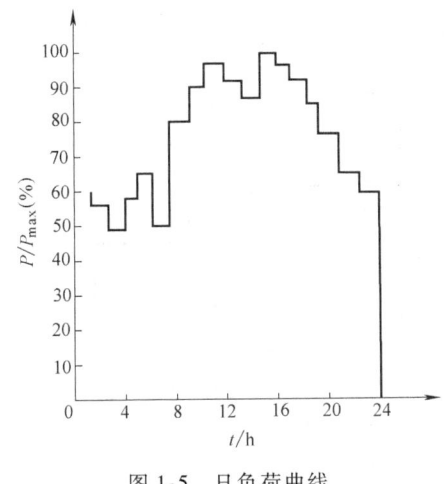

图 1-5 日负荷曲线

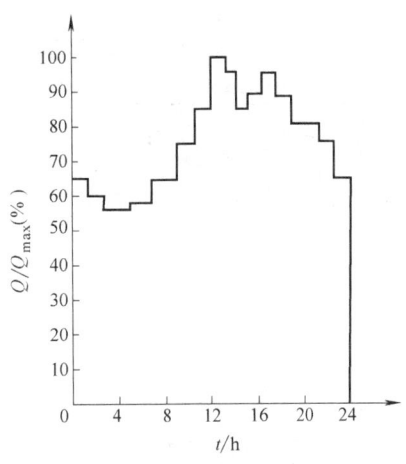

图 1-6 日无功负荷曲线

由于电力系统中各用户的日最大负荷不会在同一时刻出现,最小负荷也不会出现在同一时刻。因此,系统的最大负荷小于各用户最大负荷之和(将各用户最大负荷相加,再乘以小于1.0的同时率,即为系统的最大负荷),而系统的最小负荷总大于各用户最小负荷之和。于是,尽管系统中不同用户的负荷曲线变化较大,但系统的负荷曲线却相对平坦。

2. 年最大负荷曲线

在电力系统运行和设计中,不仅要知道一日的负荷变化规律,而且也要知道一年内负荷的变化规律。图1-7给出的是常用的年最大负荷曲线,该曲线反映的是一年12个月内,每个月最大负荷变化的规律。在图中,夏季照明负荷普遍减小,负荷曲线在该季节出现了低谷,年终时由于各工矿企业为超额完成年度计划而增加生产,以及新建、扩建厂矿投入生产等原因使得该时段的负荷较其他时段大。由此可见,利用年最大负荷曲线来安排发电设备的检修计划,同时为制订发电机组或发电厂的扩建或新建计划提供依据。

3. 年持续负荷曲线

年持续负荷曲线是将一年中系统负荷按其大小及其累计时间顺序排列而成的曲线,如图1-8所示。可见,在全年8760h中,t_1时间内的负荷为P_1,t_2时间内的负荷为P_2,t_3时间内的负荷为P_3,其中$P_1 = P_{max}$。这种负荷曲线常用于安排发电计划、电网能量损耗计算、可靠性估算等方面。

根据年持续负荷曲线,可以确定系统全年的耗电量为

$$W = \int_0^{8760} P dt \tag{1-3}$$

也可确定电力系统最大负荷利用小时数T_{max}。通过全年实际消耗的电量,求出最大负荷利用小时数,即

$$T_{max} = \frac{W}{P_{max}} = \frac{1}{P_{max}} \int_0^{8760} P dt \tag{1-4}$$

在图1-8所示的年持续负荷曲线中,若使矩形面积$Oahi$等于面积$Oabcdefg$,则Oi代表的时间即为T_{max}。

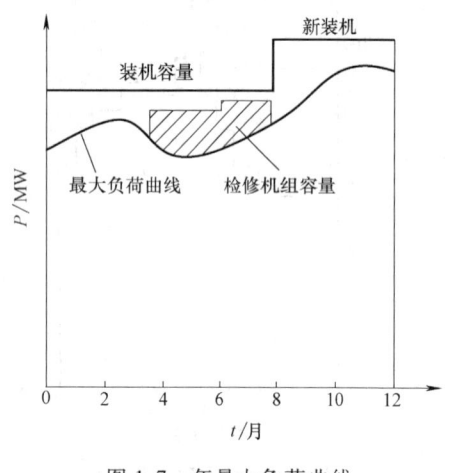

图 1-7 年最大负荷曲线　　　　图 1-8 年持续负荷曲线

不难发现，如果负荷在一年中变化不大，负荷曲线平坦，那么最大负荷利用小时数 T_{max} 就大；如果一年中负荷变化大，负荷曲线变化也大，那么该负荷的 T_{max} 就相对较小。根据运行经验，不同性质的用户、不同的生产班次其最大负荷利用小时数 T_{max} 都有一个大致的范围，见表 1-4。

表 1-4　各类用户最大负荷利用小时数

负荷类型	T_{max}/h
照明及生活用电	2000～3000
一班制企业	1500～2200
二班制企业	3000～4500
三班制企业	6000～7000
农业用电	1000～1500

在未知用户实际负荷曲线的情况下，依据该用户的用电性质，从表 1-4 中选择相应的值，结合已知的该用户最大负荷，即可近似估算出其全年用电量。

第五节　发电厂生产过程

发电厂是电能的生产者，它将化石能源（煤、石油、天然气）、自然能源（水能、风能、太阳能等）以及核能源等这些一次能源转换为易于传输、便于使用的电能。下面对各类型发电厂的电能生产过程做简略介绍。

一、火力发电厂

将煤、石油、天然气等作为燃料的发电厂称为火力发电厂，简称火电厂。该类电厂通过燃烧燃料将燃料内储存的化学能转换为热能，再借助于汽轮机等热力机械将热能变换为机械能，最后再由发电机将机械能变为电能。火电厂在系统中所占比重最大。

火电厂可分为凝汽式火电厂和热电厂。凝汽式火电厂是单一生产电能的电厂，而热电厂既生产电能，又向用户提供热能。由于供热距离不能很远，一般热电厂建在临近热负荷的地区，装机容量也不大。凝汽式火电厂一般建在燃料产地，以节省燃料运输费用，往往这类电厂的装机容量很大。

下面以图1-9所示的凝汽式火电厂生产过程示意图为例，说明火电厂的生产过程。

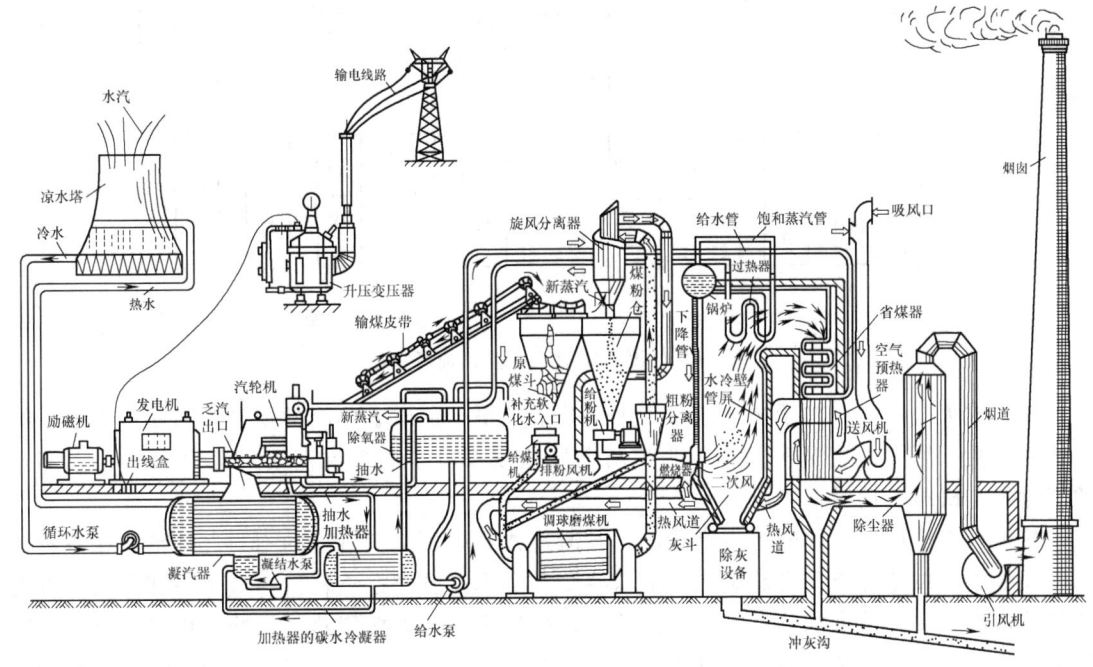

图1-9 凝汽式火电厂生产过程示意图

原煤从产地运进电厂后，先放入原煤仓，然后经输煤带送入原煤斗并落入磨煤机，煤被磨成很细的煤粉后，由排粉机将其抽出，随同热空气送入锅炉的燃烧室进行燃烧。燃烧时放出的热量一部分被燃烧室四周的水冷壁吸收，另一部分加热燃烧室顶部和烟道入口处的过热器中的蒸汽，余下的热量被烟气携带穿过省煤器、空气预热器，把热量传递给这两个设备内的蒸汽、水和空气。烟气经除尘器净化处理后，由引风机导入烟囱，并排入大气。燃烧时所生成的灰渣和除尘器收集下来的细灰，用水冲进灰沟排到场外灰场。

燃烧用的助燃空气，由送风机送入空气预热器加热，加热后的热空气小部分计入磨煤机用于干燥和输送煤粉，大部分则进入燃烧室参与助燃。

水、蒸汽是热能转化成机械能的重要工质。净化后的水，先送入省煤器预热，然后进入锅炉顶部的汽包再降入水冷壁管中，待其吸收燃烧室内的热能后蒸发成蒸汽。该蒸汽流经过热器时，进一步吸收烟气的热量而变为高温高压的过热蒸汽，然后经过主蒸汽管道进入汽轮机。进入汽轮机的蒸汽在喷管里膨胀而推动汽轮机转子高速旋转，将热能转换为机械能。汽轮机再带动发电机旋转，将机械能转换成电能。做完功的蒸汽（称为乏汽）在冷凝器中被冷却凝结成水。凝结水经除氧器除氧，再经加热器加热后，用给水泵重新送入省煤器进行预热，以便被继续循环使用。

冷凝器所需要的冷却水，由循环水泵从江河上游（或冷水池）打入，冷却水在冷凝器中吸热后，流进江河下游（或冷却塔）散热，然后再进入循环水泵。

上述的火电厂电能生产过程可用简图1-10所示的框图来表示。

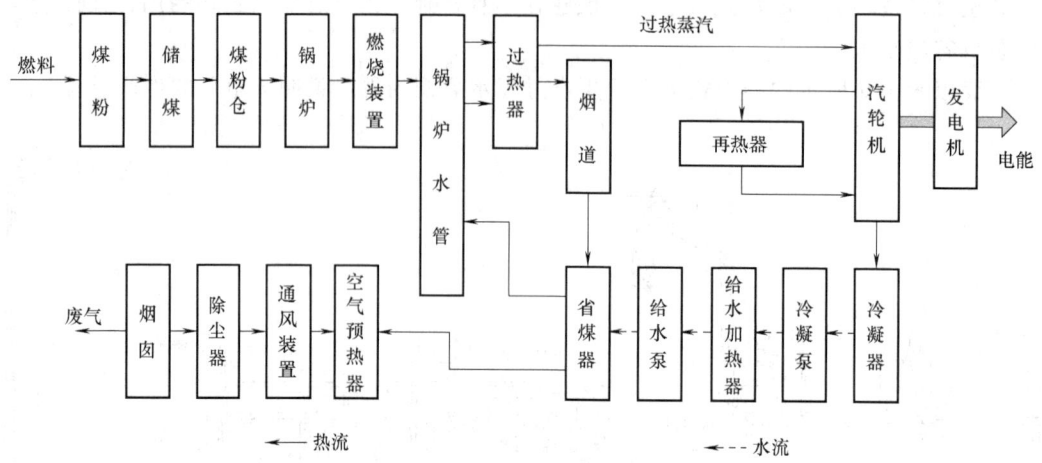

图1-10 凝汽式火电厂生产流程简图

凝汽式火电厂中,由于循环水带走大部分的热量,造成了热能的损失。因而这类电厂的热效率不高,通常为30%~32%,为提高电厂热效率可采用高温高压的蒸汽参数和大容量的汽轮发电机组,此时效率可达到34%~40%。

热电厂生产电能的同时也生产热能,与凝汽式火电厂生产过程的不同之处是,在汽轮机的中段抽出了供给热能用户的蒸汽,而这些蒸汽实际上已经在汽轮机中做了一部分功,再将这些蒸汽引入一个给水加热器中去加热热用户的用水,或直接把蒸汽供给热用户。显然,因进入冷凝器内的蒸汽量减少,循环水所带走的热量也随之减少,从而提高了电厂的热效率。现代化热电厂的热效率可达60%~70%。

二、水力发电厂

利用河流所蕴含的水能资源发电的电厂称为水力发电厂,简称水电厂。水能资源是一种廉价的、对环境没有污染的可循环利用的再生能源。这类电厂通过从高处的河流或水库引水,利用高处与低处之间水的压力或流速冲动水轮机旋转,将水能转变成机械能,然后水轮机带动发电机旋转,再将机械能转变成电能。

为了充分利用水能资源,获得尽可能大的上、下游水位差(落差),针对河流的自然条件建造适合于河流特点的水工建筑物。按照集中落差方式的不同,水电厂分为堤坝式、引水式和混合式三类。

堤坝式水电厂利用拦河筑坝的方式建成水库以保持高水位。根据厂房与坝的位置不同,堤坝式水电厂又分为坝后式水电厂和河床式水电厂两类。坝后式水电厂单独筑坝,坝身高,水位高,厂房建在坝后,不承担水压,如图1-11所示。这类电厂在我国应用较多,如三峡、三门峡、刘家峡、丰满、白山、丹江口水电厂等均属于坝后式水电厂。河床式水电厂适用于河床平缓地区,由于水落差小,将厂房和坝建在一起,厂房就是拦河建筑物的一部分,如图1-12所示。我国的葛洲坝、西津水电厂就属于河床式水电厂。

在河流的上游,当河床坡度较大时,不用建筑堤坝,只通过建隧洞或渠道就获取较大水落差,这种方式建造的水电厂称为引水式水电厂,如图1-13所示。

根据河流的特点也可建造兼有堤坝式和引水式两种特点的水电厂,称为混合式水电厂。

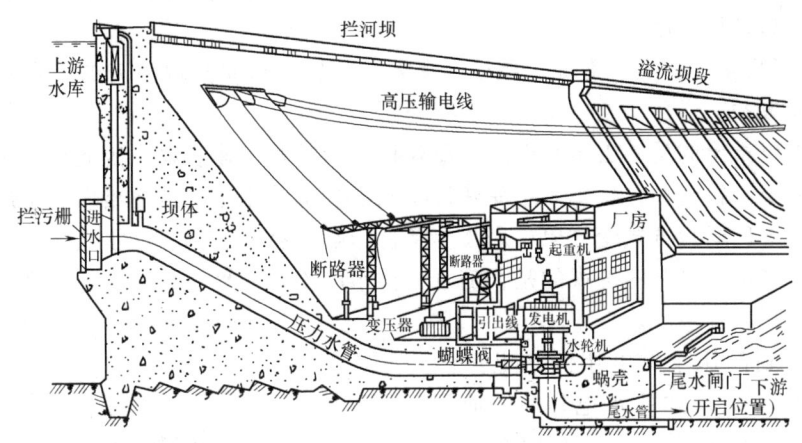

图 1-11　坝后式水电厂

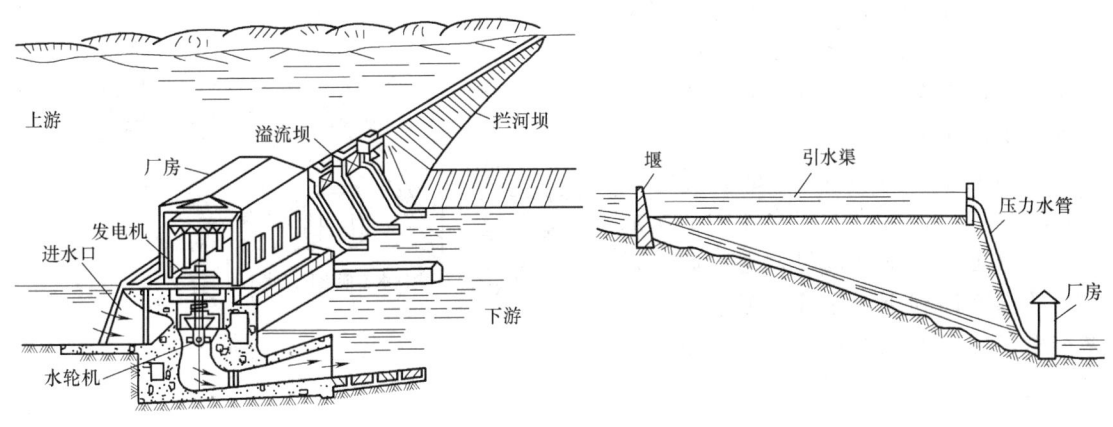

图 1-12　河床式水电厂　　　　　图 1-13　引水式水电厂

往往一条河流的天然落差很大，受技术条件和自然环境因素的制约，可对河流进行合理的分段开发利用。在河段上有若干个不同类型的水电厂，一个接一个，成阶梯状的分布，将这类水电厂称为梯级水电厂。目前在金沙江下游已经开始梯级开发建造乌东德、白鹤滩、溪洛渡、向家坝四座大型水电厂，总装机容量将是三峡电站的两倍。

水电厂的发电过程比火电厂简单。无论哪类水电厂，均是通过压力水管将水引入水轮机的螺旋形蜗壳，从而推动水轮机转子旋转，将水能转变为机械能，水轮机转子再带动发电机转子旋转，使机械能变为电能。

与火电厂相比，水电厂有如下几个特点：

1）不消耗燃料，不存在环境污染问题。

2）由于水电厂的生产过程简单，因此所需的运行维护人员较少，并且容易实现生产自动化。

3）发电成本低，生产效率高，大中型水电厂发电效率为 80%~90%，成本为火电厂的 1/4~1/3。

4）水电机组从静止状态起动到满负荷运行，正常时只需要 4~5min，事故时还可以缩短到1min左右,而火电厂则需数小时,因此水电厂能适应负荷的急剧变化,适于承担系统的峰值负荷和起备用作用。

5) 解决了发电、防洪、灌溉、航运等多方面问题,从而实现河流的综合利用,使国民经济取得更大效益。

但是,需要指出的是,由于水电厂需要建设大量的水工建筑物,因此相较于火电厂,水电厂建设工期长、投资大,特别是水库建设将淹没一部分土地,从而给农业生产带来不利影响;另外,水电厂运行方式受气象、水文等条件影响,有丰水期、枯水期之分,因而发电出力不如火电厂稳定;更不容忽视的是,随着大型水电工程的兴建,在一定程度上破坏了自然界的生态平衡。

除上面提到的用于发电用的水电厂外,还有一种特殊形式的水电厂——抽水蓄能电厂,该电厂在上、下游均有水库和引水建筑物,并配有可逆式水轮发电机组,其示意图如图1-14所示。当电力系统负荷处于低谷时(或丰水时期),利用系统内多余电力,将下游水库中的水抽到上游水库,以水的位能形式储存起来;等到电力系统负荷处于高峰时(或枯水时期),再将上游水库中的水放出来,驱动水轮发电机组发电,此时做过功的水又回到下游水库。显然,抽水蓄能电厂在电力系统中不仅能蓄能,而且还能起到调峰平谷的作用。

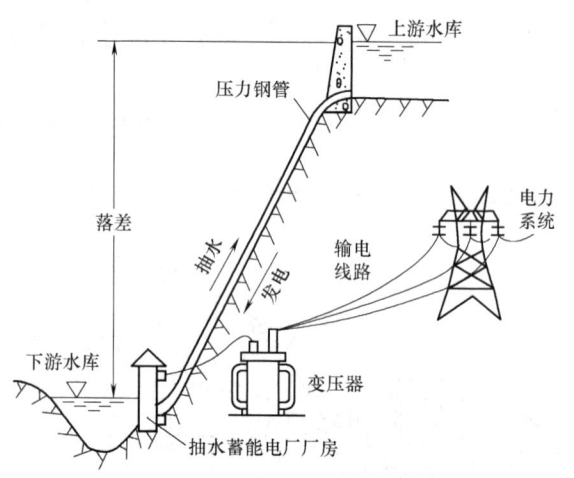

图1-14 抽水蓄能电厂

三、核电厂

自1951年在美国加利福利亚州建成世界上第一个实验性100kW核电厂以来,许多国家纷纷建设了核电厂。核电厂利用核燃料在反应堆内发生核裂变释放出大量热能,这些热量将蒸汽发生器内的水加热成具有一定压力和温度的蒸汽,与一般火电厂相同,蒸汽推动汽轮机旋转,再带动发电机旋转,从而产生电能。可见,核电厂与火电厂的不同之处在于所使用的燃料为核燃料,并且核-蒸汽发生系统替代了火电厂的锅炉生产蒸汽系统。所以,核电厂中的反应堆又被称为原子锅炉。

能够控制核裂变的反应堆是核电厂的重要核心设备。世界上使用的核反应堆型有轻水堆型、重水堆型和石墨气冷堆等。其中,目前使用较多的反应堆是将水作为慢化剂和冷却剂的轻水堆型,它又包括沸水堆型和压水堆型两种。图1-15为沸水堆型核电厂的生产过程示意图,在沸水堆内水被加热沸腾成为蒸汽,直接引入汽轮机做功,工作过的乏汽经冷凝成水后,再用泵打回反应堆。整个热力系统简单,由单回路构成,但有可能使汽轮机等设备受到放射性污染,从而使这些设备的运行、维护和检修复杂化。为了克服此缺点,采用图1-16所示的双回路系统的压水堆。这种堆型增设了一个蒸汽发生器,从反应堆引出来的高温水在蒸汽发生器内将热量传递给另一个独立回路的水,使其被加热成为高温蒸汽,以推动汽轮机，做完功的乏汽冷凝成水后，再用泵打回蒸汽发生器中。由于在蒸汽发生器内两个回路彼此独立、互相隔离，所以汽轮机等设备不会受到放射性污染。

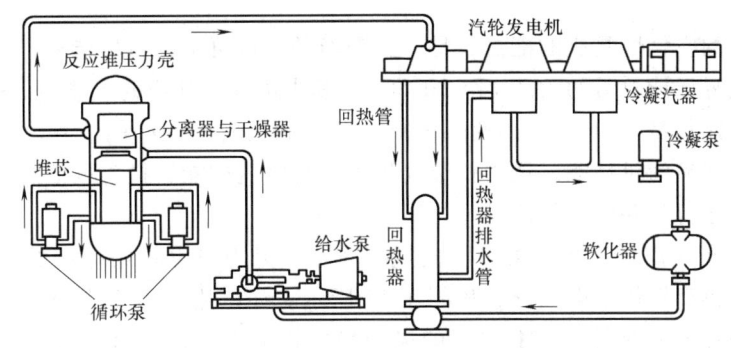

图 1-15　沸水堆型反应堆

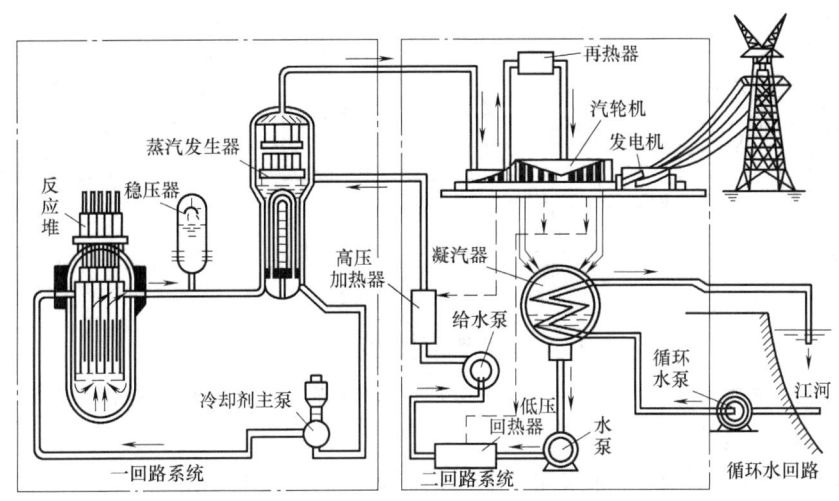

图 1-16　压水堆型反应堆

核电厂有许多优点，首先，可以节省大量煤、石油和天然气，并节省了燃料运输费用。例如，一座容量为 500MW 的火电厂一年耗煤 150 万 t 左右，而同容量的核电厂只需要核燃料 600kg。其次，反应堆不需要空气助燃，所以核电厂可建在地下、山洞、水下或空气稀薄的高原地区。另外，尽管核电厂的建设投资比火电厂和水电厂高，但发电成本低，并且电厂规模越大，每千瓦投资费用下降越多。据介绍，若建设一座 500MW 的发电厂，则建核电厂比建火电厂更为合算。

四、新能源发电

进入 21 世纪以来，利用化石能源发电正面临着资源日益枯竭和环境污染日趋严重的双重压力。可再生无污染的绿色新能源代替化石能源是历史发展的必然趋势。

新能源是指风能、太阳能、生物质能、地热能和海洋能等常规能源之外的一次能源，是在高新技术基础上开发利用的可再生能源，对其进行开发利用不会污染环境，是清洁能源，将新能源转化为清洁、方便的电能是开发利用新能源的最有效途径之一。

下面主要来介绍如何利用风能和太阳能进行发电。

1. 风力发电

风能是流动的空气所具有的能量,是一种洁净的、可再生的自然能源,同时风能的储量十分丰富。全世界风能总量约为 $2.74 \times 10^9 \mathrm{MW}$,其中可开发利用的风能为 $2 \times 10^7 \mathrm{MW}$,比地球上可利用的水能总量大 10 倍。因此,风能的开发利用有着广阔的前景。风力发电,就是利用风轮将风能转换为机械能,风力机带动发电机再将机械能转换为电能。风力发电的运行方式通常有离网运行和并网运行两种。

(1) 离网运行 离网运行风力发电机规模较小,风力发电机组生产的电能通过蓄电池等储能装置蓄能再直接供给电用户,如图 1-17 所示。如果用户需要交流电,则需在蓄电池与用户负荷之间加装逆变器。5kW 以下的风力发电机大多采用这种运行方式,偏远地区可采用该种方式解决供电问题。

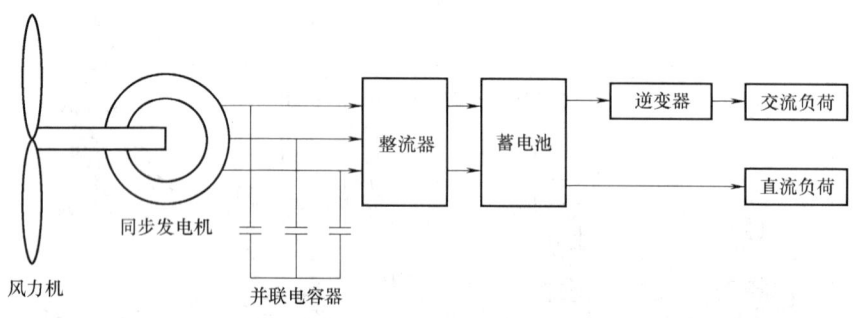

图 1-17 离网运行的风力发电系统

由于风能具有随机性,为了保证在无风期间用户可以不间断地获得电能而设置了蓄能装置(多采用铅酸蓄电池和碱性蓄电池)。

为了实现不间断的供电,除采用蓄电池储能外,风力发电系统也可与其他能源发电系统相结合,如风力-太阳能互补供电系统、风力-柴油机组联合供电系统等。

(2) 并网运行 风力发电机与电网相连,发电机生产的电能输送给电网,再由电网提供给电用户,并网运行发电是大规模开发风电的主要形式。在风能资源良好的地区,将几十台、几百台或几千台单机容量从数十千瓦、数百千瓦直至兆瓦级以上的风力发电机组按一定的阵列布局方式成群安装而组成的风力发电机群体,称为风力发电场,简称风电场。风电场发出的电能经变电设备送往大电网,更加充分地开发可利用的风能资源,是近年来风力发电发展的主要方向。

并网运行的风力发电系统可分为恒速恒频风力发电系统和变速恒频风力发电系统。

恒速恒频风力发电系统的基本结构如图 1-18 所示。自然风吹动风力机旋转,风能转化为机械能,再经齿轮箱升速后驱动异步发电机将机械能转化为电能。该系统中,发电机组具有结构简单、成本低、过负荷能力强以及运行

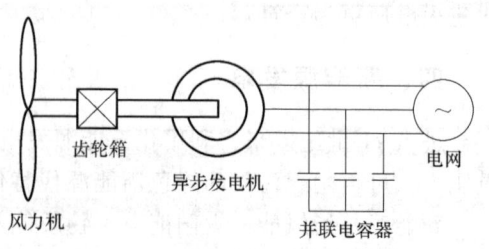

图 1-18 恒速恒频风力发电系统

可靠性高等优点，是目前主要的风力发电设备。

变速恒频风力发电系统的发展主要依赖于大容量电力电子技术的成熟，从结构和运行方面可分为直接驱动的同步发电机系统和双馈感应发电机系统。在图 1-19 所示的直接驱动的同步发电机系统中，风力机与发电机直接相连，不需要经过齿轮箱升速，发电机输出电压的频率随发电机转速而变化，再通过交-直-交或者交-交变频器与电网相连，在电网侧得到频率恒定的电压。

双馈感应风力发电机组的基本结构如图 1-20 所示，其定子绕组直接接入电网，转子采用三相对称的绕组，经背靠背式的双向电压源变频器与电网相连接，从而向发电机转子绕组提供交流励磁电流。发电机既可以低于同步转速（亚同步）运行，也可以高于同步转速（超同步）运行，变速范围宽。

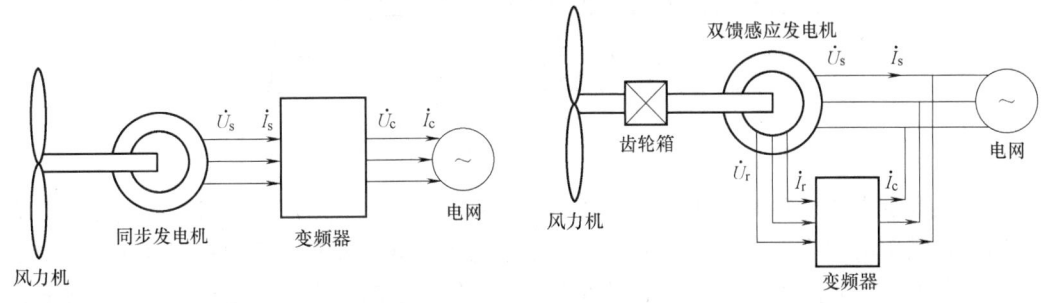

图 1-19 直接驱动的同步发电机系统　　　　图 1-20 双馈感应发电机系统

变速恒频风力发电机组实现了发电机转速与电网频率的解耦，降低了风力发电机和电网之间的相互影响，但它的结构复杂、成本高、技术难度大。随着电力电子技术的不断提高，特别是双馈感应发电机系统，不仅改善了风力发电机组的运行性能，还大大降低了变频器的容量，成为今后主要的风力发电设备。

2. 太阳能发电

在太阳内部，连续不断的核聚变释放出巨大的能量，该能量以光辐射的形式向宇宙空间发射，太阳光辐射的这种能量就是太阳能。太阳向宇宙空间发射的辐射功率为 3.83×10^{20} MW，其中 20 亿分之一的能量到达大气层。到达大气层的太阳能即使经过大气层的反射和吸收后，仍有 8.2×10^{11} MW 到达地面，这个数据相当于燃烧 500 万 t 煤所释放的能量。太阳能不仅资源丰富，而且还是地球上许多能源的来源，如风能、水的势能等，它既可以免费使用，又无须运输，对环境没有任何污染，因此太阳能发电对我国电力行业实现可持续发展具有重大的意义。但太阳能的能流密度较低，还具有间歇性和不稳定性，给开发利用带来困难。

太阳能转换为热能、电能以及化学能后被人们的生活生产所使用。目前太阳能发电形式主要有太阳能光发电和太阳能热发电。

（1）太阳能光发电　这是一种光能转换成电能的太阳能发电方式，包括光伏发电、光感应发电、光化学发电和光生物发电，其中光感应发电和光生物发电还处于原理性实验阶段，光化学发电具有发电成本低、工艺简单等优点，但工作稳定性等问题有待于解决，被广泛应用的是光伏发电，通常所说的太阳能光发电就是指光伏发电。

光伏发电是根据光生伏打效应原理，利用太阳电池（光伏电池）将太阳光能直接转化为电能。当太阳光照射在半导体材料的太阳电池上时，电池吸收了的光能破坏了晶体内的共价键电子，激发出材料内更多的自由电子和空穴，自由电子与空穴在 PN 结两侧集聚形成了电位差，当外部电路接通时，在该电压的作用下，将会有电流流过向外部电路输出功率。单个的太阳电池不能作为电源使用，而要用若干片电池组成电池阵进行发电。

由于在白天和夜间、晴天和阴天以及不同的季节，太阳的照射强度不相同，因此为了保证供电可靠性，光伏发电需要蓄电池来存储太阳电池受光照时所发出的电能。太阳电池产生的是直流电，而大多用电设备用的是交流电，所以光伏发电系统中需要有逆变装置，将直流电转换为交流电以供给交流负载。图 1-21 给出了光伏发电系统的组成结构。

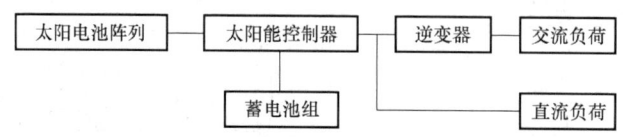

图 1-21　光伏发电系统

光伏发电也有离网和并网两种运行方式。离网运行方式大多用于偏远的无电地区，而且以户用和村庄用的中小系统居多。采用并网运行光伏发电系统不需要配备蓄电池，逆变器的输出通过分电盘分别与本地负荷和电网相连。当光伏发电功率大于本地负荷时，输出的电量一部分供本地负荷使用外，剩余的电量流向电网；当光伏发电功率小于本地负荷时，不足的电量部分由电网提供。

（2）太阳能热发电　太阳能热发电是将太阳辐射能转换为热能，再通过各种发电装置将热能转换为电能的发电技术。

太阳能热发电有两种类型，一类是将聚集的太阳能由热能直接转换为电能进行发电，如半导体或金属材料的温差发电、真空器件中的热电子和热离子发电以及碱金属热电转换和磁流体发电等。这类发电的特点是发电装置本体没有活动部件，该发电技术暂时还不成熟，尚处于原理试验阶段。另一类是利用太阳热能间接发电，将太阳热能转变为工质的热能，通过热力机（如涡轮）将热能转换成机械能，再通过发电机将机械能转换为电能，现在所说的太阳能热发电就是指该类发电。在这类发电中能量转换过程与火力发电相类似，只是其热能是由聚集的太阳能转换而来的，也可以说用"太阳锅炉"代替了火电厂的常规锅炉，图 1-22 所示为典型太阳能热发电站热力循环系统原理图。

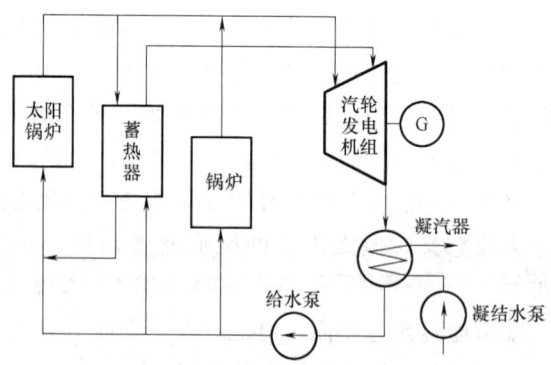

图 1-22　典型太阳能热发电站热力循环系统原理图

太阳能热发电的种类不少，但总是经过太阳辐射能→热能→机械能→电能的能量转换，因此典型的太阳能热发电系统由集光集热子系统、蓄热子系统、辅助能源子系统、热机与发电子系统组成。

① 集光集热子系统。集光集热子系统由聚光器、跟踪装置和接收器组成，是太阳能热发电系统的核心子系统，该子系统将吸收到的太阳能转换为工质热能。聚光器利用反射镜将收集到的阳光聚集到一个有限尺寸面上，以提高单位面积上的太阳辐射度，从而提高被加热工质的温度和提高系统的效率。根据所使用的反射镜不同，聚光方式有两种：平面反射镜聚光和曲面反射镜聚光。塔式太阳能热发电系统中的聚光器采用的就是平面反射镜聚光方式，其采用若干大型平面发射镜，将阳光聚到高塔的顶处（集中聚焦）。常用的曲面反射镜又分为槽式抛物面反射镜和盘式抛物面反射镜。前者的镜面从几何上看是将抛物线平移而形成的槽式抛物面，阳光经过槽式抛物面聚集到一条焦线上（线聚焦）。而盘式抛物面反射镜的镜面从几何形状上是一条抛物线旋转360°而形成的抛物球面，因此该反射镜也叫作旋转抛物面反射镜，该反射镜将阳光聚集到焦点上（点聚焦）。为了使一天中所有时刻的太阳辐射都能通过反射镜反射到固定不动的接收器上，提高系统发电效率，在反射镜上设置了跟踪装置。放在聚焦位置上的接收器吸收经过聚焦的阳光，将太阳辐射能转变为热能，并传递给蓄热子系统中的载热介质。

② 蓄热子系统。由于太阳能具有间歇性和随机性的特点，要保证系统正常稳定地发电，通常在系统中配置储能子系统，以保证在夜间或太阳辐照不足时发电。太阳能热发电系统多采用蓄热的方式来储存能量，蓄热子系统内的载热介质吸收由接收器输送来的能量并进行存储，当需要能量时，蓄热介质通过蒸汽发生器将热量传递给热机发电子系统进行发电。目前，蓄热的方法主要有显式蓄热、潜式蓄热和化学反应蓄热三种。

③ 辅助能源子系统。由于目前还没有成熟的低成本的蓄热技术，为了保证系统稳定发电，在夜间或阴雨天一般采用辅助能源子系统供热。这样太阳能与其他能源组成综合互补的发电系统，可以降低太阳能发电的成本。

本 章 小 结

本章主要阐述了电力系统的概念、特点及要求、电压等级及电能质量等问题，分析了电力系统负荷曲线的作用，并且介绍了火力发电厂、水力发电厂和核电厂电能的生产过程，同时也对风能和太阳能两种可再生新能源发电方式进行了简单的概述。

本章重点是对基本概念的理解，本章内容是学习本课程的预备知识。

复习思考题

1-1 给出电力系统、电网的定义和基本构成形式。

1-2 电力系统运行有什么特点？对电力系统运行的基本要求是什么？

1-3 衡量电能质量的指标有哪些？

1-4 为什么远距离输电线路电压等级越高越经济？

1-5 试述我国电压等级的配置情况。

1-6 孤立发电厂构成联合电力系统的优点有哪些？

1-7 根据对用电可靠性的要求，负荷可以分成哪几类？

1-8 何谓总装机容量、年发电量、最大负荷、额定频率和最高电压等级？

1-9 电力系统中发电机、变压器、输电线路和用电设备的额定电压是如何确定的？

1-10 对于接在额定电压10kV与110kV输电线路间的升压变压器，其额定电压比是多少？当分接头接在+5%上时，该变压器的实际电压比是多少？

1-11 对于接在额定电压110kV与10kV输电线路间的降压变压器，其额定电压比是多少？当分接头接在+5%上时，该变压器的实际电压比是多少？

1-12 何谓负荷曲线？常用的负荷曲线有哪几种？研究这些负荷曲线的目的是什么？

1-13 何谓最大负荷利用小时数？年持续负荷曲线平坦程度与最大负荷利用小时数有何关系？

1-14 根据发电厂使用的一次能源不同，发电厂主要有哪几种类型？

1-15 试述火力发电厂、水力发电厂和核电厂的生产过程。

1-16 可再生能源有哪些？

第二章

电力系统接线及一次设备

第一节 电力系统的接线方式

电力系统接线涉及两方面的内容：一部分是发电厂、变电所之间的连接关系，另一部分是发电厂、变电所内的电气主接线。前者又可分为地理接线和电气接线，地理接线描述的是发电厂、变电所所处的地理位置和输电线路距离的长短，如图2-1所示；电气接线表示发电厂、变电所之间电气的连接关系，如图1-1所示。在这本书中所提到的电力系统接线指的是发电厂、变电所之间的电气接线。

电力系统的接线方式可以分为无备用接线和有备用接线两种。

1. 无备用接线

用户只能从一个方向取得电能的接线方式称为无备用接线。这类接线方式可以分为单回路放射式、单回路干线式、单回路链式等，如图2-2所示。

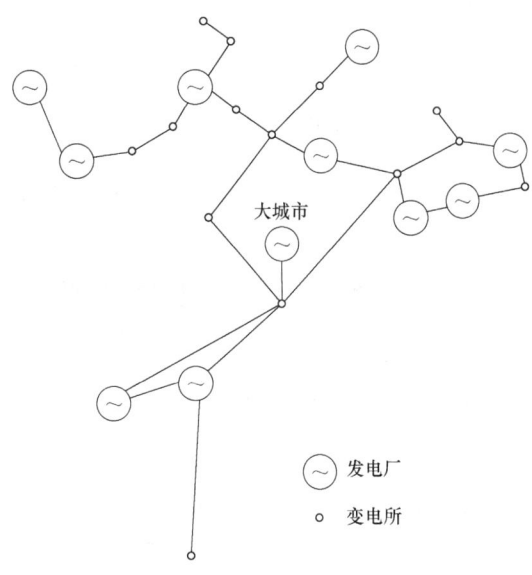

图2-1 电力系统地理接线

这种接线方式的主要优点是简单、投资少、运行维护方便，主要缺点是供电可靠性低，任一段线路检修或故障，都会导致部分用户供电中断。该接线方式只适合于三类用户，当采用自动重合闸后，可以明显提高供电可靠性，也可以用于二类用户，但不能用于向一类用户供电。

通常，把采用无备用接线方式的电网，称为开式网。

2. 有备用接线

有备用接线是指用户可以从两个或两个以上方向取得电能的接线方式，如双回路的放射式、双回路干线式、双回路链式、环网以及两端供电网络等，如图2-3所示。

有备用接线的特点是每个用户由两条或两条以上线路获得电能，供电可靠性高，适于

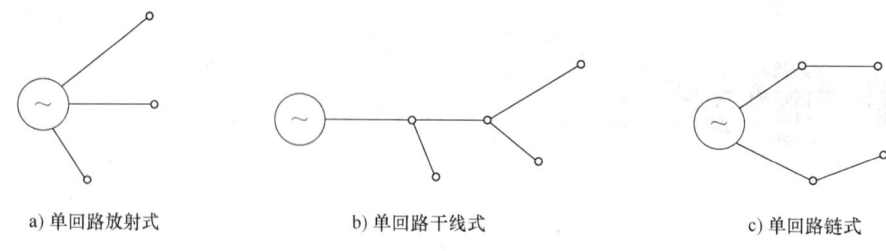

图 2-2　无备用接线

一、二类用户。缺点是运行操作和继电保护复杂、经济性也较差。但是由于保证对用户不间断供电是电力系统的首要目标之一，所以目前采用有备用接线（尤其是两端供电方式）较多。把采用有备用接线方式的电网，称为闭式网。

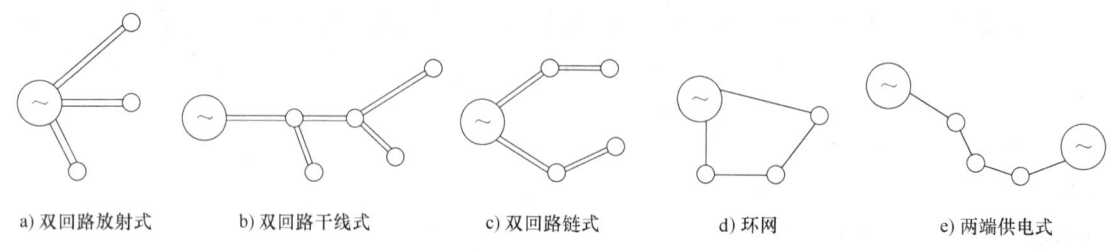

图 2-3　有备用接线

第二节　电力系统的中性点接地方式

一、电力系统接地方式

为了保证电网或电气设备的正常运行和工作人员的人身安全，人为地将电网及其单个元件的某一特定地点通过导体与大地做良好的连接，称为接地。接地包括：工作接地、保护接地、保护接零、防静电接地和防雷接地等。

1. 工作接地

为了保证电气设备在工作或故障情况下可靠工作而采取的接地称为工作接地。通常，工作接地都是将电气设备的中性点直接或经特殊设备与地做金属连接，因此又称为中性点接地。

2. 保护接地

将一切正常工作时不带电而在绝缘损坏时可能带电的金属部分（例如各种电气设备的金属外壳、配电装置的金属构架等）接地，以保证工作人员触及时的安全，这种接地称为保护接地。保护接地可以减小人体触电的危险，是防止触电事故的有效措施。

3. 保护接零

在中性点直接接地的低压电网中，把电气设备的外壳与接地的中性线（也称为零线）

直接连接,以实现对人身安全的保护作用,称为保护接零(简称接零)。

4. 防静电接地

对生产过程中有可能积蓄电荷的设备,如油罐、天然气罐等所采取的接地,称为防静电接地。

5. 防雷接地

为了消除大气过电压对电气设备的威胁,而对过电压保护装置采取的接地措施称为防雷接地。把避雷针、避雷线和避雷器通过导体与大地直接连接均属于防雷接地。

二、电力系统中性点接地方式

电力系统中性点是指发电机或变压器的绕组采用星形联结时的公共点。中性点接地方式是一个涉及供电可靠性、短路电流大小、人身和设备安全、过电压大小、绝缘水平、继电保护与自动装置配置、电磁环境兼容、通信干扰以及系统稳定等许多方面的一项综合性的技术经济问题。

电力系统的中性点接地方式有:不接地(中性点绝缘)、中性点经消弧线圈接地、中性点直接接地和中性点经电阻或电抗接地等。目前国际上把中性点不接地或经高阻抗接地(如经消弧线圈接地)的系统称为非有效接地系统(也称为小电流接地系统),而把中性点直接接地或经小电阻接地的系统则称为有效接地系统(也称为大电流接地系统)。我国目前采用的中性点接地方式主要为不接地、经消弧线圈接地和直接接地,近年来在城网供电中,经小电阻接地方式也采用较多。

1. 中性点不接地的电网

(1)正常运行 中性点不接地的三相电网正常运行时的电路图和相量图如图 2-4 所示。由于任意两个导体之间有绝缘介质相隔离,于是形成了电容。因此三相交流电力系统中的相与相之间以及相与地之间都存在着一定的电容。为了便于讨论,认为 A、B、C 三相系统的电压和线路参数都是对称的,并将各相对地之间的分布电容用集中电容 C 表示,同时忽略相间的分布电容。

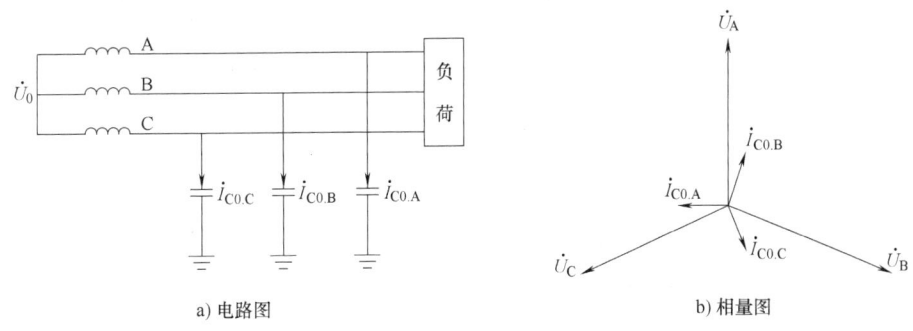

图 2-4 中性点不接地的三相电网

首先来分析在此系统中中性点电压 $\dot{U}_0$ 的大小。系统正常运行时,三相的对地电压 $\dot{U}_A$、$\dot{U}_B$、$\dot{U}_C$ 对称,由电路理论可知,三相的对地电容电流 $\dot{I}_{C0}$ 也是平衡的(图 2-4)。因此三相电容电流之和为零,流入到大地中的电容电流为零。从而得到,每相对地电压与其相电压相等，中性点的电压 $\dot{U}_0 = 0$。

这就是说，中性点不接地的三相电网，当三相电压对称，且各相的对地电容相等时，其中性点电位为零。因此，从正常传输电能的观点来看，中性点是否接地对运行没有任何影响。

但是，当中性点不接地系统中各相对地电容大小不相等时，即使在正常运行状态下，中性点的对地电位也不再是零。通常，把这种情况称为"中性点位移"，即中性点对地的电位发生了偏移。这种现象的产生多数是由于架空线路导线排列不对称而又没有进行完全换位造成的。

（2）发生单相接地故障　当中性点不接地电网由于绝缘损坏而发生单相接地时，中性点对地电位将发生明显的变化。图 2-5a 表示当 C 相在 f 点发生金属性接地时的情况。接地后故障点处 C 相对地电压变为零（$\dot{U}_C = 0$）。于是中性点电位为 C 相相电压的相反数，即 $\dot{U}_0 = -\dot{U}_{C\varphi}$。于是 A、B 相的对地电压相应变为

$$\left.\begin{array}{l}\dot{U}_A = \dot{U}_0 + \dot{U}_{A\varphi} = -\dot{U}_{C\varphi} + \dot{U}_{A\varphi} = \dot{U}_{AC} = \sqrt{3}\dot{U}_{C\varphi}e^{-j150°}\\ \dot{U}_B = \dot{U}_0 + \dot{U}_{B\varphi} = -\dot{U}_{C\varphi} + \dot{U}_{B\varphi} = \dot{U}_{BC} = \sqrt{3}\dot{U}_{C\varphi}e^{j150°}\end{array}\right\} \quad (2-1)$$

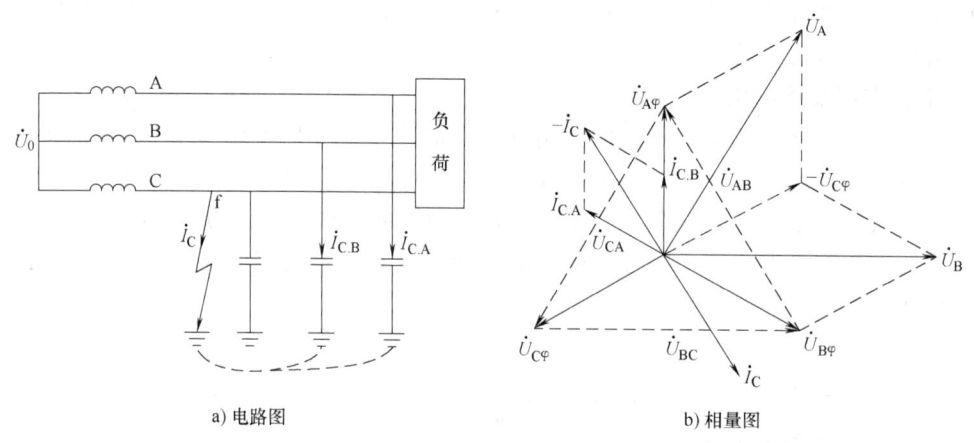

a) 电路图　　　　　　　　b) 相量图

图 2-5　中性点不接地电网的单相接地

由图 2-5b 可见，非故障相（A、B 两相）的对地电压大小由原来的相电压变为了线电压，即对地电压提高为原来的 $\sqrt{3}$ 倍。而故障前后三相的线电压无论是大小还是相位都未发生改变。由于故障前后线电压保持不变，接在线电压上的电力用户不受影响可以继续工作。因此，该电网发生单相接地故障时不必马上切除故障，提高了供电可靠性。但是，非故障相对地电压却升高为原来的 $\sqrt{3}$ 倍，等于线电压。这样，要求电网中各种设备的绝缘水平应当按线电压来设计，使得绝缘费用比重加大。同时，在对地的线电压作用下，如果电网某处绝缘不好，会引发该点接地，从而发生两相甚至三相接地短路，将故障扩大化。所以在继电保护配置中对中性点不接地电网发生单相接地短路时，要求电网可以带故障运行，但是必须在较短时间（2～3h）内迅速发现并消除故障，以免发展成为多相短路接地。

从电流上分析,由于 A、B 两相对地电压升高为原来的 $\sqrt{3}$ 倍,使得该相对地电容电流也相应地增大为原来的 $\sqrt{3}$ 倍。由于 C 相接地,对地电容被短接,所以 C 相的对地电容电流变为零。于是,经过 C 相接地点流进大地中的电容电流 $\dot{I}_C$(即接地电流)为 A、B 两相对地电容电流之和。按照一般习惯取从电源到负荷的方向为各相电流的正方向,所以有

$$\dot{I}_C = -(\dot{I}_{C.A} + \dot{I}_{C.B}) \tag{2-2}$$

将式(2-1)代入式(2-2),可得

$$\dot{I}_C = -j\sqrt{3}\omega C \dot{U}_{C\varphi}(e^{-j150°} + e^{j150°}) = -\sqrt{3}\omega C \dot{U}_{C\varphi}(e^{-j60°} + e^{-j120°}) = j3\omega C \dot{U}_{C\varphi} \tag{2-3}$$

式(2-3)表明,在中性点不接地的电网中发生单相接地故障时,接地电流 I_C 的大小等于正常运行时相对地电容电流 I_{C0} 的 3 倍。另外,接地电流 I_C 的大小与网络的电压、频率和对地电容 C 的大小有关,而电容 C 的大小则与电网的结构(电缆线或架空线)、布置方式、长度等有关。

以上分析是按金属接地(即接地处电阻为零)来进行的。如果发生的是不完全接地(即经过一定的过渡电阻接地),则故障相的对地电压将大于零而小于相电压,而非故障相的对地电压则大于相电压而小于线电压,这时接地电流将较金属接地时要小。

值得注意的是,单相接地时所产生的接地电流将在故障处形成电弧。这种电弧可能是稳定的或间歇性的。实践证明,当接地电流不大(小于 5A)时,则电流过零值时电弧将自行熄灭,于是接地故障随之消失,这种情况是最理想的。当接地电流大于 5~10A 而小于 30A 时,有可能产生一种不稳定的间歇性电弧。这是由于网络中的电感和电容所形成的振荡回路所致,随着间歇性电弧的产生将出现一种电弧过电压,其幅值可达相电压的 2.5~3 倍,从而危及整个电网的绝缘。如果接地电流较大(30A 以上时),则将产生稳定的电弧,形成持续性的电弧接地。这时电弧的大小与接地电流成正比。强烈的电弧将会损坏设备并导致两相甚至三相短路。

(3)适用范围 目前,电网中的故障以单相接地为最多。特别是对于某些 35kV 及以下电压的电网,一般情况下,当其单相接地电流不大时,接地电弧均能自行熄灭,这时这种电网采用中性点不接地的方式是最合适的。

但是,由于中性点不接地时,电网的最大长期工作电压与过电压都较高,并且还存在电弧接地过电压的危险,因而对整个电网的绝缘水平要求较高。所以对电压等级较高的电网来说,采用这种方式势必使绝缘方面的投资大为增加。同时,随着电压等级的提高,接地电流也相应增大,故障将会扩大。此外,中性点不接地电网由于单相接地电流较小,要实现灵敏而有选择性的接地继电保护也有困难。

根据上述情况,目前我国中性点不接地电网的适用范围如下:

① 电压低于 500V 的装置(380/220V 的照明装置除外)。
② 3~6kV 电网,单相接地电流小于 30A。
③ 10kV 电网,单相接地电流小于 20A。
④ 如要求发电机能带单相接地故障运行,则与发电机有电气连接的 3~10kV 电网的接地电流小于 5A。
⑤ 35~60kV 电网中,单相接地电流小于 10A。

如果不满足上述条件,通常将中性点采用其他接地方式,即中性点直接接地、经消弧线

圈接地及经小电阻接地。

需要指出的是,由于中性点不接地电网的单相接地电流较小,故对邻近的通信线路、信号系统等的干扰也较小,这是这种电网的又一个优点。因此,在干扰情况较严重的地区,即使对整个电网而言不采用中性点绝缘的方式,但对局部地区或部分设备也常按中性点绝缘的方式运行,借以降低单相接地电流,从而达到降低干扰程度的目的。

2. 中性点经消弧线圈接地的电网

由前可知,中性点不接地电网发生单相接地故障时,流经短路点的接地电流是故障前对地电容电流的 3 倍,如果线路比较长,电容电流会使接地点电弧不能自行熄灭而引起弧光过电压,甚至发展成多相短路,造成严重事故。为了避免发生这个情况,在中性点装设了消弧线圈。

消弧线圈就是一个铁心线圈,其电阻很小,感抗很大。它装设于变压器或发电机的中性点与大地之间。

(1) 发生单相接地故障 当中性点经消弧线圈接地的电网发生单相(图 2-6 中的 C 相)接地时,中性点电压 $\dot{U}_0$ 将变为 $-\dot{U}_{C\varphi}$,非故障相对地电压变为线电压(与中性点不接地电网发生单相接地相同)。这时在故障相与消弧线圈所构成的回路中,如果忽略线圈电阻,流过消弧线圈的是一感性电流 $\dot{I}_L$,即

$$\dot{I}_L = -\dot{U}_0/(jX_L) = -j\dot{U}_{C\varphi}/(\omega L) \tag{2-4}$$

式中,X_L、L 分别为消弧线圈的电抗和电感。

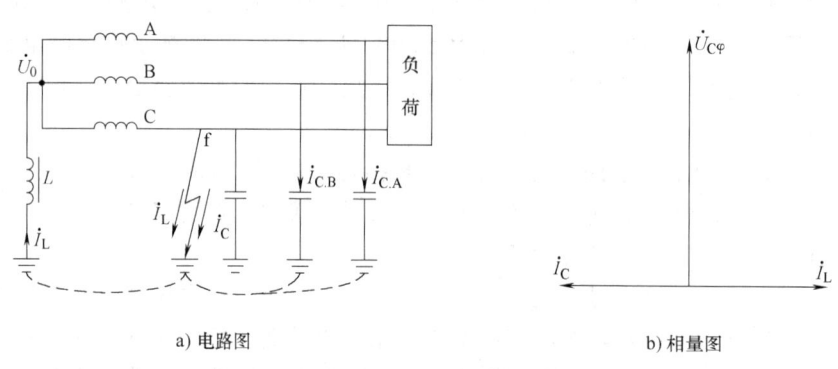

图 2-6 中性点经消弧线圈接地电网的单相接地

对应图 2-6 所示的电流方向,由式 (2-4) 可知,流过故障相的感性电流 $\dot{I}_L$ 相位滞后于 $\dot{U}_{C\varphi}$ 90°;由式 (2-3) 可知,由故障相和非故障相所组成的回路中流过故障相的容性电流 $\dot{I}_C$ 相位超前于 $\dot{U}_{C\varphi}$ 90°。因此,接地故障相的接地电流中,感性电流与容性电流方向相反,相互补偿,减小了接地点的接地电流,使电弧易于自行熄灭,从而提高供电可靠性。于是,中性点经消弧线圈接地的电网又称为补偿电网,或谐振电网。消弧线圈接地又称为谐振接地。

根据感性电流对容性电流补偿大小的不同,中性点经消弧线圈接地的电网有三种补偿方式:全补偿方式、欠补偿方式和过补偿方式。

① 全补偿方式:选择消弧线圈的电感,使 $I_L = I_C$,则接地电流为零。采用这种补偿方

式时，感抗与容抗相等，电网将会发生谐振，产生危险的高电压或过电流，影响系统安全运行，因此不能采用这种补偿方式。

② 欠补偿方式：选择消弧线圈的电感，使 $I_L < I_C$，则接地电流呈现容性。采用这种补偿方式时，当因电网运行方式改变而切除部分线路时，整个电网对地电容将减少，电网中有可能出现感抗与容抗相等的情况，也就是说电网有可能由欠补偿方式发展成为全补偿方式，从而导致电网出现谐振现象，危及系统安全运行；另外，欠补偿方式也容易引起铁磁谐振过电压等其他问题，所以欠补偿方式很少被采用。

③ 过补偿方式：选择消弧线圈的电感，使 $I_L > I_C$，则接地电流呈现感性。采用过补偿方式时，即使因电网运行方式改变而切除部分线路，也不会发展成为致使电网发生谐振的全补偿方式。同时，由于消弧线圈留有一定的裕度，今后电网发展，线路增多、对地电容增加后，原有消弧线圈仍可以继续使用。因此，实际上大多采用过补偿方式。

（2）适用范围　由于消弧线圈能有效地减小接地电流，迅速熄灭故障电弧，防止间歇性接地时所产生的过电压，因此广泛应用于 6~60kV 电压等级的电网。在我国，规定在下述条件下均采用中性点经消弧线圈接地方式。

① 3~6kV 电网，电容电流在 30A 以上。

② 10kV 电网，电容电流在 20A 以上。

③ 35~60kV 电网，电容电流在 10A 以上。

如前所述，在这些电压等级的电网中单相接地故障（如雷击闪络等）发生概率较大，采用不接地或经消弧线圈接地方式可以提高供电可靠性。对于这两种中性点接地方式而言，由于单相接地电流都不大，所以它们又可称为小电流接地电网。接地电流小可以减轻对附近通信线路的干扰，这也是这种电网的优点。但是，中性点经消弧线圈接地的电网和中性点不接地电网一样，当发生单相接地时，非故障相的对地电压将增大至原来的 $\sqrt{3}$ 倍，这时尽管可以继续工作，但仍应在较短时间内发现并消除故障以防止事故的扩大。目前按运行规章规定，在单相接地故障下，消弧线圈的持续运行时间一般不超过 2h，如在该时间内仍然不能发现与消除故障，则该线路应停运。由于电网的最大长期工作电压和过电压水平都比较高，因而当它在电压等级较高的电网中采用时，将显著地增大绝缘方面的费用。是否宜于采用，应经过综合的比较后，才能最后选定。

在我国，110~220kV 电压等级的电网多数不采用经消弧线圈接地的方式。主要原因是为了降低绝缘水平以减少设备和线路的造价。但是，也有个别雷害事故较严重地区的 110kV 电网是采用经消弧线圈接地的，其目的是为了减少由于雷击等单相闪络所造成的线路断路器的跳闸次数，以提高运行可靠性及减少断路器的维修工作量。也有少数国家为了提高运行可靠性，对 110~220kV 电压级的电网，仍采用经消弧线圈接地的方式。

实践证明，采用中性点经消弧线圈接地的方式只能用于 220kV 及以下的电网。这是由于电网中除了对地电容之外，还有泄漏损耗和电晕损耗等存在，接地电流除了无功分量（电容电流）外还有有功分量（有功损耗电流）。即使消弧线圈的电感是按完全补偿的条件来选择的（这时无功分量的电流为零），在接地点仍有残存的有功电流分量流过。电压等级越高，这个残存的有功分量也越大，在 220kV 及以上的电网中，由于电晕损耗，相应的有功分量电流较大，它的值甚至可达 100~200A 以上，从而使消弧线圈达不到熄灭电弧的目的。

3. 中性点直接接地的电网

图 2-7 所示为中性点直接接地电网发生单相接地时的电路图。发生单相接地时，中性点与接地点间构成单相接地短路回路，也就是单相短路，用符号 $f^{(1)}$ 表示。线路上将流过较大的单相接地短路电流 $I_f^{(1)}$，从而使线路继电保护装置中的断路器动作，有效地防止了单相接地故障时产生间歇电弧过电压的可能。因而，采用中性点直接接地的方式可以克服中性点不接地方式所存在的某些缺点。

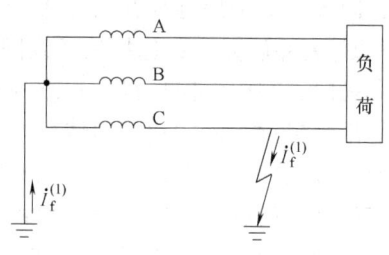

图 2-7 中性点直接接地电网

在中性点直接接地电网中发生单相接地故障时，中性点的电位仍保持为零，非故障相的对地电压基本上不会变化，这与中性点不接地或经消弧线圈接地电网不同。因此这类电网中设备的绝缘只需要按相电压考虑，不需按线电压考虑。这点对于 110kV 及以上的高压电网有着优越的经济性。因为高压电器特别是超高压电器的绝缘问题，是影响其设计和制造的关键问题。降低了绝缘要求，也就降低了高压电器的造价，同时改善了高压电器的性能，所以我国 110kV 及以上的电网通常采用中性点直接接地运行方式。

由于中性点直接接地的电网发生单相接地时，不仅要流过较大的单相接地短路电流，还要中断供电，为了提高供电可靠性，在线路上广泛装设了自动重合闸装置，靠它来尽快恢复供电（见第七章第四节）。

中性点直接接地电网由于单相接地时所产生的接地电流较大，故又称大电流接地电网。

需要特别注意的是，对于 1kV 以下的低压系统，电网的绝缘水平已不是主要问题，系统中性点接地与否，主要从人身安全方面考虑。在 380/220V 系统中，一般都采用中性点直接接地方式，一旦发生单相接地故障，可以迅速跳开自动开关或烧断熔丝，将故障部分隔断开；另一方面，此时非故障相对地电压基本不会升高，不会出现人接触时超过 250V 的危险电压。如果系统中性点不接地，发生单相接地故障时非故障相对地电压将接近于线电压，对人身安全的危害会更大。当然，即使 250V 左右的接触电压，对人身安全仍是有危险的，应采取措施防止触电。

另外，中性点直接接地系统发生单相接地故障时，单相短路电流在导线周围产生单相交变电磁场，将对附近的通信线路和信号设施产生电磁干扰。但只要采取措施减小单相接地短路电流，或采取特别的屏蔽措施，都可以减小这种干扰。

4. 中性点经小电阻接地

前面介绍的 6～35kV 电网的中性点经消弧线圈的接地方式，在我国已采用多年，具有很丰富的运行经验，它特别适合于架空输电线路，对于瞬间故障所引起的单相接地，依靠自动重合闸装置即可很快恢复供电。但这种接线方式也存在绝缘水平高，可能诱发倍数较高的弧光过电压或铁磁谐振过电压的可能。

我国从 20 世纪 80 年代起，在沿海地区一些经济发达城市，为了提高供电可靠性以及美化城市的要求，在城网供电中开始用电缆线路来逐步替代架空线路。近年来，这种趋势发展更快，许多城市和大型工业区的中、低压网络都在朝着以电缆供电方式为主要的方向转变。

对于电缆供电的中、低压网络而言，传统的消弧线圈接地方式存在着下列主要缺点与

不足:

1) 由于电缆单位长度的对地电容通常较架空线路大得多,因而电缆网络的电容电流大增,有的地区甚至达到100~150A及以上,相应就要求补偿用消弧线圈的容量很大,再加以运行中电容电流的随机性变化范围很大,即使采用自动跟踪调谐的消弧线圈,在机械寿命、响应时间、调节限位等方面,也难以满足需要频繁地、适时地大范围调节的需要。

2) 电缆线路为非自恢复性绝缘,发生单相接地多为永久性故障,如采用的消弧线圈运行在单相接地情况下,其非故障相将处在稳态的工频过电压下,持续运行可能超过2h以上,其结果不仅会导致绝缘的过早老化,甚至会引起多点接地之类的事故。所以电缆线路在发生单相接地后是不容许继续运行的,必须迅速切断电源,避免扩大事故。这是电缆线路与架空线路的最大不同之处。

3) 消弧线圈接地系统的内过电压倍数较高,可达3.5~4倍相电压,特别是弧光接地过电压与铁磁谐振过电压,已超过了避雷器容许的承载能力,因此必须提高整个电网的绝缘水平。

4) 人身触电不能立即跳闸,甚至因接触电阻大而发不出信号,因而对运行人员的安全不能保证。

为了克服以上缺点,目前对主要有电缆线路所构成的电网,当电容电流超过10A时,均建议采用经小电阻接地,其阻值一般不大于10Ω。例如在电力行业标准 DL/T 620—1997《交流电气装置的过电压保护和绝缘配合》(1997年10月1日实施)中明确规定:"6~35kV主要由电缆线路构成的送配电系统,单相接地故障电容电流较大时,可采用中性点经小电阻接地方式"。

关于中性点经小电阻接地方式的原理接线如图2-8所示。其基本运行特性接近于上述中性点直接接地方式,当发生单相接地故障时,将经小电阻流过较大的单相接地(短路)电流,与此同时依靠单相接地的继电保护装置将使出口断路器QF立即断开,切除故障。这样非故障相的电压一般不会升高,也不致发生前述的内部过电压,因而电网的绝缘水平较之采用消弧线圈接地方式要低。

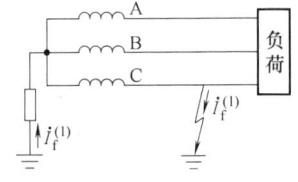

图2-8 中性点经小电阻接地

但是,由于接地电阻阻值较小,故发生故障时的单相接地(短路)电流值较大。从而对接地电阻元件的材料及其动、热稳定性能也提出了较高的要求。目前我国有不少厂家都已经生产了这种小电阻接地的成套装置,其运行情况良好。

综上所述可知,中性点经小电阻接地应当属于"有效接地系统",或"大电流接地系统"。

三、各种接线方式的比较与适用范围

如前所述,中性点接地方式是一个涉及电力系统的许多方面的综合性问题,在选择中性点接地方式时,必须要考虑一系列因素,综合起来,主要有以下几方面。

1. 电气设备和线路的绝缘水平

中性点接地方式对于电网的过电压与绝缘水平有很大的影响。在电网发展的初期,人们就是首先从过电压与绝缘的角度来考虑中性点接地问题的。电气设备和线路的绝缘水平,除与长期最大工作电压有关外,主要决定于各种过电压的大小。对非有效接地的电网而言,无论最大长期工作电压或所遭受的过电压均较有效接地方式要大。研究表明,有效接地电网的绝缘水平与非有效接地电网相比,大约可降低20%左右。归结起来,从过电压与绝缘水平的观点看,采用接地程度越高的中性点接地方式对电网越有利。

降低绝缘水平的经济意义随额定电压的不同而异,在110kV以上的高压电网中,变压器等电气设备的造价大致与其绝缘水平成比例地增加。因此,在采用中性点直接接地时,设备造价将可降低20%左右。但是,在3~10kV的电网中绝缘费用占总投资的比例较小,采用中性点直接接地方式来降低绝缘水平,其意义不大。

2. 继电保护工作的重要性

在中性点不接地或经消弧线圈接地的电网中,单相接地电流往往比正常负荷电流小得多,因而要实现有选择性的接地保护就比较困难,特别是经消弧线圈接地的电网,困难更大一些。而在中性点直接接地的电网中,实现有选择性的接地保护就比较容易。且保护装置结构简单,工作可靠。因此,从继电保护的观点出发,采用中性点直接接地方式较为有利。

3. 供电可靠性与故障范围

众所周知,单相接地是电网中最常见的一种故障。如上所述,中性点直接接地电网在单相接地时将产生很大的单相接地电流,个别情况下甚至比三相短路电流还要大。因此它相对非有效接地系统而言,存在着下列缺点:

1) 任何部分发生单相接地时都必须将它切除,即使采用自动重合闸装置,在发生永久性故障时,供电也将较长时间中断。

2) 巨大的接地短路电流,将产生很大的力、热效应,可能造成故障范围的扩大和设备损坏。

3) 一旦发生单相接地,断路器就跳闸,从而增大了断路器的维修工作量。

4) 大的接地短路电流将引起电压急剧降低,可能导致系统暂态稳定性或电压稳定性的破坏。

反之,非有效接地电网不仅避免了上述缺点,而且当发生单相接地故障后,不必马上切除故障,还容许电力网带故障继续工作一段时间。因此,总的说来,从供电可靠性和故障范围的观点来看,非有效接地电网,特别是经消弧线圈接地的电网具有明显的优越性。

4. 对通信和信号系统的干扰

当电网正常运行时,只要三相对称,则不管中性点接地方式如何,中性点的位移电压都等于零,各相电流及对地电压数值相等,相位互差120°,因而它们在线路周围空间各点所形成的电场和磁场均彼此抵消,不会对通信和信号系统产生干扰。但是,当电网发生单相接地时,所出现的单相接地电流将形成强大的干扰源,接地电流越大,干扰越严重。因而,从干扰角度看,中性点直接接地的方式当然最为不利,而非有效接地电网,一般都不会产生较严重的干扰问题。

当干扰严重时,虽然可以通过增大通信线路与电力线路之间的距离来降低干扰的程度或采取其他防护措施，但有时受环境、地理位置等条件的限制，将难以实现或使投资大量增加。特别是随着工农业生产的发展和信息化程度的提高，这类干扰与电磁兼容问题将日益突出。因此，在有的地区或国家，对通信干扰与电磁兼容的考虑，甚至成为选择中性点接地方式的主要限制条件。

第三节　发电厂和变电所的电气主接线

一、概述

发电厂和变电所的电气主接线图是由各种电气设备的图形符号和连线组成的表示电能输送过程的电路图。从主接线图可以了解各种电气设备的规模、数量、连接方式和作用，以及各电力回路的相互关系和运行条件等，因而，它代表了电力系统构成的各个重要环节。主接线选择的正确与否，对电气设备选择，配电装置布置，运行的可靠性、灵活性和经济性等都有重大影响。通常，发电厂和变电所的主接线应满足下列基本条件：

1）根据系统和用户的要求，保证必要的供电可靠性和电能质量。在运行中供电被迫中断的机会越少或事故后影响的范围越小，则主接线的可靠性就越高。例如当断路器检修时，不影响对系统的供电；即使断路器或母线故障，也应该尽量减少停电范围，竭力避免厂（所）停电的可能。

2）主接线应具有一定的灵活性，以适应电力系统及主要设备的各种运行工况的要求，此外还要便于检修。

3）主接线应简单、清晰、操作维护方便，使主要元件投入或切除时所需操作步骤最少。

4）在满足上述要求的条件下，力求做到投资和运行费用最少。

5）具有扩建的可能性。

在绘制主接线图时，对各主要电气设备应当采用国家标准的统一图形符号，见表2-1。

二、电气主接线的基本形式

电气主接线的基本形式可分为：有母线接线和无母线接线两大类。当进出线回路数量较多时，可采用母线作为中间的环节，便于电能的汇集和分配，也便于连接、安装和扩建。有母线接线方式包括：单母线、单母线分段、双母线、双母线分段、带旁路母线、双母线双断路器和一台半断路器接线。当进出线回路数量不多时，可采用无母线接线，这种接线所使用的断路器数量少，结构简单。无母线接线方式有：桥形接线、角形接线和单元接线。

1. 单母线接线

发电厂和变电所主接线的基本环节是电源（发电机或变压器）和引出线。母线（又称汇流排）是中间环节，它起着汇集和分配电能的作用。由于多数情况下引出数目要比电源数目多好几倍。故在二者之间采用母线连接，既有利于电能交换，还可使接线简单明显和运行方便，整个装置也易于扩建。但有母线将使配电装置复杂，并且当母线故障时将使供电中断。

表 2-1 电气主接线主要设备的文字符号及图形符号

序号	设备名称	文字符号及图形符号	序号	设备名称	文字符号及图形符号
1	发电机	G 	10	负荷开关	
2	交流电动机	M 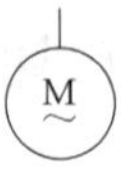	11	母线	
3	双绕组变压器	T 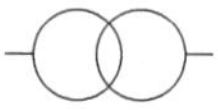	12	三相导线	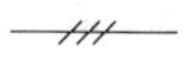
4	自耦变压器	T 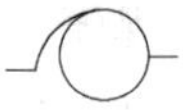	13	电缆	
5	三绕组变压器	T 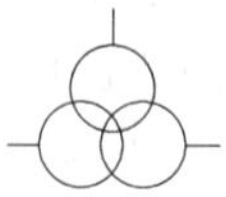	14	电压互感器	TV 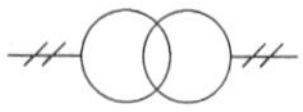
6	有载调压变压器		15	电流互感器	TA 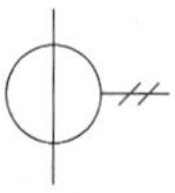
7	断路器	QF 	16	熔断器	
8	隔离开关	QS 	17	电抗器	
9	带接地刀的隔离开关	QS 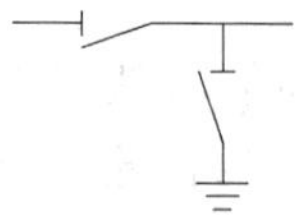	18	避雷器	

注：电气主接线图一般都用单线图（用一根线表示三相）绘制，只有在个别地方必须同时绘出三相时，才用三线图来表示。

只有一组母线的接线称为单母线接线，图 2-9 所示是典型的单母线接线。进线电源和出线线路（L_1、L_2、L_3 和 L_4）都连接在同一组母线 W 上，为了便于投入或切除任何一条进、出线，在每条引线上都装有可以在各种运行工况下开断或接通的断路器（图中的 QF_1 和 QF_2），因为断路器具有灭弧装置，可以开断、闭合负荷电流和故障电流。当需要检修断路器而又要保证其他线路正常供电时，则应使被检修的断路器和电源隔离。为此，在每个断路器的两侧装设隔离开关，紧靠母线侧的隔离开关 QS_1 称为母线隔离开关，靠线路侧的隔离开关 QS_2 称为线路隔离开关。隔离开关的作用是在线路停运后用隔离开关隔开电源，当检修断路器或线路时，形成一个检修人员也能看见的、明显的"断口"，确保检修人员的安全。从图2-9可以看出，如不设置隔离开关，在检修断路器QF时为保证检修人员的安全必须使母线W完全停电，导致其他出线停电，而显然这样做是不合理的，因此在断路器QF_1两侧各加装了隔离开关。但由于隔离开关没有灭弧装置，绝对不能用来开断负荷电流和故障电流，因此，断路器与隔离开关配合使用。由于检修发电机出口处断路器QF_2时，发电机需要停机，因此靠近发电机一侧不需要装设隔离开关。QS_3称为接地刀开关，正常运行时它是断开的，而检修时，在隔开电源、检修设备前将其闭合，使线路与地等电位，防止突然来电，对检修人员造成人身安全危险。

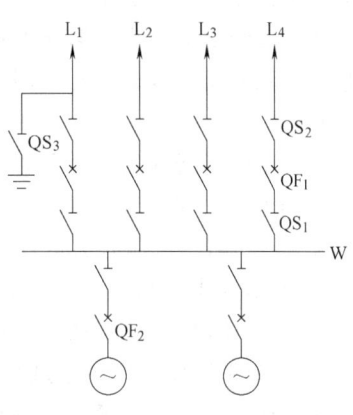

图2-9 单母线接线

运行操作断路器和隔离开关时，必须严格遵守隔离开关"先通后断"或者在等电位的情况下操作的原则，如图2-9中，当给出线L_4送电时，在隔离开关QS_1和QS_2断开的情况下，依次闭合母线隔离开关QS_1和线路隔离开关QS_2，再闭合断路器QF_1；当给出线L_4停电时，应先断开断路器QF_1，再依次断开线路隔离开关QS_2和母线隔离开关QS_1。

单母线接线的主要优点是：简单、清晰，采用设备少，操作方便，投资少，便于扩建。其主要缺点是当母线隔离开关发生故障或检修时必须断开全部电源，造成整个装置停电。此外，当出线断路器检修时，也必须在整个检查期间停止该回路的工作。由于存在上述缺点，使得单母线接线无法满足重要用户的需求。

2. 单母线分段接线

单母线接线的缺点可以通过分段办法来加以克服，如图2-10所示。在母线的中间加装一个断路器QF后，即把母线分为两段（Ⅰ段和Ⅱ段），这样对重要用户可以由分别接在两段母线上的两条线路供电，任一段母线故障时，都不至于使重要用户全部停电，另外，对两段母线可以分别进行检修，提高用户的供电可靠性。

由于单母线分段接线既保留了单母线接线本身的简单、经济、方便等基本优点，又在一定程度上克服了它的缺点，所以这

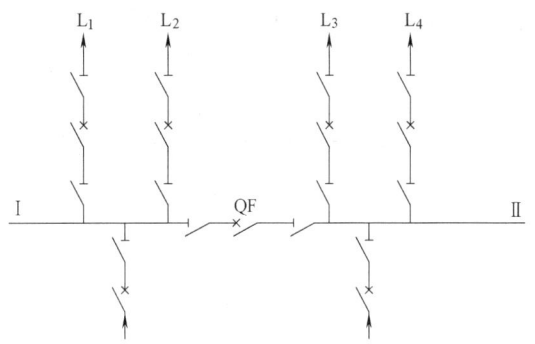

图2-10 单母线分段接线

种接线一直被广泛应用。特别对中小型发电厂以及出线数目较少的35～110kV级的变电所，这种接线方式采用较多。

但是单母线分段接线也有较显著的缺点，这就是当一段母线或任一段隔离开关故障或者检修时，该母线上所连接的全部出线都要在检修期间长期停电。显然，对于大容量电厂和枢纽变电所来说，这都是不容许的。为此就出现了双母线接线方式。

3. 双母线接线

双母线接线方式是针对单母线分段接线的缺点提出来的，其基本形式如图2-11所示，

即除了工作母线 W_1 之外还增设了一组备用母线 W_2。由于它有两组母线，可以做到相互备用。两组母线之间用母线联络断路器 QF 连接起来，每一个回路都通过一只断路器和两只隔离开关接到两组母线上，运行时接在工作母线上的隔离开关接通，接在备用母线上的隔离开关断开。

当有了两组母线后，就可以通过切换两组母线隔离开关做到：

① 轮流检修母线而不致使供电中断。

② 当修理任一回路的母线隔离开关时只断开该回路。

③ 工作母线故障时，可将全部回路转移到备用母线上，从而使装置迅速恢复供电。

④ 检修任何一个回路的断路器时，不致使该回路的供电长期中断。

⑤ 在个别回路需要单独进行试验时，可将该回路分出，并单独接至备用母线。

双母线接线的最重要操作是切换母线。下面以检修工作母线和出线断路器为例来说明其操作步骤。

（1）检修工作母线　要检修工作母线必须将所有电源和线路都换接到备用母线上去。为此，首先应检查备用母线是否完好，方法是先接通母线联络断路器 QF，使备用母线带电（图 2-11）。如备用母线存在绝缘不良或故障时，则断路器 QF 将在继电保护装置的作用下自动断开；当备用母线无故障时，QF 则保持接通状态。这时由于两组母线是等电位的，可以先接通备用母线上的所有隔离开关，再断开工作母线上的所有隔离开关，这样就完成了母线的转换。最后，还必须断开母联断路器 QF 以及它两侧的隔离开关，以便把工作母线完全隔离起来，进行检修。

（2）检修一条出线上的断路器　当检修任何一条出线上的断路器而不希望该线路长时间停电时，例如在图 2-12 中当检修出线 L_2 的断路器 QF_2 时，可先合母线联络断路器 QF_1 检测备用母线良好后，即断开 QF_1，随后断开 QF_2 及两侧的隔离开关 QS_3 和 QS_1，再拆开断路器 QF_2 的引线接头，并用临时跨线替代断路器 QF_2，然后接通与备用母线相连的隔离开关 QS_2，再合上线路侧隔离开关 QS_3，最后合上母线联络断路器 QF_1，于是线路 L_2 即重新投入运行。这时母线联络断路器的功能是使线路 L_2 得以继续供电。

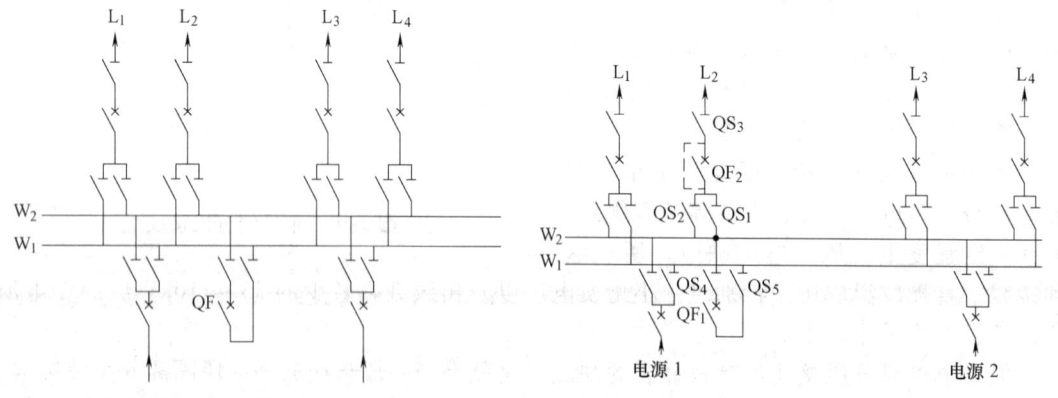

图 2-11　双母线接线　　　　图 2-12　检测线路断路器时的操作

综上所述可知，双母线接线的主要优点是可以在不影响供电的情况下对母线系统进行检修。但是双母线接线却存在以下缺点：

① 接线较复杂。为了发挥双母线接线的优点，必须进行大量的切换操作，特别是把隔离开关当成了一种操作电器，容易因误操作而酿成较大的事故。

② 当工作母线故障时，在切换母线过程中仍要短时停电。检修线路断路器时尽管可以用母线联络断路器来代替，但是装接跨线期间仍需要短时停电，这种停电对重要用户将是不容许的。

③ 母线隔离开关数目较单母线接线大为增加，从而增大配电装置占地面积，增大投资。

为了避免工作母线故障时造成全部停电，可以采用双母线同时带电运行（即按单母线分段运行）的方式。这时可以把电源和线路在两组母线上合理分配，通过母线联络断路器使两组母线并联运行。这样既提高运行可靠性，在必要时又可空出一组母线进行检修。这种方式目前在我国的 35~220kV 的配电装置中采用较多。除此之外，还可以采用双母线分段、双母线带旁路母线。

4. 双母线分段接线

图 2-13 所示为双母线分段接线。这种接线可以看作是把单母线分段和双母线接线方式的结合，采用分段断路器 QF 将工作母线 W_1 分段，而每段则分别用母线联络断路器 QF_1 和 QF_2 与备用母线 W_2 相连。这样，当任何一段母线故障或检修时仍保持双母线并联运行。

5. 双母线带旁路母线接线

为了避免在检修线路断路器时造成短时停电，可采用双母线带旁路母线的接线，如图 2-14 所示。图中母线 W_3 为旁路母线，断路器 QF_2 为接到旁路母线的断路器，正常运行时它处于断开位置。当需要检修任何一个线路断路器时，可用 QF_2 代替被检修的线路断路器而不致造成停电。例如，当需要对线路 L_1 上的断路器 QF_1 进行检修时，可以先合上断路器 QF_2 使旁路母线 W_3 带电，然后再

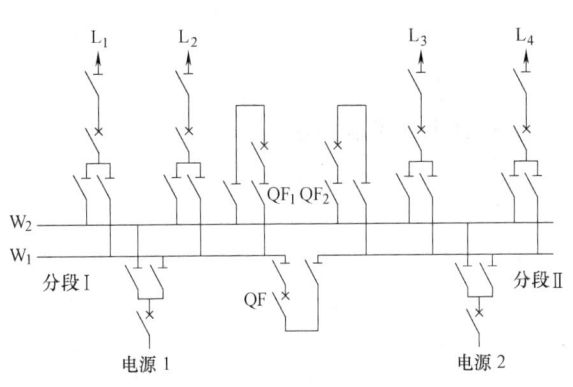

图 2-13 双母线分段接线

合上旁路母线隔离开关 QS_1，最后再断开线路断路器 QF_1，在切断隔离开关 QS_2、QS_3、QS_4 后，即可对 QF_1 进行检修。

尽管在采取上述措施后，改进了双母线接线的性能，但是仍存在着当一组母线故障或检修时使得一般的回路供电中断的缺点，这对大容量发电厂和枢纽变电所也是不容许的。此外，在双母线的切换过程中需要对大量的隔离开关进行操作，容易误操作而酿成严重的后果。为此，对重要程度很高的发电厂和变电所可以考虑采用双母线双断路器和一台半断路器接线方式。

6. 双母线双断路器接线

双母线双断路器的接线方式如图 2-15 所示。这种接线方式的特点是双母线同时运行，每回路内装有两个断路器。这种接线方式的主要优点是任何一组母线或断路器发生故障或进行检修时都不会造成停电，而且运行灵活、检修方便，同时隔离开关不用作操作电

器，这就避免了切换过程中因操作隔离开关而发生事故的可能性，从而增加了运行可靠性。这种接线方式的主要缺点是断路器数量要增加一倍，设备投资及配电装置的占地面积也会相应增大。此外，每个回路故障要同时切断两台断路器，加重了断路器维修的工作量。总的来说，这种接线的性能并不优越于下述的一台半断路器接线，因此这种接线目前已很少采用。

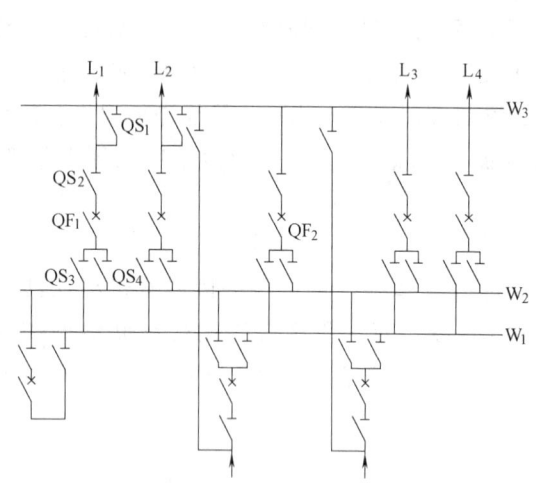

图 2-14 双母线带旁路母线接线

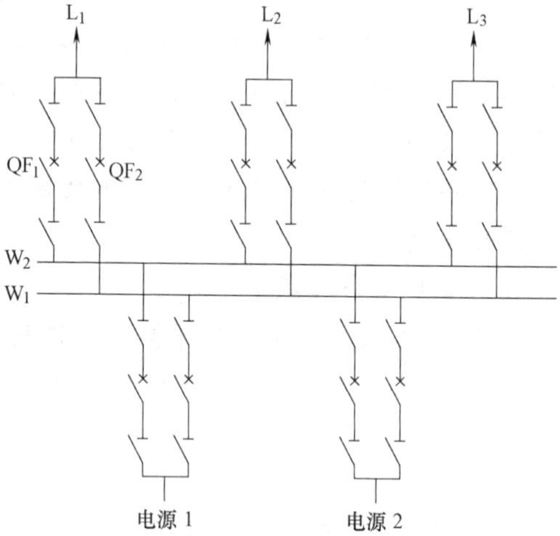

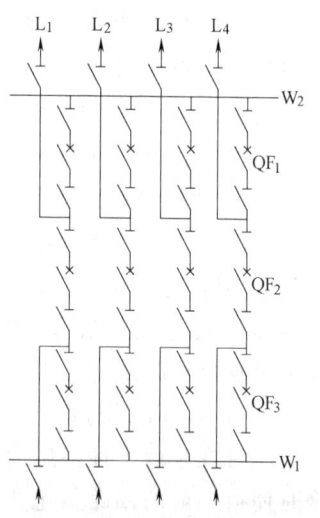

图 2-15 双母线双断路器接线

7. 一台半断路器接线

这种接线方式所用断路器介于每个回路装设一个断路器和装设两个断路器的接线方式之间，如图 2-16 所示。在两组母线间，装有三个断路器，但可引接两个回路，故又称为二分之三断路器接线。正常时，两组母线同时带电运行，任一母线故障或检修均不会造成停电。同时，还可以保证任何断路器检修时不停电，其中隔离开关不作为操作电器，仅在检修时使用，甚至在两组母线同时故障（或一组正检修时另一组又故障）这种极端的情况下功率仍得以继续输出电能。因而，这种接线方式的主要优点是尽管所用的断路器数目上比上述双断路器接线方式少，而运行的可靠性与灵活性却较大。

一台半断路器接线方式的不足之处是相对于一般的双母线单断路器接线方式而言所需要的断路器数目多，同时一个回路故障也要断开两台断路器，增大了维修工作量。此外，这种接线方式的继电保护也较其他接线方式要复杂，再者，为了便于布置，这种接线方式要求电源数和出线数最好相等，当出线数目较多时，对某些只有引出线的回路，在配电装置中需向不同方向引出。尽管有这些缺点，但运行经验表明，其运行可靠性高、灵活性大的优点，则是完全肯定的。所以目前该接线方式在世界上许多国家的超高压电网中得到了广泛应用。迄今，我国已有的 330~500kV 变电所，大多都是采用这

图 2-16 一台半断路器接线

种接线。

在以上所介绍的单母线和双母线接线方式中，断路器的数目一般都等于或大于所连接回路的数目。由于高压断路器的价格昂贵，所需的安装占地面积也较大，特别当电压等级越高时，这种情况就越明显。因此，从经济方面考虑，应力求减少断路器的数目。为了既满足主接线图的基本要求，又尽量减少断路器的数目，当引出线不多时，可以考虑采用下列的无母线接线。

8. 桥形接线

当电路内只有两台变压器和两条输电线时，采用桥形接线所需的断路器数较少。桥形接线可分为"内桥式"和"外桥式"，如图2-17a、b所示。

内桥接线的特点是两台断路器 QF_1 和 QF_2 接在线路上，因此线路的断开和投入是比较方便的，当线路发生故障时仅断开该线路的断路器，而另一回线路和两台变压器仍可继续工作。但是，当一台变压器故障时，将断开与变压器相连的两个断路器，使相关线路短时退出工作。因此，这种接线一般适用于线路较长（相对来说线路的故障概率较大）和变压器不要求经常切换的情况。

外桥接线的特点与内桥接线相反，当变压器发生故障或运行中需要断开时，只需断开断路器 QF_1 或 QF_2，而不致影响线

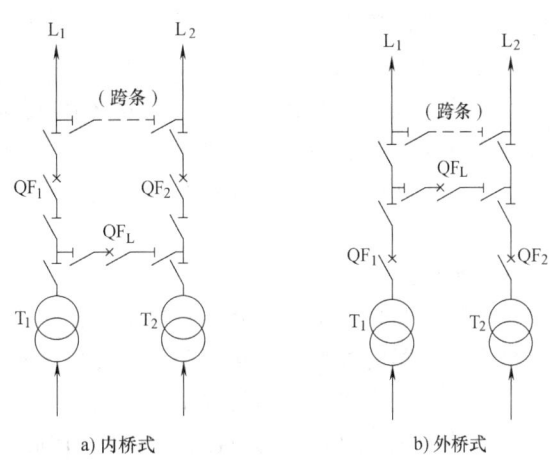

图2-17 桥形接线

路工作。可是，当线路发生故障时却影响到变压器的运行。因而，这种接线方式是用于线路较短且需要经常切换到变压器的情况，一般在降压变压所应用较多。此外，当系统有穿越功率流经本厂（所）时（例如，当两路出线均接入环形电网中时），采用外桥接线较为适宜。

总的来说，桥形接线方式可靠性不是很高，有时也需要用隔离开关作为操作电器，但由于使用电器少，布置简单，造价低，目前在35～110kV的配电装置中仍有采用。此外，只要在配电装置的布置上采取适当措施，这种接线方式有可能发展成单母线或双母线，因此可用作工程初期的一种过渡接线。

9. 角形接线

图2-18中的三角形接线和四角形接线都是属于角形接线方式。角形接线方式的特点是电路连接成环形，并按回路用断路器分隔。这种接线所用的断路器数等于回路数，比相同回路数的单母线分段或双母线接线方式还可以少用一台断路器。由于每个回路都经过两个断路器连接，因而在

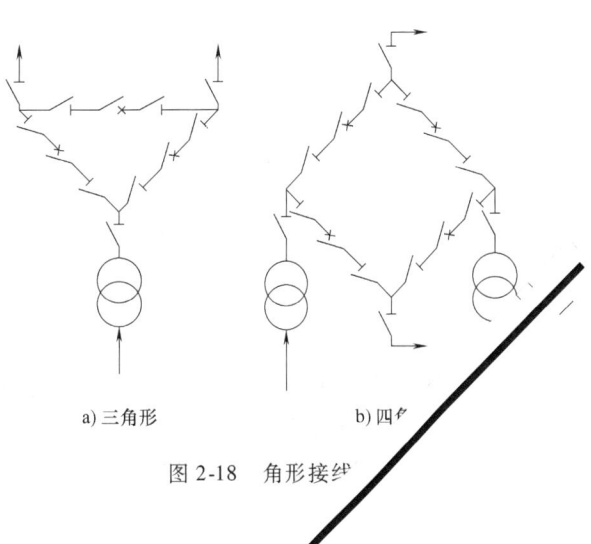

图2-18 角形接线

一定程度上具有双断路器类型接线的优点。例如：检修任一断路器时不需切除线路或变压器；所有隔离开关只用于检修，不用作操作电器；任何元件的退出、投入都很方便，且不影响其他元件的正常工作等。因此，与单断路器的双母线接线方式相比较，角形接线方式的运行可靠性与灵活性较高，也较经济。

角形接线的缺点如下：

① 检修任一断路器时都要开环运行，这种情况下如其他元件万一再发生故障，将使整个系统解列或分裂成两半运行，从而影响到可靠性。因此，角形接线方式不适用于回路数较多的情况，一般最多用到六角形，而以三角形、四角形用得最多。

② 开环和闭环两种情况下各支路的潮流变化差别较大，这给电器选择带来困难，并使继电保护的整定复杂化。

③ 扩建不太方便。

鉴于前述优点的存在，迄今，无论国内或国外，角形接线方式（特别是三角形、四角形接线）还是采用较多的。当在配电装置的布置上采取一定措施后，角形接线还可最终发展成为一台半断路器接线或双断路器接线方式，因而它也可以作为一些超高压、大容量的枢纽变电所的初期接线方式。

10. 单元接线

单元接线的特点是几个元件直接串联连接，其间没有任何横的联系（如母线等），这样不仅减少了电器的数目，简化了配电装置的结构、降低了造价，同时也减少了故障发生的可能性。单元接线主要有下列两种基本类型。

（1）发电机-变压器单元接线　在图2-19a、b中，发电机和变压器成为一个单元组，电能经升压后直接送入高压电网。这种接线中由于发电机和变压器都不单独运行，因此二者的容量应当相等。单元接线的缺点是单元中的任意一个元件故障或需要检修，将使整个单元被迫停止工作。这种接线主要适用于没有或很少有当地负荷的大型发电厂（例如远距离负荷中心的区域火电厂或水电厂等）。这种接线方式目前采用较多。

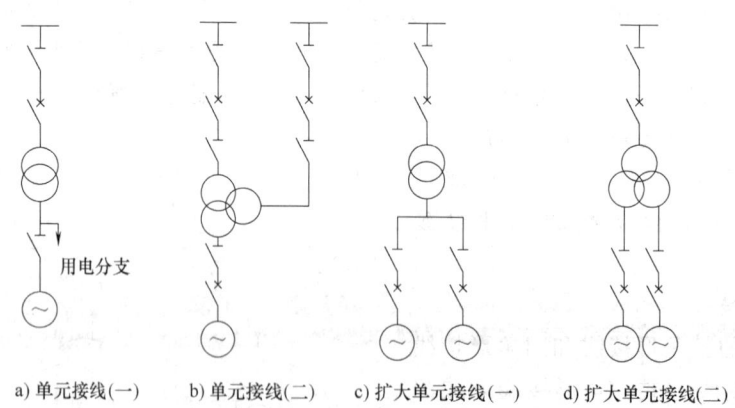

a) 单元接线(一)　b) 单元接线(二)　c) 扩大单元接线(一)　d) 扩大单元接线(二)

图 2-19　单元接线

（2）扩大单元接线　为了减少变压器的台数和高压侧断路器的数目，以及节省配电装置的占地面积，有时将两台发电机与一台变压器相连组成扩大单元接线，如图2-19c、d所示。有些水电厂由于在布置上受自然地形条件的限制，为了尽量减少土石方的开挖量，采用扩大单元接线也是有利的。这种接线的缺点是运行灵活性较差，例如当检修主变压器时将迫使两台发电机组停止运转；另外当一台机组运转时，变压器处于轻负载下运行，从而使损耗增大，也降低了经济性。

三、发电厂及变电所电气主接线举例

发电厂及变电所的电气主接线由基本接线形式，再综合考虑电厂及变电所的类型、容量大小、地理位置、负荷要求以及在系统的地位等因素而形成。

1. 发电厂的电气主接线

如前所述，火力发电厂有地方性和区域性两大类型，而以区域性为主。地方性火力发电厂位于负荷中心，大部分电能用 10kV 的配电线路供给发电厂附近的用户，只将剩余的电能升高到 110kV 及以上的电压送入系统，热电厂属于典型的地方性发电厂。区域性火力发电厂一般建在动力资源较丰富的地区或从生产条件、环保要求等出发，适宜于建设大型区域性火电厂的地区。其生产的电能主要依靠升高电压送入系统，发电机电压负荷很少甚至没有，这类发电厂一般容量大、利用小时数多，在系统中的地位重要。

对地方性火力发电厂而言，由于发电机机端负荷的比例较大，发电机机端的出线又多，故均采用有母线的接线方式或母线分段接线方式。在分段母线之间及引出线上通常都安装有限流电抗器以限制短路电流，以便可以选择轻型的断路器。在升高电压侧可根据容量大小、重要程度和出线数的多少，采用双母线、双母线带旁路、单母线分段、多角形及桥形等接线方式。

对大容量区域性火力发电厂，由于容量大，地位重要，一般高压侧均采用双母线接线或一台半断路器接线方式。当出线回路数较少时，也可以采用角形接线。而发电机机端侧由于负荷很少，故一般都采用单元接线或扩大单元接线。

图 2-20 所示为一个火电厂的主接线示例。该厂装有两台 25MW 的机组 G_1 和 G_2 以及两台 50MW 的机组 G_3 和 G_4，发电机电压的负荷最大为 20000kW，最小为 12000kW，此外还有厂用电约 5000kW，35kV 电压的负荷为 20000kW，而 110kV 电压侧的负荷最大，经常需要供给 7 万～10 万 kW。根据负荷情况，发电机电压侧只需接有两台 25MW 机组，并采用双母线分段的接线，即可满足对发电机电压负荷供电的需要，其余两台 50MW 的机组则以单元接线直接引至 110kV 高压母线，这样可以简化发电机电压的配电装置。35kV 侧由于仅有二回出线，根据其重要程度采用桥形接线即可。110kV 侧由于重要程度较高，负荷也最大，故采用双母线带旁路母线的接线方式。

2. 变电所的电气主接线

变电所可分为区域变电所、地方变电所和终端变电所。区域变电所由区域电网供电，它的一次电压一般为 500kV、330kV 和 220kV，二次电压为 220kV、110kV 和 35kV 等，区域变电所比地方变电所容量大，重要性也要高得多。相对来说，地方性变电所的供电区域要小，它的一次电压一般为 110kV 和 35kV 或 10kV，而二次电压则为 6～10kV 或 380/220V。

对于区域变电所的高压侧（一次），根据出线多少或重要程度可采用双母线、角形或一台半断路器接线方式；对于某些重要程度极高的枢纽变电所，多采用一台半断路器接线，或双母线四分段等方式。区域变电所的低压侧多采用双母线、单母线分段等接线方式。

对地方性变电所，由于其容量相对较小，重要程度较低，且多数属于终端变电所类型，

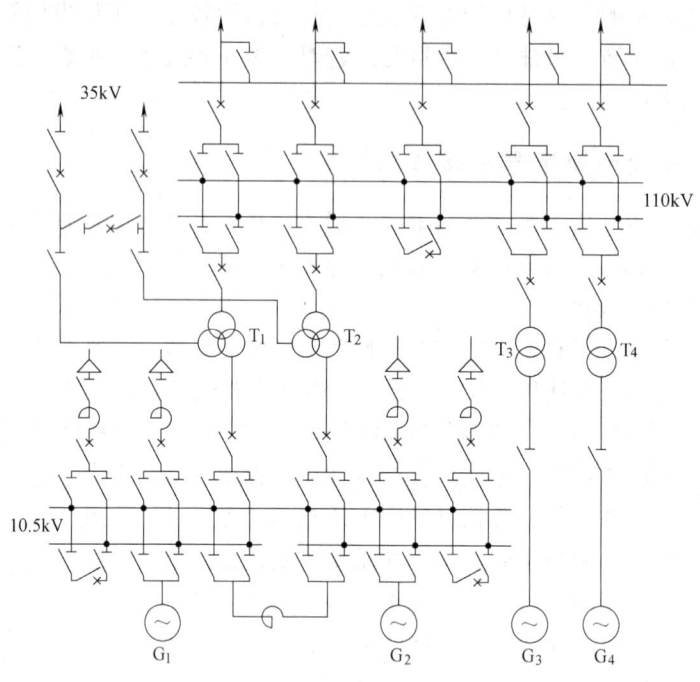

图 2-20 某火电厂的电气主接线

在其高压侧,当线路较少时,可采用桥形、多角形等简化接线方式;而当线路回路数较多时,则可采用双母线或单母线分段等接线方式。对其低压侧,一般都采用单母线分段或双母线分段等接线方式。

图 2-21 为 500kV 区域变电所的电气主接线。

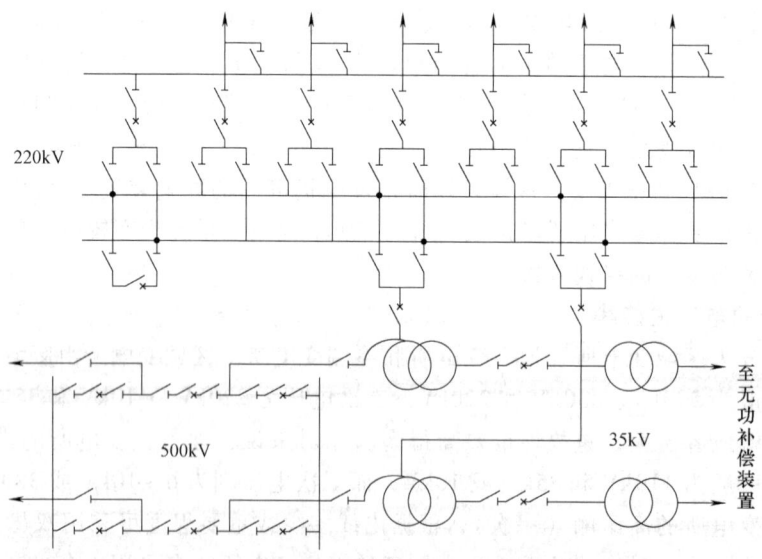

图 2-21 某区域变电所的电气主接线

第四节 电力系统一次设备

电力系统的电气设备,可分为一次设备和二次设备两大类。一次设备是指直接参与生产、输送和分配电能的高压电气设备。一次设备主要包括:变电设备,如变压器、电压互感器、电流互感器等;控制设备,如断路器(开关)、隔离开关(刀开关)等;保护设备,如熔断器、避雷器等;补偿设备,如并联电容器;成套设备,如高低压开关柜、低压配电屏等;线路设备,如母线、电缆、架空线路等。由一次设备相互连接,构成发电、输电、配电的电气回路称为一次回路或一次接线系统。

二次设备是对一次设备的工作进行监测、控制、调节、保护,以及为运行、维护人员提供运行状况或信号的低压电气设备。二次设备包括:测量仪表、继电器、操作开关、按钮、自动控制设备、计算机、信号设备、控制电缆以及提供这些设备能源的一些供电装置(如蓄电池、硅整流器等)。由二次设备相互连接,构成对一次设备进行监测、控制、调节和保护的电气回路称为二次回路或二次接线系统。

一、变压器

变压器是一种把电压和电流转变成另一种(或几种)同频率的不同电压、电流的电气设备。变压器是电力系统中数量多且地位十分重要的电气设备,其功能是将电力系统中的电能电压升高或降低,以利于电能的合理输送和分配。

由于制造上的困难,发电机的电压不可能很高(目前在 20kV 以下),所以在发电厂中要用升压变压器将发电机的电压升很高,才能将大量的电能送往远处的用电地区。而在用电负荷处,再用降压变压器将电压降低到适当的数值供用户电气设备使用。变压器的结构图如图 2-22 所示。

变压器的调压方式有无载调压和有载调压两种,无载调压是指变压器在停电、检修情况进行调节分接开关位置,从而改变变压器的电压比,以实现调压目的;有载调压是指变压器在运行中可以通过调节机构直接调节分接开关位置,从而改变变压器的电压比,以实现调压目的。无载调压的调压范围较窄,调节级数较少,通常额定调压范围以变压器额定电压的百分数表示为 ±2×2.5%;有载调压的调压范围较宽,调节级数较多,通常额定调压范围以变压器额定电压的百分数表示为 ±8×1.25%。线路中的变压器如图 2-23 所示,变压器的型号

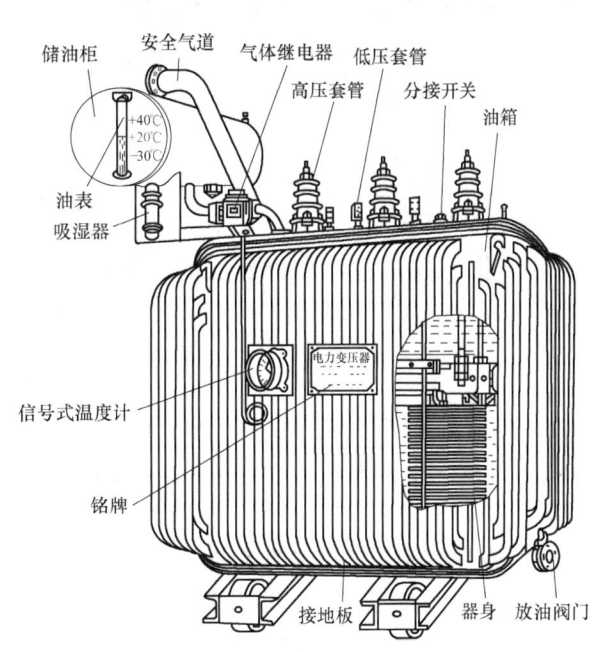

图 2-22 变压器的结构图

示意图如图 2-24 所示。

二、高压断路器

高压断路器是发电厂、变电所一次系统中的重要开关设备,它用来切断和接通负荷电路,以及切断故障电路,防止事故扩大,保证安全运行。为实现正常及故障情况下电路的开断和闭合,断路器必须具有熄灭电弧的能力,否则长时间燃烧的电弧不仅会烧毁断路器本身,还会给系统运行带来不堪设想的严重后果。

图 2-23　线路中的变压器

高压断路器之所以能熄灭电弧,在于其结构中有灭弧室,高压断路器按灭弧介质的不同可分为以下几类:

1) 油断路器,指触头在变压器油中开断,利用变压器油为灭弧介质的断路器。如以油为灭弧介质的少油断路器,和以油为灭弧介质及绝缘介质的多油断路器。少油断路器重量轻、体积小、用钢和油量少,价格低,但是不能频繁操作,主要用于 6~35kV 的室内配电装置。多油断路器结构简单,工艺要求低,但体积大,用钢和油量较多,检修工作量大,易发生爆炸和火灾事故,一般情况下不采用。

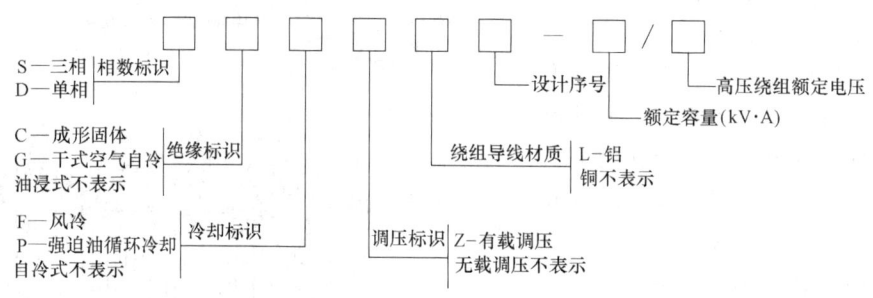

图 2-24　变压器的型号示意图

2) 压缩空气断路器,指利用高压力的空气来吹弧的断路器。吹弧所用的空气压力一般在 1013~4052kPa 范围内。这种断路器的断路能力大,动作时间快,尺寸小,重量轻,无火灾危险,但结构复杂、价格贵,需要装设压缩空气系统,主要用于 110kV 及以上对电气参数及断路器时间有较高要求的系统中。

3) 六氟化硫断路器,指利用高压力的 SF_6 来吹弧的断路器。其压力一般在 1013~1519.5kPa 的范围内。该断路器的断流能力强,灭弧速度快。操作维护和检修都很方便、检修周期长,但要求加工精度高,密封性能要求高,价格昂贵。适用于频繁操作及有易燃、易爆的危险场合。

4) 真空断路器,指触头在真空中开断,以真空为灭弧介质和绝缘介质的断路器,要求真空度在 10^{-4}Pa 以上。真空断路器的静触头和动触头均放置在真空的玻璃泡中,因而熄弧快,触头不致氧化,适用于频繁操作;也没有变压器油的火灾危险性。但由于真空度要求高,所以密封比较困难,主要用于操作频繁的配电系统中。

5)磁吹断路器,指在空气中由磁场将电弧吹入灭弧栅中使之拉长、冷却而熄灭的断路器。

高压断路器按照安装地点又分为屋内式和屋外式两类,使用时必须结合各种断路器各自的特点及使用的具体条件来选用。

断路器的型号及含义如图 2-25 所示。

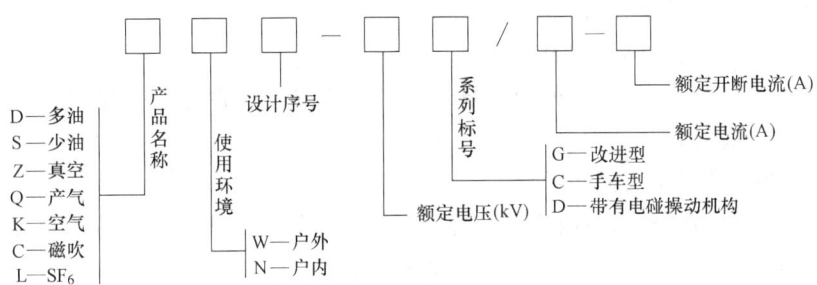

图 2-25　断路器型号示意图

如型号 SW6-110G/1200 的含义是户外 110kV 改进型、设计序号为 6、额定电流为 1200A 的少油断路器。

图 2-26 给出了各类断路器的外形结构图。

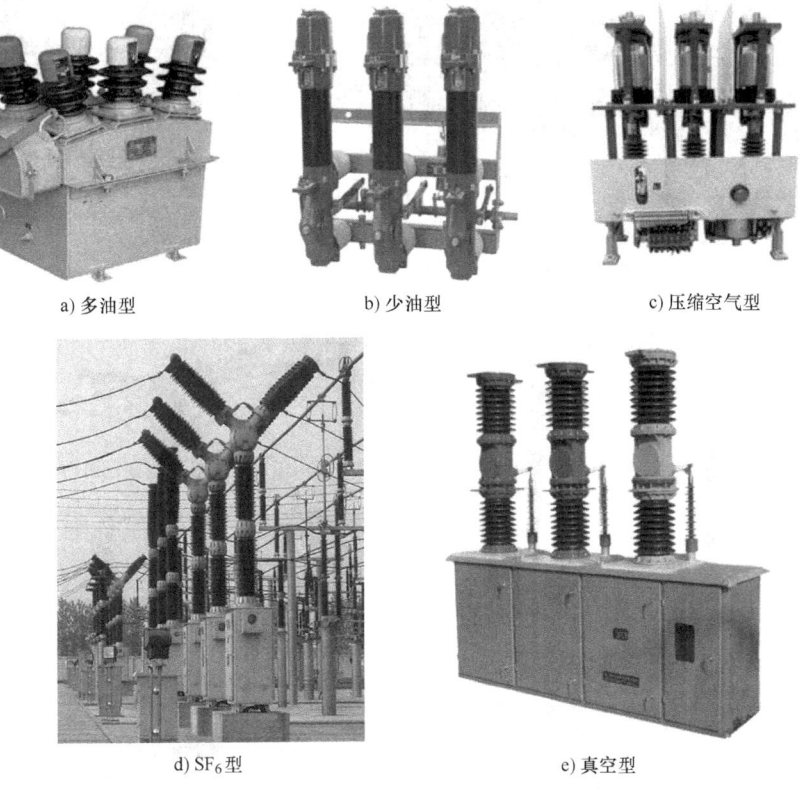

图 2-26　断路器的外形结构图

三、隔离开关

隔离开关（又称为刀开关）是一种没有灭弧装置的开关设备，一般只用来闭合和开断有电压无负荷的线路，而不能用来开断负荷电流和短路电流，它需要与断路器配合使用，由断路器来完成闭合和开断任务。隔离开关是电力系统中使用较多的电器，主要是为了将停役的电气设备与带电电网隔离，以形成安全的电气设备检修断口，建立可靠的绝缘回路。隔离开关在使用时要注意以下几方面：

1) 合闸时，静触头与闸刀接触要紧密。
2) 分闸时，静触头与闸刀之间距离要远，必须达到一定的安全距离。
3) 绝缘子要保持清洁。
4) 操作时严格遵守倒闸操作顺序。

隔离开关按使用场所分为户内式和户外式两大类，按绝缘支柱数目分为单柱、双柱及三柱式，按闸刀的运动方式分为水平旋转式、垂直旋转式、摆动式和插入式，按有无接地闸刀分为有接地闸刀和无接地闸刀，按操作机构不同分为手动、电动和气动等类型。图2-27给出了一部分隔离开关外形结构图。

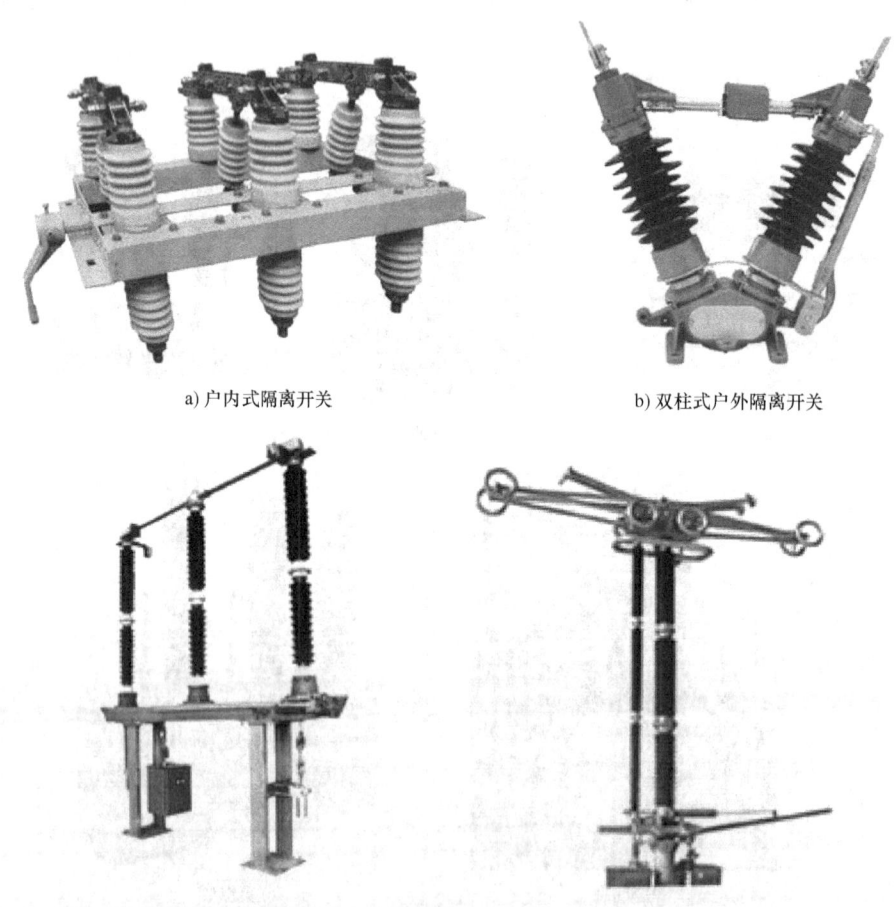

a) 户内式隔离开关　　　　b) 双柱式户外隔离开关

c) 三柱式户外隔离开关　　d) 剪刀式户外隔离开关

图2-27　隔离开关外形结构图

隔离开关的型号示意图如图2-28所示。

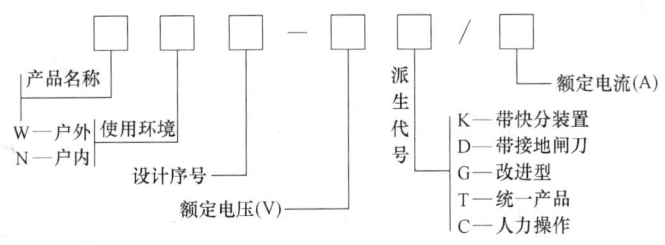

图2-28 隔离开关的型号示意图

四、高压熔断器

熔断器是最简单和最常使用的一种保护电器，它串接在电路中使用。当过载电流或短路电流流过熔断器时，熔丝或熔体由于电阻损耗过大、温度上升过高而发生熔断，从而断开线路，保护电路和电气设备。熔断器的特点是结构简单、价格低廉、维护方便、使用灵活，在低压（1000V及以下）装置中广泛使用。在3~35kV的高压系统中也被广泛用来保护电压互感器和小容量电气设备，如与负荷开关配合使用，还可以在短路容量较小的电网中代替高压断路器。其主要缺点是：熔体熔断后必须更换，会引起短时停电；保护特性和可靠性差，一般情况下，需要与其他电器配合使用。

熔断器主要由熔件、熔体管、触头、支持绝缘子和底座组成。对于高压熔断器还设有简单的灭弧装置（如产气纤维管、石英砂等），用以提高熔断器的灭弧能力。

熔断器按使用场所分为户外式和户内式，按有无填料分为有填充料式和无填充料式，按结构分为固定式和跌落式。图2-29给出了常用的一些高压熔断器的外形结构图。

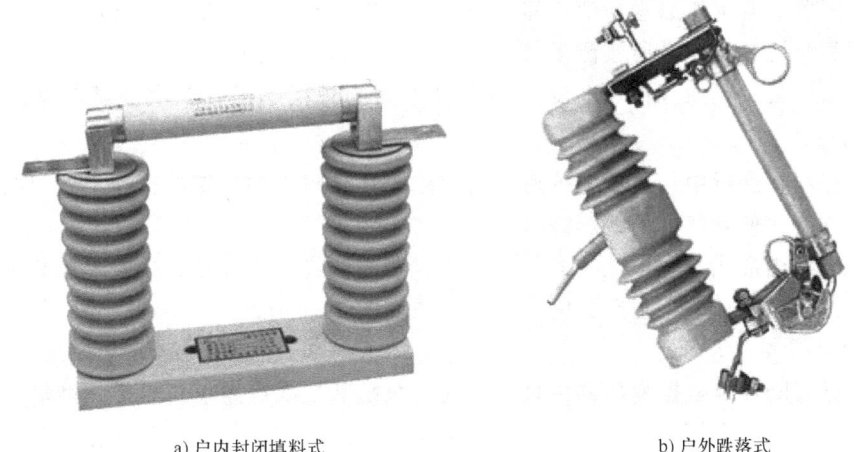

a) 户内封闭填料式　　　　　　　　　b) 户外跌落式

图2-29 高压熔断器的外形结构图

跌落式熔断器（俗称跌落保险），是10kV配电线路分支线和配电变压器最常见的一种短路保护开关。安装在10kV配电线路分支线上可以缩小停电范围，断开时有明显的断开点，具备了隔离开关的功能，给检修线路和设备创造了一个安全作业环境，增加了检修人员的安全感。它具有经济、操作方便以及适应户外环境性强等特点。另外跌落式熔断器也可作为配电变压器的主保护。

五、高压负荷开关

高压负荷开关是用来分合负荷电流的开关电器,也具有一定的灭弧能力,但灭弧装置简陋,多是用产气管灭弧(类似于熔断器灭弧),可以断开负荷电流,但不能断开故障电流。当与熔断器结合使用时可以完成断路器的功能,切断故障电流。高压负荷开关结构图如图2-30所示。

六、互感器

互感器是一种电压电流变换设备,原理上相似于变压器。变电站中各种测量、保护和监视设备都属于低压系统,这些设备都不能直接接入变电站的高压系统中,需要通过互感器把高压设备上的大电压、大电流转换为各种仪器仪表能接受的小电压、小电流。另外经过互感器把高压系统和二次回路隔离开,可以有效地保证人员和设备的安全。

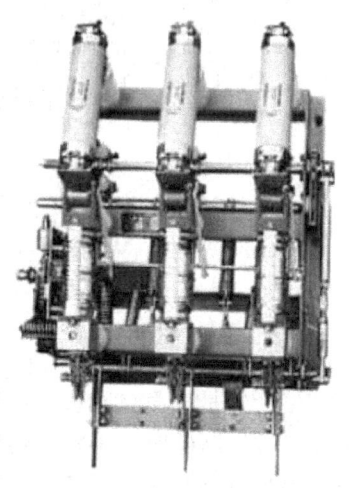

图2-30 高压负荷开关结构图

同时,为了确保工作人员在接触测量仪表和继电器时的安全,互感器的二次绕组必须可靠地接地,以防止互感器的一、二次绕组间的绝缘损坏时,一次电路上的高压加到测量仪表和继电器上,危及工作人员的安全。

互感器分为电压互感器和电流互感器。

1. 电压互感器(TV)

电力系统中的电压互感器按其工作原理分为电磁式和电容式两种,其中采用较多的是电磁式电压互感器。其工作原理与变压器相似,但其容量很小,类似于一台小容量变压器,由于其二次侧负荷比较恒定,所接测量仪表和继电器的电压线圈阻抗很大,通过的电流很小,因此在正常运行时,电压互感器接近于空载状态。为规范起见,二次侧额定电压规定值为100V和$100/\sqrt{3}$V。

电压互感器在运行中,二次侧绝对不能短路。这是因为如果短路,在二次回路中会产生很大的短路电流,使互感器的线圈烧毁。

按照绝缘结构形式,电压互感器可分为干式、浇注式、充气式和油浸式等几种;根据相数可分为单相和三相。电压互感器的外形结构图如图2-31所示。

2. 电流互感器(TA)

电流互感器同样是根据变压器原理工作的,只是其二次绕组仅与仪表及继电器的电流线圈相串联,仪表和继电器电流线圈的阻抗值很小,因此电流互感器正常运行时二次绕组相当于短路状态,这是它与变压器的主要区别。二次侧的额定电流一般为5A或1A。

电流互感器在运行中,绝对不允许开路。为了防止二次侧开路,规定电流互感器的二次侧不能装设熔断器。并且,在运行中,若需拆除仪表或继电器必须先用导线或短路压板将二次回路短接,以防止开路。

电流互感器的种类很多,根据安装地点可分为户内式和户外式;按安装方式分为穿墙

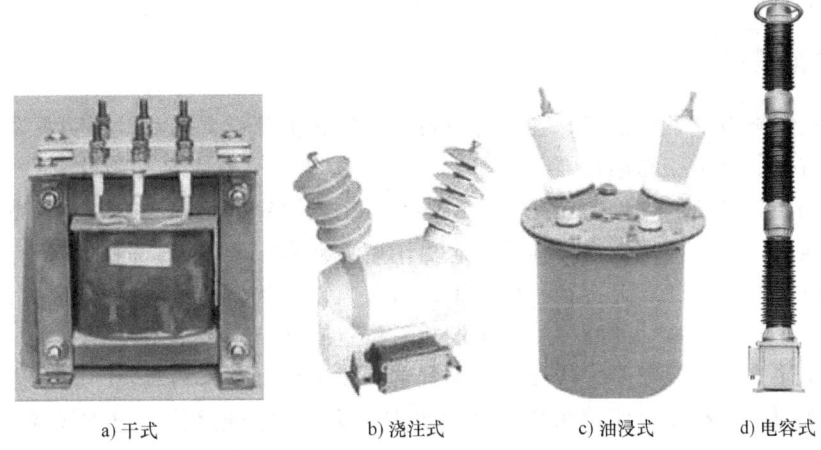

a) 干式　　　b) 浇注式　　　c) 油浸式　　　d) 电容式

图 2-31　电压互感器的外形结构图

式、母线式、装入式和支持式，如图 2-32 所示；根据绝缘结构可分为干式、浇注式和油浸式；根据一次绕组的匝数可分为单匝式和多匝式等。

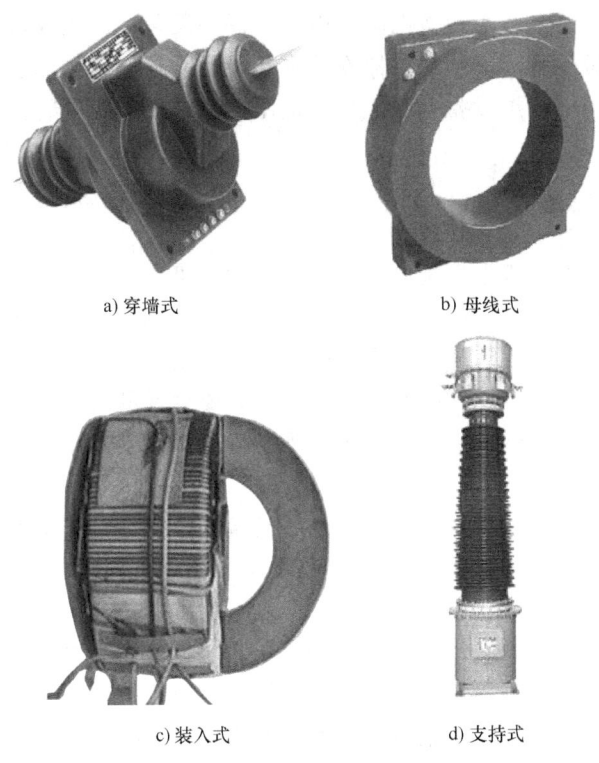

a) 穿墙式　　　b) 母线式

c) 装入式　　　d) 支持式

图 2-32　电流互感器的外形结构图

穿墙式电流互感器一般用在从室内到室外的连接，它可以作为穿墙套管，又是电流互感器，可以减少占地面积，减少设备；母线式是利用母线作为一次绕组，安装时将母线穿入电流互感器磁套的内腔；装入式电流互感器是为了节省空间而设计的，它没有外壳，可装入到其他电气设备中，一般安装在大容量变压器和多油式断路器的油箱内部；支持式是将电流互感器安装在平台或支柱上。

七、防雷设备

为了防止雷电对设备的损害,在电力设备及建筑物上都设置了相应的防雷设备。防雷设备主要有避雷针、避雷线和避雷器。

避雷针是防直击雷最常见的措施,它由镀锌圆钢或镀锌钢管制成,安装在高建筑物的最顶端,经接地引下线与接地体很好地连接。由于避雷针离雷云较近,同时其具有尖端放电特性,可将雷电吸引到自己身上再经接地引下线流入大地,从而达到保护设备的目的。避雷针的保护范围大小,与避雷针的高度、数量及相对位置有关。

避雷线是用来保护架空电力线路和露天配电装置免受直击雷的装置,由悬挂在空中的接地导线、接地引下线和接地体等组成,因而也被称为"架空地线"。避雷线和避雷针一样,将雷电引向自身,并将雷电导入大地,使其保护范围内的导线或设备免遭雷击。避雷线一般采用镀锌钢绞线,架设在架空线的上方。

避雷器的主要作用是限制过电压以保护电气设备。在被保护设备附近的线路上落雷时雷电波会沿导线对电气设备形成雷电过电压。另外,断路器操作等也会引起过电压。当过电压超过一定限值时,避雷器自动对地放电降低电压,保护设备;而当放电结束后又迅速自动熄灭电弧,保证系统正常运行。一般避雷器安装在各段母线与架空线的进出口处,靠近被保护设备的电源侧,并且与被保护设备并联。目前使用的避雷器主要有管型避雷器、阀型避雷器和金属氧化物避雷器。

八、母线

在发电厂和变电所的各级电压配电装置中,将发电机、变压器与各种电气设备连接的导线就称为母线,它起到汇集和分配电能的作用。由于在发电厂和变电所内,进出线之间需要一定的电气安全间隔,所以无法从一处同时引出多个回路;而只有采用母线装置才能保证电路接线的安全性和灵活性,因此在复杂的系统中有必要设置母线。母线有较大功率通过,短路时又承受很大的发热和电动力效应,所以要合理选择母线,以达到安全、经济运行的目的。

母线按照结构分为硬母线和软母线。其中,硬母线多用于电压较低(20kV及以下)的户内配电装置上;而采用多股绞线或钢芯铝绞线制成的母线称为软母线,应用于电压较高(35kV及以上)的户外配电装置上。

母线按照材料分为铜母线、铝母线和钢母线。铜电阻率低、机械强度高、抗腐蚀性强,但价格高;铝电阻率略高于铜,但重量轻、价格便宜。因此铝母线应用广泛,只有在大电流和腐蚀性强的环境下采用铜母线。钢电阻率大,但机械强度高、价格低廉,仅适用于高压小容量电路(如电压互感器)和电流在200A以下的低压及直流电路中,接地装置的接地线多用钢母线。

对于硬母线,按照截面的形式可分为矩形母线、双槽形母线和圆管形母线,散热效果与母线截面形状相关。一般在35V及以下的户内配电装置中采用矩形母线;50MW及以下的发电机出口回路采用单根或多根矩形母线;100MW发电机电流较大,采用双槽形母线;当单机容量在200MW及以上时,由于电流很大,为满足减少周围钢结构件涡流发热、抗短路时母线间巨大电动力的要求,需采用圆管形母线或封闭母线。对于矩形、双槽形、圆管形的硬母线,都要涂上不同颜色的油漆来识别相序,增加辐射散热能力和防腐蚀。其颜色标识如下:

三相交流:A相—黄色;B相—绿色;C相—红色;
直流:正极—红色;负极—蓝色;
中性线:接地中性线—紫色;不接地中性线—白色。

九、电抗器

电力系统中安装的电抗器有限流电抗器、串联电抗器和并联电抗器。

限流电抗器,串联于电力电路中,其目的是限制短路电流,以便能经济合理地选择轻型开关电器。限流电抗器按安装地点和作用,可分为线路电抗器和母线电抗器。线路电抗器串接在电缆出线上,用来限制该线路短路电流;母线电抗器串接在发电机电压母线的分段处或主变压器的低压侧,用来限制厂内、外发生短路时的短路电流。

串联电抗器通常与系统中的电容补偿装置串接或与交流滤波装置回路中的电容器串联,组成谐振回路,滤除指定的谐波,抑制其他次谐波放大,减少系统电压的波形畸变,提高电压质量,同时还减少电容器组的涌流。

电抗器并联接入系统,起无功补偿作用。它有两种应用情况,并联接在大型发电厂或110~500kV变电所的6~63kV母线上,用于向电网提供可阶梯调节的感性无功功率,以保证电压稳定在允许的范围内;并联接在330kV及以上的超高压线路上,用于补偿输电线路的充电功率,以降低电力系统的工频过电压水平,这对降低系统绝缘水平和系统故障率,提高运行可靠性,均有重要意义。

本 章 小 结

本章阐述了电力系统电气接线方式、中性点接线方式、发电厂和变电所的电气主接线,介绍了电力系统主要电气设备的作用和外形结构。

电力系统的电气接线分为无备用接线和有备用接线,而采用这两种接线方式的电网分别称为开式网和闭式网。

电力系统的接地方式有工作接地、保护接地、保护接零、防雷接地和防静电接地。工作接地称为中性点接地,中性点接地又分为:中性点不接地、中性点经消弧线圈接地、中性点直接接地以及中性点经小电阻接地。其中,中性点不接地的系统发生单相接地短路故障时,非故障相对地电压上升为原来的$\sqrt{3}$倍,由原来的相电压变为线电压,而各相之间的线电压关系保持不变;故障相对地电流也变为原来的3倍。

电气主接线的设计考虑安全可靠、调度灵活、操作方便、经济合理并具有扩建的可能性。主接线的形式很多,分为两大类:有母线接线和无母线接线。有母线接线又分为单母线、单母线分段、双母线、双母线分段、单(双)母线带旁路母线以及一台半断路器接线等,无母线接线包括:桥形接线、角形接线和单元接线。一个发电厂或变电所的主接线往往是几种基本接线形式的综合。

主要电气设备包括:断路器、隔离开关、负荷开关及熔断器等开关设备,电流互感器、电压互感器等电量转换设备,避雷针、避雷线、避雷器等防雷设备。其中,断路器在电网中地位最重要、任务最艰巨、结构也最复杂,其完成对故障电流的切断。隔离开关在设备检修时隔离电源,保证检修人员及设备的安全,往往装在断路器两侧,操作时必须严格遵守隔离开关与断路器的操作顺序。互感器起到将大电气量转变为小电气量,以便于测量、保护和控制,同时将一次系统与二次系统相隔离。

复习思考题

2-1 电力系统的电气接线方式有哪些?

2-2 何谓开式网?何谓闭式网?

2-3 何谓接地?电力系统接地方式有哪些?各自的作用是什么?

2-4 中性点接地方式有哪几种?各自的优缺点是什么?适合用于哪种条件?

2-5 何谓大电流接地系统?何谓小电流接地系统?

2-6 中性点不接地系统发生单相接地短路故障时,电压、电流有哪些变化?

2-7 为何小电流接地系统发生单相接地短路故障时可以带故障运行 2h 左右?

2-8 中性点经消弧线圈接地的系统,消弧线圈的电抗值 X_L 与系统电纳值 X_C 的关系是怎样的?

2-9 发电厂和变电所电气主接线的方式有哪些?

2-10 在单母线接线方式上再做辅助改进,如分段、带旁路母线的目的是什么?

2-11 在线路上串加电抗器的目的何在?

2-12 简述双母线的工作母线检修时的操作过程。

2-13 主母线和旁路母线的作用是什么?简述检修出线上断路器的操作过程。

2-14 简述内桥接线和外桥接线各自的特点。

2-15 什么是单元接线?发电机出口是否要安装断路器?应如何考虑?

2-16 断路器与隔离开关的作用是什么?它们配合操作时应遵守什么原则?

2-17 负荷开关与熔断器的作用是什么?各自的特点有哪些?

2-18 互感器的作用是什么?使用时各自注意哪些事项?

2-19 互感器二次侧为何要接地?

2-20 避雷器、避雷针和避雷线各自的作用是什么?

第三章

电网元件的参数计算及等效电路

第一节 输电线路的结构

电力线路是电网的重要组成部分,可分为架空线路与电缆线路两大类。架空线路将线路导线架设在杆塔上,它敷设于屋外并露置于大气中,如图 3-1 所示;电缆线路一般埋于地下,图 3-2 为敷设于地下电缆廊道内的电缆。

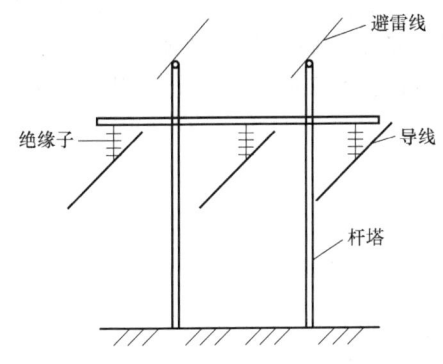

图 3-1 架空线路

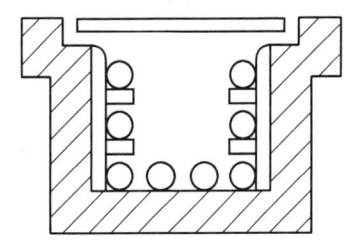

图 3-2 敷设于廊道内的电缆

一般说来,架空线路的建设费用要比电缆线路低得多,特别当电压等级越高时,二者在投资上的差异就越显著。再者,架空线路也易于架设、维护和修理,因此电网中的绝大多数线路都采用架空线路,只有在一些不适于用架空线路的地方(如大城市的人口稠密区、过江、跨海、严重污染区等)才采用电缆线路。但是,近年来,出于紧缩线路走廊、安全防护、景观等的需要,在城市供电网中,电缆线路的使用不断增加。

一、架空线路的结构

架空线路主要由导线、避雷线(架空地线)、杆塔、绝缘子和金具等组成(图 3-1)。它们的作用如下:

导线——传导电流、输送电能;

避雷线——将雷电流引入大地，保护电力设备免遭雷击；

杆塔——支持导线和避雷线，并使导线与导线、导线与大地之间保持一定的安全距离；

绝缘子——使导线与杆塔之间保持良好的绝缘；

金具——连接导线，或将导线固定在绝缘子上以及将绝缘子固定在杆塔上，也可用作连接绝缘子或保护绝缘子和导线等。

1. 导线和避雷线

导线的作用是传导电流、输送电流，而避雷线的作用是将雷电流引入大地，以保护电力线路免受雷击。所以，它们都必须具有良好的导电性能。另外，架空线路的导线和避雷线都悬挂在绝缘子上，在露天环境下工作，要承受自重、风力、覆冰等机械力的作用；同时还要承受温度变化的影响。因此，还要求它们有相当高的机械强度和抗化学腐蚀能力。

导线的材料主要有铝、铜、钢等，目前主要采用铝线或铝合金线。铝合金线的机械强度和抗化学腐蚀能力都优于铝线，但成本较铝线高。钢线由于电阻率高，仅个别小容量线路采用。但是，由于钢线的机械强度高且价格低廉，故避雷线一般采用钢线。

除低压配电线路使用绝缘线以保证安全外，架空线的导线和避雷线均采用裸线。架空线路导线的结构主要有单股线、多股绞线、钢芯铝绞线三种形式，其结构如图3-3所示。由于多股绞线的柔韧性好、机械强度高，所以架空线路一般均采用多股绞线。当采用多股铝绞线时，由于铝线的机械性能差，常将铝线和钢线组合起来制成钢芯铝绞线，如图3-3c所示。这种绞线是将铝线绕在钢线的外层，由于趋肤效应，电流主要从铝线部分通过，而导线的机械负荷主要由钢线负担。由于它充分利用了铝线良好的导电性能和钢线高强度的机械性能，在某些方面它甚至较铜线的性能更为优越，所以这种导线目前在架空线路上应用最广，可以说是架空线路的主要形式。

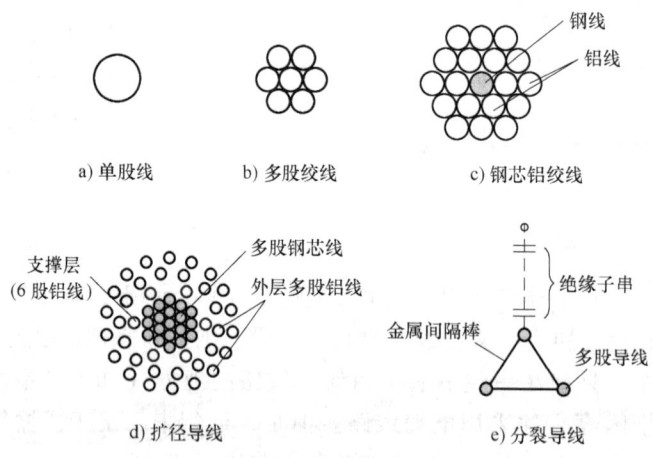

图3-3 架空线路导线的结构形式

通常钢芯铝绞线按其机械强度的大小可分为普通型钢芯铝绞线、轻型钢芯铝绞线和加强型钢芯铝绞线三种。三者结构一样，区别在于铝钢横截面的比例。铝钢横截面的比例越小，机械强度越大；反之铝钢横截面的比例越大，导线的重量越轻。一般轻型钢芯铝绞线的铝钢横截面的比例为8.0~8.1；普通型钢芯铝绞线的铝钢横截面的比例为5.3~6.0；加强型钢芯铝绞线的铝钢横截面的比例为 4.3～4.4。

在 220kV 及以上的输电线路中，为了避免发生电晕现象，通常采用扩径导线和分裂导线，如图 3-3d、e 所示。分裂导线是将每相导线分裂成若干根子导线，每根之间保持一定的距离，线路中常用的分裂导线情况如图 3-4 所示。这样可使导线的等效半径增大，从而降低导线表面的电场强度，避免发生电晕。

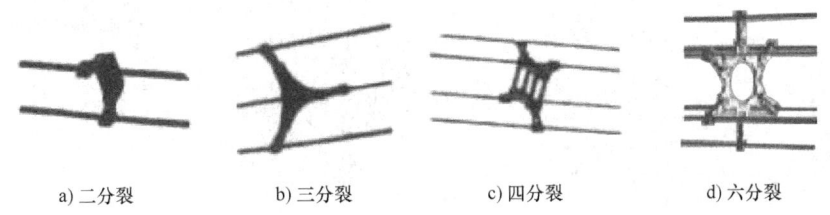

a) 二分裂   b) 三分裂   c) 四分裂   d) 六分裂

图 3-4 线路中常用的分裂导线

根据国家标准的规定，架空线路导线的型号用导线材料和结构（拉丁字母）以及载流截面积（mm^2）这三部分来表示，如：T—铜线；L—铝线；J—绞线；TJ—铜绞线；LJ—铝绞线；GJ—钢绞线；HLJ—铝合金绞线；LGJ—钢芯铝绞线；LGJQ—轻型钢芯铝绞线；LGJJ—加强型钢芯铝绞线。如 LGJ—120 表示截面积为 120mm^2 的钢芯铝绞线。

2. 杆塔

杆塔的作用是支撑导线和避雷线，并使导线之间、导线与大地之间保持一定的安全距离。根据所用材料不同，架空线路的杆塔可分为木杆、铁塔和钢筋混凝土杆三种形式。目前，由于自然资源的原因，木杆已基本上不采用。铁塔主要用在超高压、大跨越的线路以及某些受力较大的耐张、转角杆塔上。由于钢筋混凝土杆不仅可以大量节省钢材，而且机械强度高，所以应用较广。

根据杆塔的使用目的和受力情况的不同，架空线路的杆塔大致又可分为下列五种类型。

（1）直线杆塔 该杆塔用于线路走向成直线处。在正常情况下直线杆塔只承受导线自重、覆冰重以及导线所承受的风压，所以这种杆塔在机械强度上要求较耐张杆塔低，价格也低。图 3-5a 所示为双回路直线杆塔（导线采用双分裂导线）。

（2）耐张杆塔 耐张杆塔又叫承力杆塔，它是每隔几个直线杆塔就设置的一种能承受较大拉力的杆塔，图 3-6 所示为一个耐张段内的直线杆塔和耐张杆塔布置示意。耐张杆塔的作用是当线路发生断线或直线杆塔倒塌时，在两侧拉力不平衡的情况下将故障段限制在两个耐张杆塔之间，并便于施工、检修。因此这种杆塔对机械强度要求较高，结构也较复杂。图 3-5b 所示为耐张杆塔外观。在耐张杆塔上，导线是通过耐张线夹和耐张绝缘子串悬在杆塔上，杆塔两侧的绝缘子串位于导线的延伸方向上，其两侧的导线则通过跳线相连。

（3）转角杆塔 这种杆塔装设在线路的转角处，这时杆塔两侧导线的拉力不在一条直线上，如图 3-7 所示，将产生不平衡拉力。因此转角杆塔在结构上必须考虑承受这种不平衡拉力的要求。转角杆塔可做成耐张杆塔型，也可做成直线杆塔型，视转角大小等具体条件而定。如采用直线杆塔型，则需要在杆塔上装设拉线以平衡这种不平衡拉力（图 3-7）。图 3-5c 为转角杆塔的外观。

（4）终端杆塔 终端杆塔是设置在发电厂或变电所的线路末端的杆塔，由它来承受最后一个耐张档距中导线的拉力，如图 3-5d 所示，它属于耐张杆塔型。如不设置终端杆塔，则这种拉力将加到建筑物上，从而使发电厂、变电所的土建投资增加。因此，这种杆塔的特点就是在正常运行时所承受的两侧的拉力差很大。

a) 直线杆塔　　b) 耐张杆塔　　c) 转角杆塔

d) 终端杆塔　　e) 跨越杆塔　　f) 换位杆塔

图 3-5　各类杆塔

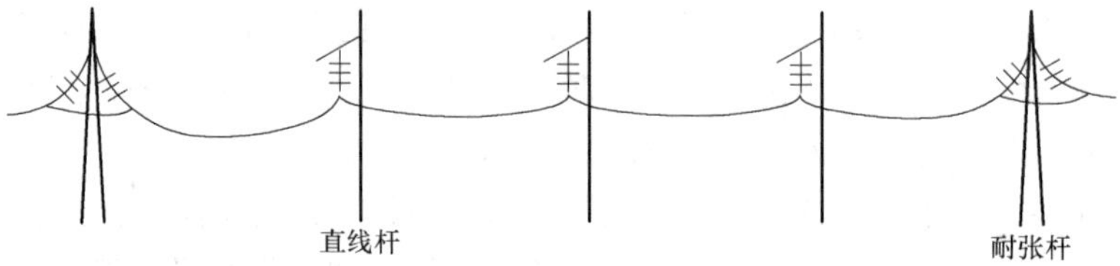

图 3-6　耐张杆塔布置示意图

（5）特种杆塔　特种杆塔主要有跨越杆塔与换位杆塔两种。当线路跨越河流或山谷等地段时，若跨越档距很大就必须采用特殊设计的跨越杆塔，如图 3-5e 所示。跨越杆塔的高度较一般杆塔要高得多，有的甚至高达 200m 以上。换位杆塔能在一定长度内实现三相导线的轮流换位，以便三相导线的电气参数平衡，如图 3-5f 所示。

3. 绝缘子

绝缘子是用来支撑或悬挂导线，并使导线与杆塔绝缘的一种瓷质或玻璃元件。它具有良好的绝缘性能和足够的

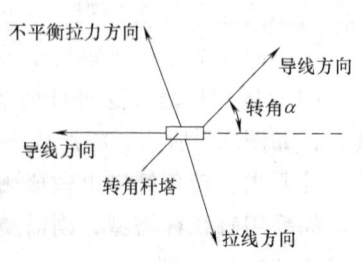

图 3-7　转角杆塔的拉力分布

机械强度。架空线路所使用的绝缘子主要有针式和悬式。

(1) 针式绝缘子 其外形如图 3-8a 所示。针式绝缘子主要用于固定 35kV 及以下输配电线路和屋外配电装置中的导线和软母线,它制造简单、价格低廉,但耐雷水平不高,雷击下容易发生闪络事故。

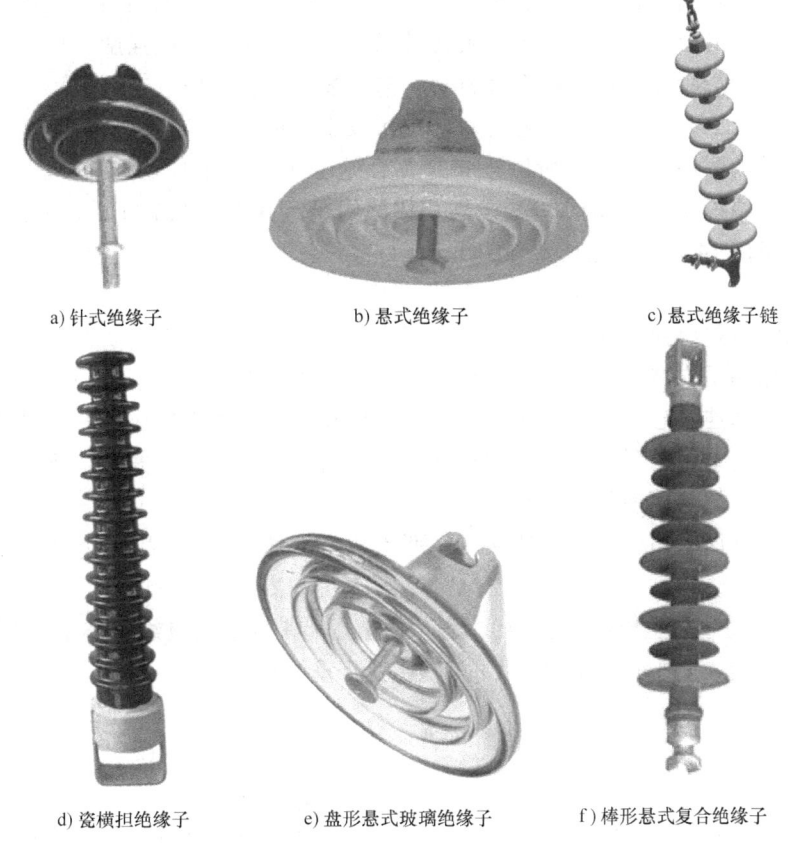

图 3-8 线路绝缘子外形

(2) 悬式绝缘子 这种绝缘子广泛应用于固定 35kV 以上的输电线路和屋外装置中的导线和软母线,其外形如图 3-8b 所示。

悬式绝缘子通常都组装成绝缘子链来使用,如图 3-8c 所示。每串绝缘子链的绝缘子数目与线路额定电压等级有关,见表 3-1。

表 3-1 悬式绝缘子链的绝缘子最小用量

额定电压/kV	35	110	220	330	500
每链绝缘子的最少个数	2~3	7	13~14	19~22	24~26

(3) 瓷横担绝缘子 这种绝缘子是可以同时起到横担和绝缘子作用的一种绝缘子结构,其外形如图 3-8d 所示。瓷横担绝缘子的绝缘水平较高,并且由于部分代替了横担,因此能大量节约木材、钢材,且有效降低了杆塔高度。这种绝缘子的主要缺点是机械抗弯强度较低。目前瓷横担绝缘子已广泛应用于 110kV 及以下的线路上。

(4) 复合绝缘子 以往绝缘子最常用的材料是电瓷,它能承受不利的大气环境和酸碱污秽等的长期作用而不受腐蚀,抗老化性能也好,且具有足够的电气强度和机械强度(决定于配方与工艺），但瓷是一种脆性材料，它的抗压强度比抗拉强度大得多。后来又发明了盘形悬式钢化玻璃绝缘子（图3-8e）等类型，同样在性能上存在某些缺陷。

自20世纪60年代起出现了由环氧树脂玻璃纤维芯棒和高分子聚合物伞盘、护套组成的复合绝缘子。其中，芯棒承受机械负荷的作用，伞盘、护套用于保护芯棒免受环境因素影响和提供必要的泄漏距离。合成树脂玻璃纤维引拨棒的机械强度比钢还高，也具有良好的电气性能，是制造芯棒的合适材料。而高温硫化硅橡胶具有一定的机械强度、良好的电气性能与环境稳定性，是制造伞盘、护套的合适材料。与上述的电瓷及玻璃绝缘子相比，复合绝缘子具有许多优点，如工艺简单、生产过程对环境污染小、重量轻、体积小、运输安装方便，尤其是它具有优良的耐污闪性能，所以近年来复合绝缘子的应用日益增加。图3-8f是用来代替普通盘形悬式绝缘子链的220kV悬式复合棒绝缘子，其质量只有10kg，仅为普通盘形悬式绝缘子串质量的14%，其优点十分突出。

4. 金具

通常把架空线路所使用的金属部件（除杆塔用的螺栓外）统称为金具，它在架空输电线路中的主要作用是支持、固定连接导线及绝缘子连接成串，也用于保护导线和绝缘体。金具的种类很多，如连接悬式绝缘子用的挂环、挂板和连板；连接导线用的接线管；把导线固定在悬式绝缘子链上用的各种线夹；防止导线振动用的护线条、防振锤以及为了使高压线路上绝缘子链上电压均匀而用的均压环等。

按照金具的性能和用途可分为线夹（悬垂线夹和耐张线夹）、接续金具、连接金具、保护金具和拉线金具。

（1）**悬垂线夹** 它主要用于将导线固定在直线杆塔的悬式绝缘子链上或将避雷线固定在直线杆塔上，图3-9所示为几种常见的XGU型悬垂线夹。

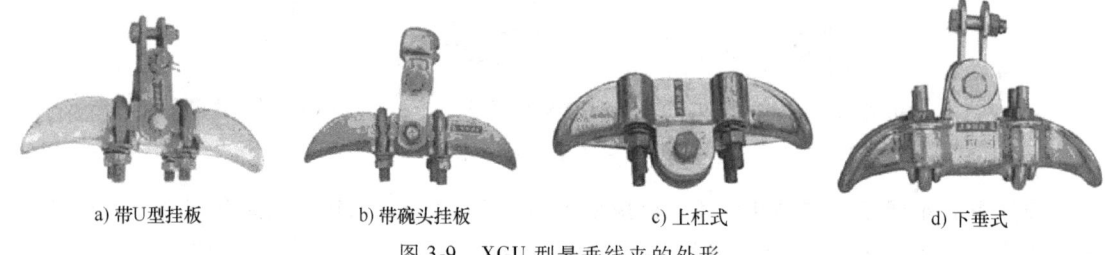

a) 带U型挂板　　b) 带碗头挂板　　c) 上杠式　　d) 下垂式

图3-9　XGU型悬垂线夹的外形

（2）**耐张线夹** 它主要用于将导线固定在非直线杆塔的耐张绝缘子链上或将避雷线固定在非直线杆塔上，图3-10所示为常见的耐张线夹。

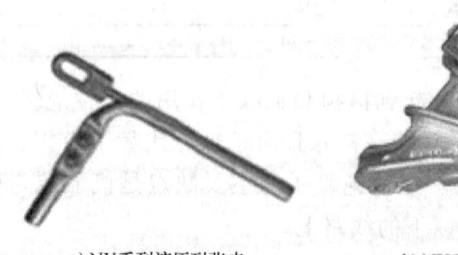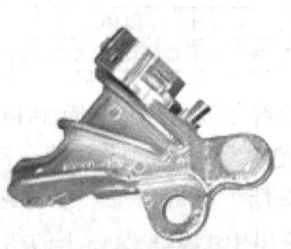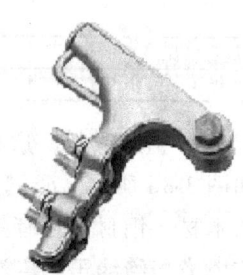

a) NY系列液压耐张夹　　b) NX系列楔形耐张夹　　c) NL系列螺栓型耐张夹

图3-10　耐张线夹外形

（3）接续金具　这种金具主要用在导线或避雷线的两个终端的连接处，也用于导线及避雷线断股的补修。图 3-11 所示为几种常用接续金具。

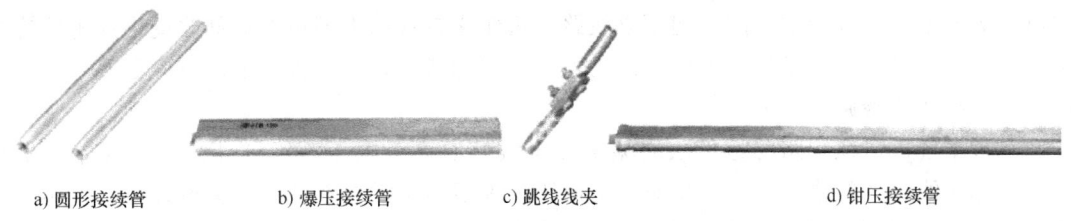

a) 圆形接续管　　b) 爆压接续管　　c) 跳线线夹　　d) 钳压接续管

图 3-11　接续金具外形

（4）连接金具　这种金具用于将绝缘子组装成链或将线夹、绝缘子链、杆塔横担等相互连接。常用的连接金具如图 3-12 所示。

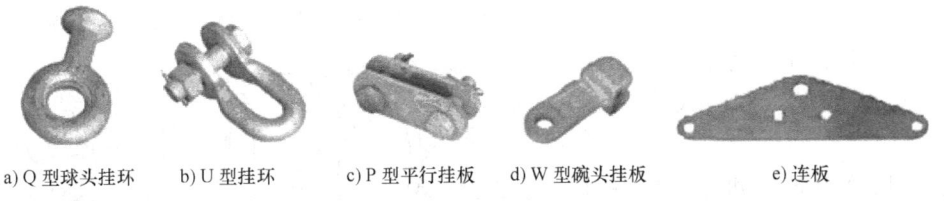

a) Q 型球头挂环　b) U 型挂环　c) P 型平行挂板　d) W 型碗头挂板　e) 连板

图 3-12　连接金具外形

（5）保护金具　也称防护金具，包括防振保护金具和绝缘保护金具。防振保护金具用来防止导线或避雷线因风所引起的周期性振动而造成的损坏，其形式有护线条、防振锤、阻尼线等。其中，护线条的作用在于减小导线振动时所受的机械应力，是加强导线抗振能力的金具。防振锤和阻尼线则是在导线振动时产生与振动方向相反的阻尼力，以削弱导线振动的金具。护线条、防振锤及阻尼间隔棒的结构分别如图 3-13a、b 和 c 所示。

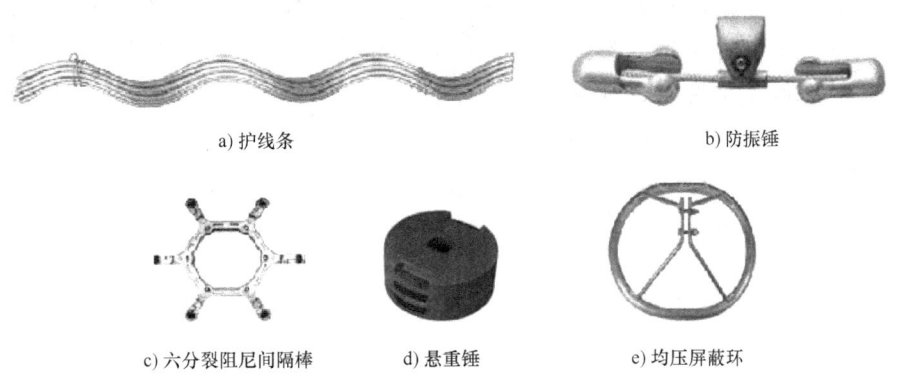

a) 护线条　　　　　　　　　　b) 防振锤

c) 六分裂阻尼间隔棒　　d) 悬重锤　　e) 均压屏蔽环

图 3-13　几种保护金具

图 3-13d 中的悬重锤是一种绝缘保护金具，它可以减少悬垂绝缘子链的偏移，防止其过分靠近杆塔。除此之外，图 3-13e 所示的均压环和屏蔽环是为了改善绝缘子链的电压分布，减少或消除电晕，防止电弧烧伤绝缘子。

二、电缆线路

在人口密度大与负荷密度高的大城市及其近郊区，由于受到环境、安全、景观等方面的限制，大多采用埋设于地下的电缆配电线路。近年来在我国大城市的城网改造中这种趋势越来越显著。同样，这也是世界各国城网供电的共同趋势，目前在世界上已有电压高达500kV的地下电缆输电线路。

一般来说，电缆线路的造价较之架空输电线路要高，电压等级越高，二者的差别也越大，且电缆线路的检修也费事、费时。但由于电缆线路不需要在地面上架设杆塔，占用土地面积少、美观、调和绿色的居住环境，且极少受到各种气象因素与外力的影响，因而供电可靠性高，对人身也较安全等，其优越性很突出。另外，在过江、穿越海峡以及发电厂、变电所内部，也常用电缆线路。

电缆的构造一般包括三部分：导体、绝缘层和包护层。

电缆的导体采用铝或铜的单股或多股绞线形式，其中常采用多股线。

电缆绝缘层的材料有橡胶、沥青、聚乙烯、交联聚乙烯、聚氯乙烯、聚丁烯、棉、麻、绸、纸、浸渍纸和矿物油、植物油等液体绝缘材料，目前大多用浸渍纸。

包护层分内护层和外护层两部分。内护层由铝或铅制成，用以保护绝缘不受损伤，防止浸渍剂的外溢和水分的侵入。外护层的作用在于防止外界的机械损伤和化学腐蚀。外护层由内衬层、铠装层和外被层组成。内衬层一般由麻绳或麻布带经沥青浸渍后制成，用以做铠装的衬垫，以避免钢带或钢丝损伤内护层。铠装层一般由钢带或钢丝绕包而成，是外护层的主要部分。外被层的制作与内衬层相同，作用是防止铠装层的锈蚀。

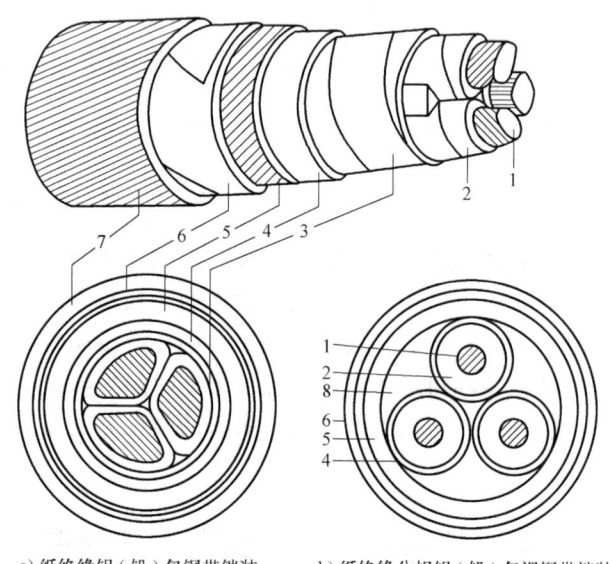

a) 纸绝缘铝（铅）包钢带铠装　　b) 纸绝缘分相铝（铅）包裸钢带铠装

图3-14　常用电缆的构造
1—导体　2—相绝缘　3—带绝缘　4—铝（铅）包
5—麻衬　6—钢带铠装　7—麻被　8—填麻

电缆线路常用的构造如图3-14所示。图3-14a为铝（或铜）芯、纸绝缘、铝（或铅）包钢带铠装电力电缆。它的特点是扇形导线截面，三根芯线组成电缆后再外包铝（或铅）内护层。这是10kV及以下电压等级电缆常用的结构。图3-14b为铝（或铜）芯、纸绝缘、分相铝（或铅）包裸钢带铠装电力电缆。它的特点是每根圆形芯线绝缘后分别包铝（或铅）层以屏蔽电场，最后组成电缆。这是20kV和35kV电压等级电缆常用的结构。110kV及以上电压等级的充油电缆或交联聚乙烯电缆，有单芯和三芯的。单芯的如图3-15所示。其中粗钢丝铠装的能承受较大拉力，适宜在水中敷设。这种电缆的最大特点是导体中空、内部充油。

电缆线路的敷设方法通常有：直接埋地、电缆沟敷设和穿管敷设三种方式。采用直接埋地方式时，埋地电缆引出地面或穿越建筑物墙基时，要穿钢管，以保护电缆并便于检修；当电缆条数较多时，宜采用电缆沟敷设；电力电缆在室内明敷或暗敷时，一般多采用穿钢管的敷设方法，以防电缆受到机械损伤。

电缆的附件主要有接线盒、终端接头等，对充油式（或充气式）电缆，还配有整套的供油（或供气）设备。

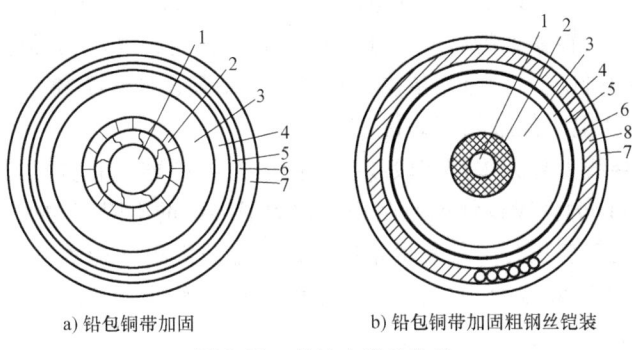

a) 铅包铜带加固　　　b) 铅包铜带加固粗钢丝铠装

图 3-15　充油电缆的构造

1—油道　2—导体　3—绝缘　4—铅包　5—内衬层　6—铜带加固
7—外被层　8—粗钢丝铠装

第二节　输电线路的参数计算及等效电路

电力系统设计与运行过程中，需要进行一系列的计算。在这些计算中，常将电力系统各元件在电能输送过程中的运行状态用相应的参数及等效电路来描述。因此，对电力系统进行分析和计算，首先应从讨论网络各元件的参数计算及等效电路入手。在电力系统正常运行中，网络元件通常是三相对称的，因此，可以只研究其中一相的等效电路。但是，实际电力系统在三相运行时，各相之间并不是独立的而是互相耦合在一起的。如，通以三相对称电流时，对每一相，不仅流过本相电流时在元件上产生自感，而且其他两相电流产生的磁链与该相相交链，将在本相中产生互感。因此，研究其中一相等效电路时，网络元件的参数应是一相等值参数，即不仅要考虑本相，而且也要考虑其他两相对其的影响。只有这样，研究三相对称条件下抽取其中的一相才有实际意义。下面对网络元件的参数计算就是基于上述原则进行的。

输电线路的电气参数是指线路的电阻、电导、电感（电抗）和电容（电纳），其中，后两项是由交变磁场引起。输电线路是均匀分布参数的电路，即它的电阻、电导、电感（电抗）和电容（电纳）都是沿线路长度均匀分布。正确计算这些参数是线路电气计算的基础。一般来说，线路的电气参数大小主要决定于导线的种类、尺寸和布置方式等因素。本节所介绍的计算方法主要适用于架空线路，对电缆线路的参数计算及等效电路，可查阅有关资料。

一、输电线路的参数计算

输电线路每相导线单位长度的电阻、电导、电抗和电纳分别以 r_0、g_0、x_0 和 b_0 表示，下面讨论这四个参数的计算方法。其中，r_0 和 x_0 的单位为 Ω/km，g_0 和 b_0 的单位为 $\mathrm{S/km}$。

1. 电阻

单根导线单位长度的直流电阻可按下式计算,即

$$r_0 = \frac{\rho}{S} \tag{3-1}$$

式中,ρ 为导线材料的电阻率($\Omega \cdot mm^2/km$);S 为导线截面积(mm^2);对于钢芯铝绞线是指铝线部分的截面积。

在应用式(3-1)来计算架空线路的电阻时,必须注意以下几点:

1)由于交流电路内存在着趋肤效应和邻近效应的影响,电流在导体中分布不均匀,故交流电阻值要比直流电阻值大,但要精确计算其影响却是比较复杂的。一般可近似认为在工频交流下,这些效应使电阻值增加 0.2%~1%。

2)架空线路的导线大部分采用多股绞线,由于扭绞使导线的实际长度比测量长度增加了 2%~3%,故可以认为多股绞线的电阻率要比单股导线的电阻率增加 2%~3%。

3)计算线路的电气参数时,都是根据导线的额定截面积(标称截面积)来进行的,但大多数情况下,导线的实际截面积要比额定截面积小。例如,LGJ—120 型钢芯铝绞线,其额定截面积为 $120mm^2$,而实际截面积为 $115mm^2$。因而在实际计算时必须把导线的电阻率适当增大,以对应它的额定截面积。

在考虑了以上这些因素后,一般计算时,导线材料的电阻率可近似采用下列数值:

铝—$31.5\Omega \cdot mm^2/km$;铜—$18.8\Omega \cdot mm^2/km$。

实际应用时,导线的电阻往往可以从产品目录或手册中查到。

一般从产品目录或手册中查到的电阻率都是 20℃时的值,当线路实际运行的温度不是 20℃时,应按下列公式对电阻值进行修正,即

$$r_t = r_{20}[1 + \alpha(t - 20℃)] \tag{3-2}$$

式中,r_t、r_{20} 分别为 t、20℃时导体单位长度的电阻(Ω/km);α 为电阻的温度系数,铝导线 $\alpha = 0.0036/℃$,铜导线 $\alpha = 0.00382/℃$。

2. 电导

输电线路在输送功率的过程中,除了电流在线路电阻内产生有功功率损耗之外,在周围的绝缘介质中还将产生功率损耗。输电线路的电导即与后一部分功率有关。

架空线路的电导,或称为泄漏电导,它主要与沿绝缘子串及金具的泄漏损耗以及电晕损耗有关,严格说来它应理解为等值电导。

通常,泄漏损耗的值很小,往往可略去不计。从而线路的电晕损耗就是决定线路电导值的主要因素。

电晕是一种气体放电现象,电晕放电是当导线的表面电场强度达到并超过一定数值(电晕临界电压 U_{cr})时,导线周围的空气分子被游离而产生的。电晕的发生消耗了功率与能量,这就形成了电晕损耗。电晕损耗的大小与导线表面电场强度值、导线的表面状态、气象条件、导线的布置方式等因素有关,而与线路的电流值无关,目前还难以用理论知识来精确推导电晕损耗值,只能依靠实测或按经验公式来近似计算线路的电晕损耗,当已知架空线路单位长度的电晕损耗后,即可按下式计算出线路单位长度的等效电导 g_0(S/km),即

$$g_0 = \frac{\Delta P_g}{U^2} \times 10^{-3} \tag{3-3}$$

式中，ΔP_g 为三相线路单位长度的电晕损耗功率（kW/km）；U 为线路的线电压（kV）。

电晕不仅会消耗电能，出现噪声，同时所产生的脉冲电磁波对无线电通信和电视接收等也会有干扰。因此，对高压和超高压架空线路，应尽量避免电晕的产生。为了减少电晕损耗，应设法降低导线表面电场强度，当导线表面电场强度值低于产生电晕的临界电场强度值时就不会发生电晕。从电场特性知道，当导线截面积越小时，其表面电场强度越高。所以，限制和避免电晕产生的基本措施之一就是对不同电压等级的架空线路限制其导线外径不小于某个临界值。例如，对于 110kV 线路，其导线外径不应小于 9.6mm；对于 220kV 线路，其导线外径不应小于 21.3mm；对于 330kV 线路，其导线外径不应小于 33.2mm 等。但是对超高压输电线路，单纯依靠增大导线截面积来限制电晕的产生会用许多的铜或铝，这是不经济的。实践证明，采用每相导体由几根位于正多角形顶点上的子导体构成的分裂导线，可降低其表面场强，这是目前国内外超高压输电线路上广泛采用的导线形式。目前 500kV 线路一般采用 4 分裂导线，而 1000kV 线路则需要采用 8 分裂导线。

除了采用分裂导线可改善线路的电晕特性外，还可以采用扩径导线，这样既不增大导线载流部分的截面积，又可以改善其电晕特性。目前采用较多的是扩径钢芯铝线。例如 LGJK—300 型扩径钢芯铝线的铝线部分的截面积为 300.8mm²，相当于 LGJQ—300 型钢芯铝线；而直径为 27.44mm，相当于 LGJQ—400 型钢芯铝线。这种导线和普通钢芯铝线不同的地方在于支撑层并不用铝线填满，仅有 6 股，它主要起支撑作用。

通常，由于架空线路的泄漏损耗值很小，而电晕损耗在设计时总要尽力采取各种措施（如合理选择导线的结构和尺寸）将其限制在较小的数值内。因此，一般在进行电网的电气特性计算时，除特高压线路外，电导一项往往可以忽略不计，即取 $g_0 = 0$。

3. 电抗

输电线路在输送功率的过程中，线路中的交流电流会在周围介质中产生磁场，对应的等效参数即为线路电抗。

为了保证三相导线参数相等，对于排列不对称的三相导线（如水平排列）要进行换位。所谓换位，就是轮流改换三相导线在杆塔上的位置（图 3-16），图 3-17 为导线换位及经过一个整循环换位的示意图。当Ⅰ、Ⅱ、Ⅲ段导线长度相等时，三相导线 a、b、c 处于位置 1、2、3 时的长度相同，从而使各相电感平均值近似相等。

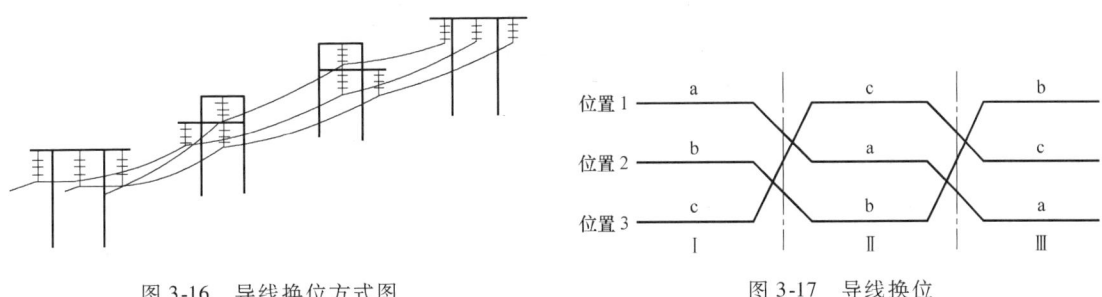

图 3-16 导线换位方式图　　　　　　图 3-17 导线换位

三相导线排列对称，或虽排列不对称但经完全换位后，每相导线单位长度的电抗(Ω/km) 为

$$x_0 = \omega L = 2\pi f L = 0.1445 \lg \frac{D_{jp}}{r} + 0.0157\mu \tag{3-4}$$

式中，r 为导线半径（m）；μ 为导体的相对磁导率，对有色金属，其值为 1；D_{jp} 为三相导线间的几何均距（m）；$D_{jp} = \sqrt[3]{D_{ab}D_{bc}D_{ca}}$，其中 D_{ab}、D_{bc}、D_{ca} 分别为 ab 间、bc 间、ac 间的相间距离，如图 3-18 所示。

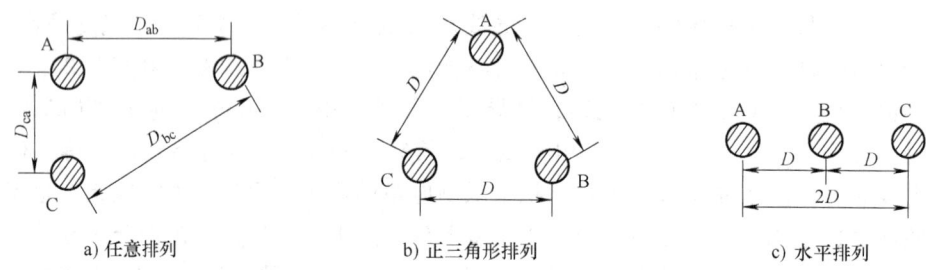

图 3-18 三相导线的排列方式

当三相导线对称排列时，$D_{ab} = D_{bc} = D_{ca} = D$，故 $D_{jp} = D$；当三相导线水平排列时，则 $D_{jp} = \sqrt[3]{D \cdot D \cdot 2D} = 1.26D$。

从式（3-4）可以看出由于电抗值与三相导线的几何均距、导线半径均为对数关系，因此导线在杆塔上的布置方式及导线的截面积的大小对线路电抗值的影响不大。在工程近似计算中架空输电线单位长度的电抗值一般取 $0.4\Omega/km$。

对于超高压线路，一般采用分裂导线，其改变了导线周围的磁场分布，等效地增大了导线半径，从而减小了线路电抗。分裂导线的单位电抗（Ω/km）计算公式为

$$x_0 = 0.1445 \lg \frac{D_{jp}}{r_D} + \frac{0.0157}{n}\mu \tag{3-5}$$

式中，r_D 为分裂导线的等值半径（m）；公式为

$$r_D = \sqrt[n]{nr\left(\frac{d}{2\sin(\pi/n)}\right)^{n-1}} \tag{3-6}$$

式中，r 为每根子导线的半径（m）；d 为分裂导线的子导体间距（m）；n 为分裂导线的根数。

每相导线的分裂间距 d 所对应的等值半径 r_D 通常比单导线的半径大得多，故分裂导线的等值电抗较小。表 3-2 给出了工程上采用分裂导线的超高压输电线路的单位电抗值。

表 3-2 分裂导线单位电抗的近似值

电压等级/kV	分裂根数	单位电抗近似值/(Ω/km)
220~330	2	0.33
500	3	0.3
500	4	0.29
750	5	0.29
750	6	0.28

4. 电纳

通常，架空线路的相与相之间以及相与地之间都存在着电位差，而它们之间又通过空气等绝缘介质隔开，因而相与相之间和相与地之间必有一定的电容存在，相应地也就有一定的

容性电纳存在。电容的大小与相间距离、导线截面积、杆塔结构尺寸等因素有关。由于线路的电容对高压和超高压输电线路的运行情况影响较大,因而在设计和运行时正确计算电容值是很必要的。

由电磁学的知识可知:三相输电线路对称排列或虽不对称排列但经完全换位后,每相导线单位长度的等值电容(F/km)为

$$c_0 = \frac{0.024}{\lg \frac{D_{jp}}{r}} \times 10^{-6} \tag{3-7}$$

因而,相应的电纳(S/km)为

$$b_0 = 2\pi f c_0 = 2\pi \times 50 \times \frac{0.024}{\lg \frac{D_{jp}}{r}} \times 10^{-6} = \frac{7.58}{\lg \frac{D_{jp}}{r}} \times 10^{-6} \tag{3-8}$$

从式(3-8)可以看出:导线在杆塔上的布置方式及导线的截面积大小对线路电纳值影响不大。通常架空线路的单位长度电纳值在 2.8×10^{-6} S/km 左右,也可根据导线型号及线间几何均距由产品目录或手册中查得。

若采用分裂导线,周围介质的电场分布发生了改变,可认为它等效地增大了导线半径,从而相应增大了每相导线的电纳,这时每相导线的电纳(S/km)计算公式为

$$b_0 = \frac{7.58}{\lg \frac{D_{jp}}{r_D}} \times 10^{-6} \tag{3-9}$$

一般情况下,在工程计算中单位电纳可参考以下数值:双分裂为 3.4×10^{-6}S/km;三分裂为 3.8×10^{-6}S/km;四分裂为 4.1×10^{-6}S/km。

【例 3-1】 某三相单回输电线路,采用 LGJJ—300 型导线,已知导线的相间距离为 $D = 6$m。试求:

(1) 三相导线水平布置且完全换位时,单位长度的线路参数;
(2) 三相导线按等边三角形布置时,单位长度的线路参数。

解: 由《电力工程电气设计手册》导线型号表查得:LGJJ—300 型导线的计算外径为 25.68mm,因而相应的计算半径为

$$r = \frac{25.68\text{mm}}{2} = 12.84\text{mm} = 1.284 \times 10^{-2}\text{m}$$

电阻:$r_0 = \frac{\rho}{S} = \frac{31.5}{300}\Omega/\text{km} = 0.105\Omega/\text{km}$

(1) 三相导线水平布置时:$D_{jp} = 1.26D = 1.26 \times 6\text{m} = 7.56\text{m}$

电抗:$x_0 = 0.1445\lg\frac{D_{jp}}{r} + 0.0157\mu = (0.1445\lg\frac{7.58}{1.284 \times 10^{-2}} + 0.0157)\ \Omega/\text{km} = 0.416\Omega/\text{km}$

电纳:$b_0 = \frac{7.58}{\lg\frac{D_{jp}}{r}} \times 10^{-6} = \frac{7.58}{\lg\frac{7.56}{1.284 \times 10^{-2}}} \times 10^{-6}\text{S/km} = 2.74 \times 10^{-6}\text{S/km}$

(2) 三相导线按等边三角形布置时:$D_{jp} = D = 6$m

电抗：$x_0 = 0.1445\lg\dfrac{D_{jp}}{r} + 0.0157\mu = \left(0.1445\lg\dfrac{6}{1.284\times10^{-2}} + 0.0157\right)\Omega/\text{km} = 0.402\,\Omega/\text{km}$

电纳：$b_0 = \dfrac{7.58}{\lg\dfrac{D_{jp}}{r}}\times10^{-6} = \dfrac{7.58}{\lg\dfrac{6}{1.284\times10^{-2}}}\times10^{-6}\,\text{S/km} = 2.83\times10^{-6}\,\text{S/km}$

【例 3-2】 有一条长 280km、额定电压为 330kV 的输电线路，采用双分裂导线，导线型号为 LGJQ—300，水平布置，已知导线的相间距离为 $D = 8\text{m}$，分裂导线间距 $d = 0.4\text{m}$。试求线路单位长度的参数。

解： 由《电力工程电气设计手册》导线型号表查得：LGJQ—300 型导线的计算外径为 23.7mm，因而相应的计算半径为：$r = \dfrac{23.7\text{mm}}{2} = 11.85\text{mm} = 1.185\times10^{-2}\text{m}$

分裂导线的等值半径：

$$r_D = \sqrt[n]{nr\left(\dfrac{d}{2\sin(\pi/n)}\right)^{n-1}} = \sqrt{2\times11.85\times\dfrac{400}{2\sin(\pi/2)}}\,\text{mm} = 68.84\,\text{mm} = 0.06884\,\text{m}$$

三相导线间的几何均距：$D_{jp} = 1.26D = 1.26\times8\text{m} = 10.08\text{m}$

电阻：$r_0 = \dfrac{\rho}{2\times S} = \dfrac{31.5}{2\times300}\Omega/\text{km} = 0.053\,\Omega/\text{km}$

电抗：$x_0 = 0.1445\lg\dfrac{D_{jp}}{r_D} + \dfrac{0.0157\mu}{n} = \left(0.1445\lg\dfrac{10.08}{6.884\times10^{-2}} + \dfrac{0.0157}{2}\right)\Omega/\text{km} = 0.321\,\Omega/\text{km}$

电纳：$b_0 = \dfrac{7.58}{\lg\dfrac{D_{jp}}{r_D}}\times10^{-6} = \dfrac{7.58}{\lg\dfrac{10.08}{6.884\times10^{-2}}}\times10^{-6}\,\text{S/km} = 3.50\times10^{-6}\,\text{S/km}$

二、输电线路的等效电路

如前所述，输电线路的电阻、电抗、电导和电纳这四个电气参数都是沿线路均匀分布的，所以严格来说输电线路的等效电路也应是均匀分布参数描述的电路，但这种电路的计算过于复杂。为此，只有在计算远距离输电线路时才有必要用分布参数表示的等效电路，其他情况可以用集中参数的等效电路来表示。并且以 R、X、G、B 来分别表示全线路每相的总电阻、总电抗、总电导和总电纳。当线路长度为 l 时，有

$$R = r_0 l,\quad X = x_0 l,\quad G = g_0 l,\quad B = b_0 l \tag{3-10}$$

有时，也可用阻抗 Z 和导纳 Y 来表示输电线路参数，即

$$Z = R + jX,\quad Y = G + jB \tag{3-11}$$

在实际应用中，根据输电线路的长短，可有下列三种类型的等效电路。

1. 短距离输电线路

通常对于不超过 100km、电压等级在 35kV 及以下的架空线路都可以看作短距离输电线路。这时线路中电导和电容的影响可以不用考虑，电阻和电抗用集中参数来处理，于是可得图 3-19 所示的等效电路，也常称该等效电路为一字形等效电路。

如果电缆线器不长，电纳影响不大时，也可采用这种等效电路。

2. 中距离输电线路

通常把长度在 100km 以上但不超过 300km 的架空线路和长度不超过 100km 的电缆线路都可以看作中距离输电线路。这时可以不考虑线路中电导的影响，但不可忽略电容的影响，同时电纳、电阻和电抗仍可以用集中参数来处理。此时，有 Π 形和 T 形

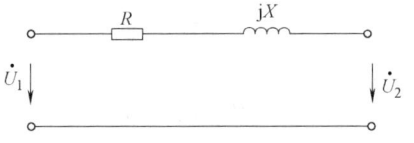

图 3-19 短距离输电线路的等效电路

两种形式的等效电路，如图 3-20 所示。其中，图 3-20a 所示的 Π 形等效电路只有线路首末两个节点，而图 3-20b 所示 T 形等效电路中共有三个节点，除首末节点外增加了一个节点，从而增加了电网计算的工作量。因此，通常采用 Π 形等效电路。

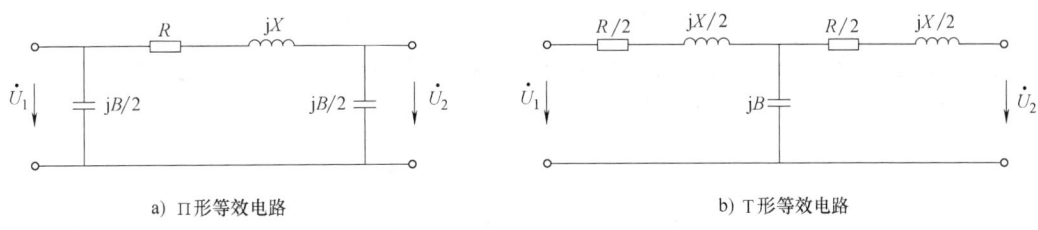

a) Π 形等效电路　　　　　　　　　　b) T 形等效电路

图 3-20 中距离输电线路

3. 远距离输电线路（长线）

通常对于长度在 300km 以上的架空线路和 100km 以上的电缆线路，必须按照符合线路实际参数均匀分布情况的分布参数等效电路来进行计算，分布参数等效电路如图 3-21 所示，其中的电阻、电抗、电导和电纳均为单位长度上的数值。

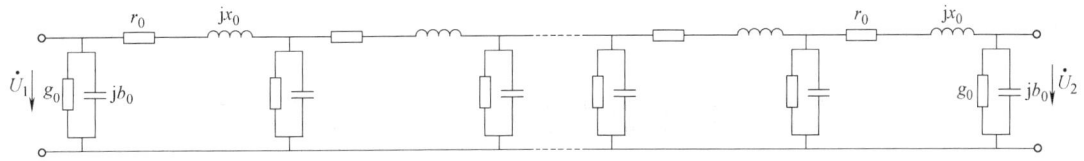

图 3-21 远距离输电线路的分布参数等效电路

在电力系统计算中，通常最关心的是线路首、末两端的电压、电流和功率，因此，仍可采用集中参数表示的 Π 形等效电路，如图 3-22a 所示。利用电工学基本理论可得阻抗 Z_π 与导纳 Y_π 分别为

$$Z_\pi = Z_C \operatorname{sh}\gamma l, \quad Y_\pi = \frac{1}{Z_C} \frac{2(\operatorname{ch}\gamma l - 1)}{\operatorname{sh}\gamma l} \tag{3-12}$$

式中，Z_C 为线路的波阻抗或特性阻抗（Ω），$Z_C = \sqrt{\dfrac{r_0 + j\omega L_0}{g_0 + j\omega C_0}}$；$\gamma$ 为线路的传播常数，$\gamma = \sqrt{(r_0 + j\omega L_0)(g_0 + j\omega C_0)}$。

以上得到的表达式是按分布参数描述的长距离输电线 Π 形等效电路的精确形式，但由于等效电路的参数均为双曲函数，并且 Z_C 和 γ 都是复数，计算相当复杂。为了使用方便，还可将 Z_π 与 Y_π 用集中参数 Z、Y 加修正系数 k_Z、k_Y 的方法来描述远距离输电线路，如图 3-22b 所示。

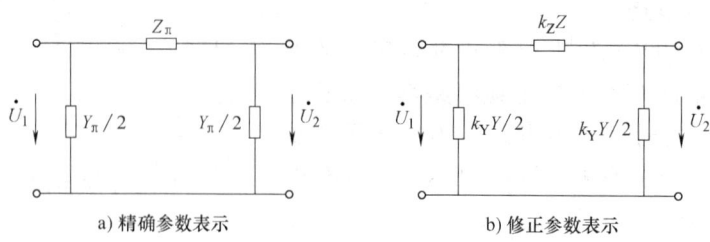

图 3-22 长距离输电线的等效电路

图中，修正系数 k_Z、k_Y 分别为

$$k_Z = \frac{\mathrm{sh}\sqrt{ZY}}{\sqrt{ZY}} \quad k_Y = \frac{2(\mathrm{ch}\sqrt{ZY}-1)}{\sqrt{ZY}\mathrm{sh}\sqrt{ZY}} \tag{3-13}$$

这里，修正系数 k_Z 和 k_Y 仍然是双曲函数，计算还是很复杂。为了简化，将双曲函数以幂级数形式展开后，只取前两项，从而可得到简化后的修正系数 k_Z、k_Y 分别为

$$k_Z = 1 + \frac{ZY}{6} \quad k_Y = 1 - \frac{ZY}{12} \tag{3-14}$$

以上两式的修正系数均为复数。若输电线路的电导忽略不计，即 $G = 0$，并同时将复数形式的修正系数分解成实部和虚部，从而修正系数可进一步简化为

$$k_r = 1 - \frac{l^2}{3}x_0 b_0 \quad k_x = 1 - \frac{l^2}{6}\left(x_0 b_0 - r_0^2 \frac{b_0}{x_0}\right) \quad k_b = 1 + \frac{1}{12}x_0 b_0 l^2 \tag{3-15}$$

式中，k_r 用以修正线路电阻；k_x 修正线路电抗；k_b 修正线路电纳。

最后需要指出的是，这种修正后的 Π 形等效电路只适用于计算线路的首、末端的电压和功率，如需较准确地计算线路中任一点的电压和功率值，则应当采用分布参数的等效电路来推导。

第三节 变压器的参数计算及等效电路

电力系统中的变压器大多数是三相心式的，特大容量的也做成三个单相的，但使用时总是接成三相变压器组。以下讨论的都是三相变压器。三相绕组的连接方式主要有星形和三角形两种，但在分析和计算中都等效成星形，由于三相对称，因而只用一相来进行分析。变压器的参数包括电阻 R_T、电抗 X_T、电导 G_T、电纳 B_T 和变压器的电压比 k_T。变压器的前四个参数可以从出厂铭牌上代表电气特性的四个数据计算得到。这四个数据是：短路损耗 ΔP_k，短路电压百分比 $U_k(\%)$，空载损耗 ΔP_0，空载电流百分比 $I_0(\%)$。前两个数据由短路试验得到，用以确定电阻 R_T 和电抗 X_T；后两个数据由空载试验得到，用以确定电导 G_T 和电纳 B_T。

一、双绕组变压器的参数计算和等效电路

由《电机学》内容知，双绕组变压器常常可以用图 3-23a 所示的 T 形等效电路来表示，并且当一次侧、二次侧参数为同一电压等级数值时，代表变压器两侧绕组空载线电压之比的理想变压器可以不出现。在电网计算中，为了减少网络节点数，同时考虑到变压器励磁电流

相对很小，所以通常将励磁支路移至 T 形等效电路的电源侧，即降压变压器的高压侧，升压变压器的低压侧，如图 3-23b 所示，并将该种电路称为 Γ 形等效电路。

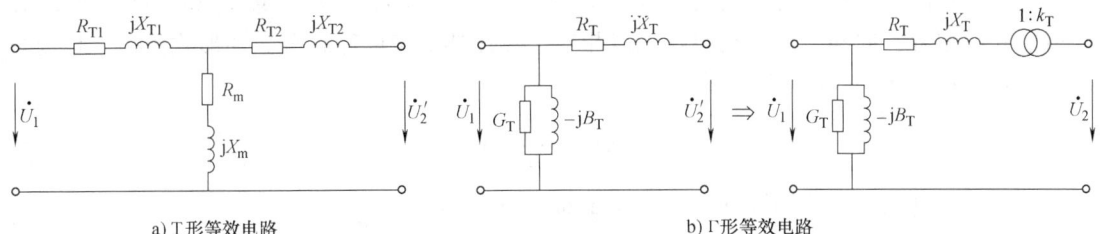

a) T 形等效电路　　　　　　　b) Γ 形等效电路

图 3-23　双绕组变压器等效电路

下面介绍各参数的计算方法。

1. 电阻 R_T

变压器做短路试验时，将其中一侧绕组短接，另一侧绕组施加电压，使短路侧绕组流过的电流达到额定值。此时，由于外加电压较小，相应励磁支路的损耗（主要是变压器铁心中的损耗，也称铁损）很小。可以认为这时的短路损耗即等于变压器通过额定电流时一次、二次绕组电阻中的总损耗（绕组铜或铝线中的损耗，也称铜损）。变压器电阻 R_T 的具体计算公式为

$$R_T = \frac{\Delta P_k}{3 I_N^2} \times 10^3 = \frac{\Delta P_k U_N^2}{S_N^2} \times 10^3 \tag{3-16}$$

式中，ΔP_k 为变压器的额定短路损耗（kW）；S_N 为变压器的额定容量（kV·A）；U_N 为变压器的额定电压（kV）；I_N 为变压器的额定电流（A）。

2. 电抗 X_T

变压器做短路试验时，在绕组中通过额定电流，绕组的阻抗 Z_T 上将产生电压降。在变压器铭牌上将该电压降以相对于变压器额定电压百分数的形式给出，并称其为短路电压百分数，习惯上用 $U_k(\%)$ 来表述，即有

$$U_k(\%) = \frac{\sqrt{3} I_N Z_T}{U_N} \times 10^{-3} \times 100 \tag{3-17}$$

例如，某台变压器短路电压百分数为 10.5，则表示 $U_k(\%) = 10.5$。

对于大容量变压器，其绕组的电阻值远小于绕组电抗值，可近似认为 $X_T \approx Z_T$，所以变压器电抗 X_T 的计算公式为

$$X_T = \frac{U_k(\%)}{100} \frac{U_N}{\sqrt{3} I_N} = \frac{U_k(\%)}{100} \frac{U_N^2}{S_N} \times 10^3 \tag{3-18}$$

3. 电导 G_T

变压器的电导用来表示铁心的有功损耗。由于空载电流相对额定电流来说很小，这样，在做空载试验时，绕组中的损耗也是很小的，所以，可以近似认为变压器的铁耗 ΔP_{Fe} 就等于变压器空载损耗 ΔP_0，即 $\Delta P_{Fe} \approx \Delta P_0$，于是

$$G_T = \frac{\Delta P_{Fe}}{U_N^2} \times 10^{-3} = \frac{\Delta P_0}{U_N^2} \times 10^{-3} \tag{3-19}$$

4. 电纳 B_T

变压器的电纳上消耗的功率代表变压器的励磁功率。变压器空载电流包含有功分量和无功分量，与励磁功率对应的是无功分量。由于有功分量很小，无功分量 I_b 和空载电流 I_0 在数值上几乎相等。同样，该空载电流也以相对于变压器额定电流百分数的形式给出，称为短路电流百分数，用 $I_0(\%)$ 表示，即

$$I_0(\%) = \frac{I_0}{I_N} \times 100 \tag{3-20}$$

从而，根据变压器铭牌数据，可得变压器电纳为

$$B_T = \frac{I_0(\%)}{100} \frac{\sqrt{3} I_N}{U_N} = \frac{I_0(\%)}{100} \frac{S_N}{U_N^2} \times 10^{-3} \tag{3-21}$$

变压器励磁回路的无功分量为感性，而 B_T 消耗容性无功功率，所以在等效电路中 B_T 前加一负号。

利用式（3-17）~式（3-21）计算变压器参数时需要注意两点：①若要得到归算到一次侧的参数值，则公式中代入变压器一次侧的额定线电压；若要得到归算到二次侧的参数值，则公式中代入变压器二次侧的额定线电压。双绕组变压器的一次绕组额定容量等于二次绕组额定容量，都是变压器的额定容量；②公式中所有物理量的单位分别是视在功率—kV·A，电压—kV，电流—A。

5. 电压比 k_T

在三相电力系统计算中，变压器的电压比 k_T 通常是指变压器两侧绕组空载线电压的比值，它与《电机学》中讨论的变压器一、二次绕组匝数比是有区别的。对于 Y/Y 和 D/D 接法的变压器，$k_T = U_{1N}/U_{2N} = N_1/N_2$，即电压比与一、二次绕组匝数比相等；而对于 Y/D 接法的变压器，一、二次绕组匝数比反映的是变压器两侧绕组相电压的比值，即 $k_T = U_{1N}/U_{2N} = \sqrt{3} N_1/N_2$。

应当指出，根据电力系统运行时调节的要求，电力变压器在高压侧常设有若干个抽头以供选择，变压器的额定电压比是反映变压器的抽头位于主抽头时两侧绕组的空载额定线电压的比值。而变压器运行中的实际电压比，是变压器工作时，其抽头在实际位置情况下两侧绕组的空载电压之比。

【**例 3-3**】 某降压变电所有一台 SFL_1—20000/110 型双绕组变压器，电压比为 110/11，试验数据为 $\Delta P_0 = 22 \text{kW}$，$I_0(\%) = 0.8$，$\Delta P_k = 135 \text{kW}$，$U_k(\%) = 10.5$，试分别求变压器归算到高压侧和低压侧的参数。

解：（1）归算到高压侧的参数

电阻：$R_{T1} = \dfrac{\Delta P_k U_{1N}^2}{S_N^2} \times 10^3 = \dfrac{135 \times 110^2}{20000^2} \times 10^3 \Omega = 4.08 \Omega$

电抗：$X_{T1} = \dfrac{U_k(\%)}{100} \dfrac{U_{1N}^2}{S_N} \times 10^3 = \dfrac{10.5}{100} \times \dfrac{110^2}{20000} \times 10^3 \Omega = 63.5 \Omega$

电导：$G_{T1} = \dfrac{\Delta P_0}{U_{1N}^2} \times 10^{-3} = \dfrac{22}{110^2} \times 10^{-3} \text{S} = 1.82 \times 10^{-6} \text{S}$

电纳：$B_{T1} = \dfrac{I_0(\%)}{100} \dfrac{S_N}{U_{1N}^2} \times 10^{-3} = \dfrac{0.8}{100} \times \dfrac{20000}{110^2} \times 10^{-3} \text{S} = 13.22 \times 10^{-6} \text{S}$

（2）归算到低压侧的参数

电阻：$R_{T2} = \dfrac{\Delta P_k U_{2N}^2}{S_N^2} \times 10^3 = \dfrac{135 \times 11^2}{20000^2} \times 10^3 \, \Omega = 0.0408 \, \Omega$

电抗：$X_{T2} = \dfrac{U_k(\%)}{100} \dfrac{U_{2N}^2}{S_N} \times 10^3 = \dfrac{10.5}{100} \times \dfrac{11^2}{20000} \times 10^3 \, \Omega = 0.635 \, \Omega$

电导：$G_{T2} = \dfrac{\Delta P_0}{U_{2N}^2} \times 10^{-3} = \dfrac{22}{11^2} \times 10^{-3} \, S = 1.82 \times 10^{-4} \, S$

电纳：$B_{T2} = \dfrac{I_0(\%)}{100} \dfrac{S_N}{U_{2N}^2} \times 10^{-3} = \dfrac{0.8}{100} \times \dfrac{20000}{11^2} \times 10^{-3} \, S = 13.22 \times 10^{-4} \, S$

可见，变压器归算到高压侧的阻抗是归算到低压侧的阻抗的电压比的平方倍，变压器归算到高压侧的导纳是归算到低压侧的导纳的电压比的平方分之一。

二、三绕组变压器的参数计算

在发电厂和变电所中，常需要把几种不同电压等级的输电系统联系起来。当联系三个电压等级时，若用双绕组变压器，则至少需要两台变压器；若用三绕组变压器，则只需一台即可。这样，不仅简化了发电厂和变电所的接线，而且减少了投资费用，同时便于维护管理。因此，三绕组变压器在电力系统中得到广泛应用。

由于三相对称，三绕组变压器的等效电路也常用一相表示。将同相的三个绕组的阻抗归算到一个基准电压下并接成星形，励磁导纳支路仍接在电源侧，三绕组变压器的等效电路如图 3-24 所示。

三绕组变压器励磁导纳的计算方法与双绕组变压器相同，根据变压器空载试验数据计算。下面主要讨论三绕组变压器各绕组的电阻和电抗的计算方法。

1. 电阻 R_{T1}、R_{T2}、R_{T3}

各绕组额定容量相等的三绕组变压器实际运行时，三个绕组不可能同时都满载运行。因此，为了减

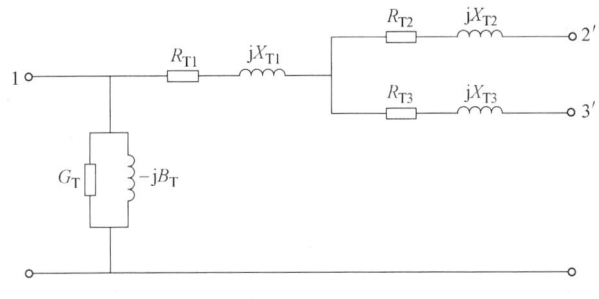

图 3-24 三绕组变压器的等效电路

小体积、节省材料，根据电力系统运行的实际情况需要，三个绕组的容量可以做得不相等。我国目前生产的变压器三个绕组的容量比，按高、中、低压绕组的顺序有 100/100/100、100/100/50、100/50/100 三种。变压器铭牌上的额定容量是指最大的一个绕组容量，也就是说高压绕组的容量。通常，三绕组变压器在出厂时要提供三组分别在一个绕组开路、另两个绕组之间的短路试验数据。在做短路试验时，出于绕组绝缘考虑，三个绕组容量不相等的变压器将受到较小容量绕组额定电流的限制，这时的短路损耗不是变压器额定容量下的值，所以必须对工厂提供的短路损耗进行容量折算，即把按绕组容量所测得的短路损耗值折算成变压器额定容量下的损耗值。若将工厂提供的短路损耗记为 $\Delta P'_{k(1-2)}$、$\Delta P'_{k(2-3)}$、$\Delta P'_{k(1-3)}$，且编号 1 为高压绕组、2 为中压绕组、3 为低压绕组，则它们折算到变压器额定容量下的值为

$$\left.\begin{aligned}\Delta P_{\mathrm{k}(1-2)} &= \Delta P'_{\mathrm{k}(1-2)}\left(\frac{S_\mathrm{N}}{S_\mathrm{2N}}\right)^2 \\ \Delta P_{\mathrm{k}(2-3)} &= \Delta P'_{\mathrm{k}(2-3)}\left(\frac{S_\mathrm{N}}{\min\{S_\mathrm{2N},S_\mathrm{3N}\}}\right)^2 \\ \Delta P_{\mathrm{k}(1-3)} &= \Delta P'_{\mathrm{k}(1-3)}\left(\frac{S_\mathrm{N}}{S_\mathrm{3N}}\right)^2\end{aligned}\right\} \quad (3\text{-}22)$$

则各绕组的等值短路损耗为

$$\left.\begin{aligned}\Delta P_{\mathrm{k}1} &= \frac{1}{2}(\Delta P_{\mathrm{k}(1-2)} + \Delta P_{\mathrm{k}(1-3)} - \Delta P_{\mathrm{k}(2-3)}) \\ \Delta P_{\mathrm{k}2} &= \frac{1}{2}(\Delta P_{\mathrm{k}(1-2)} + \Delta P_{\mathrm{k}(2-3)} - \Delta P_{\mathrm{k}(1-3)}) \\ \Delta P_{\mathrm{k}3} &= \frac{1}{2}(\Delta P_{\mathrm{k}(2-3)} + \Delta P_{\mathrm{k}(1-3)} - \Delta P_{\mathrm{k}(1-2)})\end{aligned}\right\} \quad (3\text{-}23)$$

式中的 $\Delta P_{\mathrm{k}1}$、$\Delta P_{\mathrm{k}2}$、$\Delta P_{\mathrm{k}3}$ 是指绕组流过与变压器额定容量 S_N 相对应的额定电流 I_N 时所产生的短路损耗。

求出各绕组的短路损耗后，便可导出各个绕组归算到同一侧电压下的短路电阻为

$$R_{\mathrm{T}i} = \frac{\Delta P_{\mathrm{k}i} U_\mathrm{N}^2}{S_\mathrm{N}^2} \times 10^3 \quad (i=1,2,3) \quad (3\text{-}24)$$

2. 电抗 $X_{\mathrm{T}1}$、$X_{\mathrm{T}2}$、$X_{\mathrm{T}3}$

与短路电阻的计算方法相同，首先根据三次短路试验结果所实测出的两两绕组间的短路电压百分数 $U_{\mathrm{k}(1-2)}(\%)$、$U_{\mathrm{k}(2-3)}(\%)$、$U_{\mathrm{k}(3-1)}(\%)$，分别求出各绕组的等值短路电压百分数为

$$\left.\begin{aligned}U_{\mathrm{k}1}(\%) &= \frac{1}{2}[U_{\mathrm{k}(1-2)}(\%) + U_{\mathrm{k}(1-3)}(\%) - U_{\mathrm{k}(2-3)}(\%)] \\ U_{\mathrm{k}2}(\%) &= \frac{1}{2}[U_{\mathrm{k}(1-2)}(\%) + U_{\mathrm{k}(2-3)}(\%) - U_{\mathrm{k}(1-3)}(\%)] \\ U_{\mathrm{k}3}(\%) &= \frac{1}{2}[U_{\mathrm{k}(2-3)}(\%) + U_{\mathrm{k}(1-3)}(\%) - U_{\mathrm{k}(1-2)}(\%)]\end{aligned}\right\} \quad (3\text{-}25)$$

再导出各个绕组归算到同一侧电压下的短路电抗为

$$X_{\mathrm{T}i} = \frac{U_{\mathrm{k}i}(\%)}{100}\frac{U_\mathrm{N}^2}{S_\mathrm{N}} \times 10^3 \quad (i=1,2,3) \quad (3\text{-}26)$$

需要指出的是，手册和制造厂提供的短路电压值，不论变压器各绕组容量比如何，对于普通三绕组变压器都是已经折算为变压器额定容量下的数值。因此，电抗计算不存在容量比不同的折算问题。

另外，三绕组变压器各绕组等值电抗的大小与三个绕组在铁心上的布置方式有关。一般说来，从绝缘条件出发，高压绕组都布置在最外层，而中、低压绕组的布置则与功率传输方向有关。如降压型三绕组变压器，往往采用低压绕组最靠近铁心、中压绕组居中、高压绕组在外的布置（图 3-25a），这是由于降压型三绕组变压器的功率主要是由高压侧送往中压侧；反之，升压型三绕组变压器则多采用中压绕组在内、低压绕组居中、高压绕组在外的布置（图 3-25b），这是由于它的功率主要是由低压侧送往中压侧与高压侧之故。当三个绕组同心

布置时,往往最内层与最外层绕组之间的漏电抗较大,从而使得各绕组间的等值电抗因布置方式不同而不一样。同时,居于中间的绕组由于与内、外侧绕组与它的互感作用强,当超过其本身的自感时,常常会出现其等值电抗很小甚至为负值的情况,但由于这个负值很小,计算时可近似取为零值。

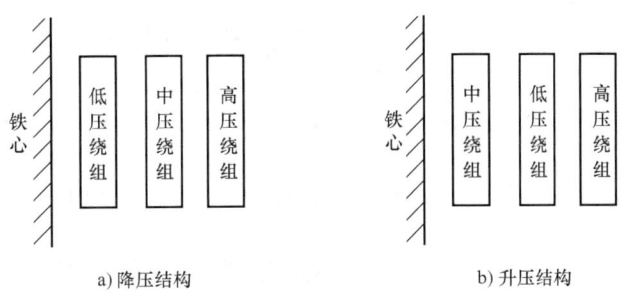

图 3-25 三绕组变压器的绕组布置方式

3. 电压比 k_{12}、k_{13}、k_{23}

三绕组变压器的电压比分别指一次侧、二次侧、三次侧的空载线电压之比。

【例 3-4】 有一台 $SFSL_1$—8000/110 型三相三绕组变压器,铭牌数据为:容量比为 100kV·A/50kV·A/100kV·A,电压比为 110kV/38.5kV/11kV,试验数据为:$\Delta P_0 = 14.2$kW,$I_0(\%) = 1.26$,$\Delta P'_{k(1-2)} = 27$kW,$\Delta P'_{k(1-3)} = 83$kW,$\Delta P'_{k(2-3)} = 19$kW,$U_{k(1-2)}(\%) = 14.2$,$U_{k(1-3)}(\%) = 17.5$,$U_{k(2-3)}(\%) = 10.5$,试计算以变压器高压侧电压为基准的参数值。

解: 变压器的导纳为

$$G_T = \frac{\Delta P_0}{U_{1N}^2} \times 10^{-3} = \frac{14.2}{110^2} \times 10^{-3} \text{S} = 1.17 \times 10^{-6} \text{S}$$

$$B_T = \frac{I_0(\%)}{100} \frac{S_N}{U_{1N}^2} \times 10^{-3} = \frac{1.26}{100} \times \frac{8000}{110^2} \times 10^{-3} \text{S} = 8.33 \times 10^{-6} \text{S}$$

由于变压器各绕组容量比不同,所以要将短路损耗折算到变压器的额定容量下。

$$\Delta P_{k(1-2)} = \Delta P'_{k(1-2)} \left(\frac{S_N}{S_{2N}}\right)^2 = 27\text{kW} \times \left(\frac{100}{50}\right)^2 = 108\text{kW}$$

$$\Delta P_{k(1-3)} = \Delta P'_{k(1-3)} \left(\frac{S_N}{S_{3N}}\right)^2 = 83\text{kW}$$

$$\Delta P_{k(2-3)} = \Delta P'_{k(2-3)} \left(\frac{S_N}{\min\{S_{2N}, S_{3N}\}}\right)^2 = 19\text{kW} \times \left(\frac{100}{50}\right)^2 = 76\text{kW}$$

$$\Delta P_{k1} = \frac{1}{2}(\Delta P_{k(1-2)} + \Delta P_{k(1-3)} - \Delta P_{k(2-3)}) = \frac{1}{2} \times (108 + 83 - 76)\text{kW} = 57.5\text{kW}$$

$$\Delta P_{k2} = \frac{1}{2}(\Delta P_{k(1-2)} + \Delta P_{k(2-3)} - \Delta P_{k(1-3)}) = \frac{1}{2} \times (108 + 76 - 83)\text{kW} = 50.5\text{kW}$$

$$\Delta P_{k3} = \frac{1}{2}(\Delta P_{k(2-3)} + \Delta P_{k(1-3)} - \Delta P_{k(1-2)}) = \frac{1}{2} \times (83 + 76 - 108)\text{kW} = 25.5\text{kW}$$

所以归算到高压侧的变压器每侧绕组的电阻值为

$$R_{T1} = \frac{\Delta P_{k1} U_{1N}^2}{S_N^2} \times 10^3 = \frac{57.5 \times 110^2}{8000^2} \times 10^3 \Omega = 10.87\Omega$$

$$R_{T2} = \frac{\Delta P_{k2} U_{1N}^2}{S_N^2} \times 10^3 = \frac{50.5 \times 110^2}{8000^2} \times 10^3 \Omega = 9.55\Omega$$

$$R_{T3} = \frac{\Delta P_{k3} U_{1N}^2}{S_N^2} \times 10^3 = \frac{25.5 \times 110^2}{8000^2} \times 10^3 \Omega = 4.82\Omega$$

$$U_{k1}(\%) = \frac{1}{2}[U_{k(1-2)}(\%) + U_{k(1-3)}(\%) - U_{k(2-3)}(\%)] = \frac{1}{2} \times (14.2 + 17.5 - 10.5) = 10.6$$

$$U_{k2}(\%) = \frac{1}{2}[U_{k(1-2)}(\%) + U_{k(2-3)}(\%) - U_{k(1-3)}(\%)] = \frac{1}{2} \times (14.2 + 10.5 - 17.5) = 3.6$$

$$U_{k3}(\%) = \frac{1}{2}[U_{k(2-3)}(\%) + U_{k(1-3)}(\%) - U_{k(1-2)}(\%)] = \frac{1}{2} \times (17.5 + 10.5 - 14.2) = 6.9$$

所以归算到高压侧的变压器每侧绕组的电抗值为

$$X_{T1} = \frac{U_{k1}(\%)}{100} \frac{U_{1N}^2}{S_N} \times 10^3 = \frac{10.6 \times 110^2}{100 \times 8000} \times 10^3 \Omega = 160.3\Omega$$

$$X_{T2} = \frac{U_{k2}(\%)}{100} \frac{U_{1N}^2}{S_N} \times 10^3 = \frac{3.6 \times 110^2}{100 \times 8000} \times 10^3 \Omega = 54.5\Omega$$

$$X_{T3} = \frac{U_{k3}(\%)}{100} \frac{U_{1N}^2}{S_N} \times 10^3 = \frac{6.9 \times 110^2}{100 \times 8000} \times 10^3 \Omega = 104.4\Omega$$

三、自耦变压器的参数计算

由于自耦变压器有着优越的经济性，因此得到了越来越广泛的应用。自耦变压器有双绕组自耦变压器和三绕组自耦变压器两种形式，在中性点直接接地的高压和超高压电力系统中使用的是三绕组自耦变压器。这种变压器的高、中压绕组间具有自耦联系并接成 Y_0 形，第三绕组（低压绕组）接成三角形，如图 3-26 所示。第三绕组除了可消除铁心饱和引起的三次谐波外，它还可以连接发电机、同步补偿机以及作为向变电所附近的用户供电的电源或变电所的自用电源。并且，第三个绕组的额定容量总是小于自耦变压器的额定容量，所以三绕组自耦变压器的短路试验数据存在容量折算的问题。一般手册和制造厂提供的自耦变压器试验数据，短路损耗未经折算，短路电压值也是未经折算的。因此，在计算三绕组自耦变压器时，不仅短路损耗要进行容量折算，短路电压百分比也要进行容量折算。短路损耗的容量折算同普通的三绕组变压器一样，短路电压百分比的容量折算如下：

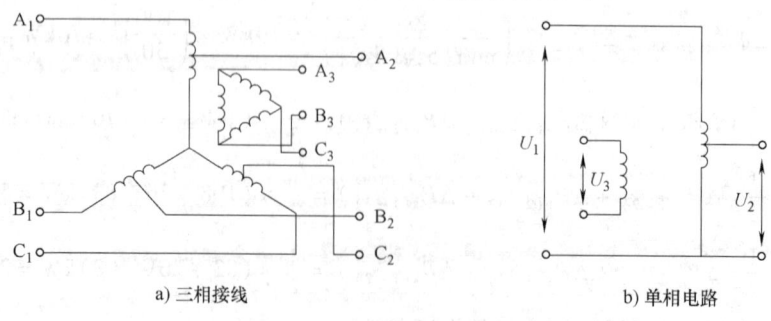

图 3-26 三绕组自耦变压器接线图

$$\left.\begin{array}{l}U_{k(1-2)}(\%) = U'_{k(1-2)}(\%) \\ U_{k(1-3)}(\%) = U'_{k(1-3)}(\%) \cdot (S_N/S_{3N}) \\ U_{k(2-3)}(\%) = U'_{k(2-3)}(\%) \cdot (S_N/S_{3N})\end{array}\right\} \quad (3\text{-}27)$$

其余的计算同普通的三绕组变压器一样，等效电路也与普通的三绕组变压器一样。

【例 3-5】 有一台 OSFPSL₁ 型三相三绕组自耦变压器，铭牌数据为：容量比为 90000kV·A/90000kV·A/45000kV·A，电压比为 220kV/121kV/11kV，试验数据为：$\Delta P_0 = 104$kW，$I_0\% = 0.65$，$\Delta P'_{k(1-2)} = 325$kW，$\Delta P'_{k(1-3)} = 345$kW，$\Delta P'_{k(2-3)} = 270$kW，$U'_{k(1-2)}(\%) = 10$，$U'_{k(1-3)}(\%) = 18.6$，$U'_{k(2-3)}(\%) = 12.1$，试计算以变压器高压侧电压为基准的参数值。

解： 变压器的导纳为

$$G_T = \frac{\Delta P_0}{U_{1N}^2} \times 10^{-3} = \frac{104}{220^2} \times 10^{-3}\text{S} = 2.15 \times 10^{-6}\text{S}$$

$$B_T = \frac{I_0\%}{100} \frac{S_N}{U_{1N}^2} \times 10^{-3} = \frac{0.65}{100} \times \frac{90000}{220^2} \times 10^{-3}\text{S} = 1.2 \times 10^{-5}\text{S}$$

由于变压器各绕组容量比不同，所以要将短路损耗折算到变压器的额定容量下，有

$$\Delta P_{k(1-2)} = \Delta P'_{k(1-2)} = 325\text{kW}$$

$$\Delta P_{k(1-3)} = \Delta P'_{k(1-3)} \left(\frac{S_N}{S_{3N}}\right)^2 = 345\text{kW} \times \left(\frac{90000}{45000}\right)^2 = 1380\text{kW}$$

$$\Delta P_{k(2-3)} = \Delta P'_{k(2-3)} \left(\frac{S_N}{S_{3N}}\right)^2 = 270\text{kW} \times \left(\frac{90000}{45000}\right)^2 = 1080\text{kW}$$

$$\Delta P_{k1} = \frac{1}{2}(\Delta P_{k(1-2)} + \Delta P_{k(1-3)} - \Delta P_{k(2-3)}) = \frac{1}{2} \times (325 + 1380 - 1080)\text{kW} = 312.5\text{kW}$$

$$\Delta P_{k2} = \frac{1}{2}(\Delta P_{k(1-2)} + \Delta P_{k(2-3)} - \Delta P_{k(1-3)}) = \frac{1}{2} \times (325 + 1080 - 1380)\text{kW} = 12.5\text{kW}$$

$$\Delta P_{k3} = \frac{1}{2}(\Delta P_{k(2-3)} + \Delta P_{k(1-3)} - \Delta P_{k(1-2)}) = \frac{1}{2} \times (1380 + 1080 - 325)\text{kW} = 1067.5\text{kW}$$

所以归算到高压侧的变压器每侧绕组的电阻值为

$$R_{T1} = \frac{\Delta P_{k1} U_{1N}^2}{S_N^2} \times 10^3 = \frac{312.5 \times 220^2}{90000^2} \times 10^3 \Omega = 1.87\Omega$$

$$R_{T2} = \frac{\Delta P_{k2} U_{1N}^2}{S_N^2} \times 10^3 = \frac{12.5 \times 220^2}{90000^2} \times 10^3 \Omega = 0.075\Omega$$

$$R_{T3} = \frac{\Delta P_{k3} U_{1N}^2}{S_N^2} \times 10^3 = \frac{1067 \times 220^2}{90000^2} \times 10^3 \Omega = 6.38\Omega$$

因为是自耦变压器，所以短路电压百分比也要折算到变压器的额定容量下，即

$$U_{k(1-2)}(\%) = U'_{k(1-2)}(\%) = 10$$

$$U_{k(1-3)}(\%) = U'_{k(1-3)}(\%) \frac{S_N}{S_{3N}} = 18.6 \times \frac{90000}{45000} = 37.2$$

$$U_{k(2-3)}(\%) = U'_{k(2-3)}(\%) \frac{S_N}{S_{3N}} = 12.1 \times \frac{90000}{45000} = 24.2$$

$$U_{k1}(\%) = \frac{1}{2}(U_{k(1-2)}(\%) + U_{k(1-3)}(\%) - U_{k(2-3)}(\%)) = \frac{1}{2} \times (10 + 37.2 - 24.2) = 11.5$$

$$U_{k2}(\%) = \frac{1}{2}(U_{k(1-2)}(\%) + U_{k(2-3)}(\%) - U_{k(1-3)}(\%)) = \frac{1}{2} \times (10 + 24.2 - 37.2) = -1.5$$

$$U_{k3}(\%) = \frac{1}{2}(U_{k(2-3)}(\%) + U_{k(1-3)}(\%) - U_{k(1-2)}(\%)) = \frac{1}{2} \times (24.2 + 37.2 - 10) = 25.7$$

所以归算到高压侧的变压器每侧绕组的电抗值为

$$X_{T1} = \frac{U_{k1}(\%)}{100} \frac{U_{1N}^2}{S_N} \times 10^3 = \frac{11.5 \times 220^2}{100 \times 90000} \times 10^3 \Omega = 61.84\Omega$$

$$X_{T2} = \frac{U_{k2}(\%)}{100} \frac{U_{1N}^2}{S_N} \times 10^3 = \frac{-1.5 \times 220^2}{100 \times 90000} \times 10^3 \Omega = -8.06\Omega \approx 0\Omega$$

$$X_{T3} = \frac{U_{k3}(\%)}{100} \frac{U_{1N}^2}{S_N} \times 10^3 = \frac{25.7 \times 220^2}{100 \times 90000} \times 10^3 \Omega = 138.2\Omega$$

本 章 小 结

本章阐述了电力输电线路和变压器的参数计算和等效电路。

介绍了架空输电线路和电缆线路的结构,并以图片形式给出了杆塔、导线、绝缘子以及金具等设备的外形结构。从输电线路在能量传送过程中的能量损耗出发,获取了输电线路的参数计算公式,并针对不同架空输电线路的长度,使用不同的等效电路。

确定了双绕组变压器的等效电路,并依据制造厂提供的铭牌数据确定变压器的参数。针对三绕组变压器参数计算,既要注意到它与双绕组变压器参数计算方法的相同,又要考虑到它的特点,特别是三个绕组容量比不同造成的影响。

复习思考题

3-1 架空输电线路的电阻和电导是什么意义?这二者有无直接的关系?

3-2 同样截面积的导线,如 LGJ—240 型导线,用于不同的电压等级,如 110kV 和 220kV,其电抗是否相同?为什么?

3-3 和架空线路相比,同截面积同电压等级的电缆线路的电抗是大还是小?电纳是大还是小?为什么?

3-4 试述分裂导线的优缺点。为什么 220kV 及以上的超高压输电线路必须采用分裂导线?

3-5 何谓短距离输电线路?何谓中距离输电线路?何谓长距离输电线路?它们的等效电路如何?

3-6 变压器的参数与哪些变压器的铭牌值有关?如何确定变压器的实际电压比?

3-7 在电力系统计算中,广泛应用变压器的何种等效电路?其优点何在?

3-8 同容量同电压等级的升压变压器和降压变压器的参数是否相同?为什么?

3-9 自耦变压器与普通变压器相比有何优点?为什么要有一个接成三角形的绕组?

3-10 普通三绕组变压器的三个绕组的排列应遵循什么原则?升压变压器的三个绕组应如何排列?降压变压器的三个绕组应如何排列?其等效电路中哪一个绕组的等值电抗最小?为什么?

习 题

3-11 有一回 110kV 的架空输电线路,导线型号为 LGJ—120,导线水平排列并经过完全换位,相间距离为 4m。试计算该线路的单位长度的参数。

3-12 某 330kV 输电线路,长 120km,采用 LGJQ—300×2 的双分裂导线,导线水平排列并经过完全换位,相间距离为 9m,分裂导线间距为 400mm。试计算该线路的参数并画出等效电路。

3-13 一台 SFL1—31500/35 型双绕组三相变压器,额定电压比为 35/11,实验数据为 $\Delta P_0 = 30\text{kW}$,$I_0(\%) = 1.2$;$\Delta P_k = 177.2\text{kW}$,$U_k(\%) = 8$。试分别求归算到高、低压侧的变压器参数的有名值。

3-14 已知一台 SSPSOL 型三相三绕组自耦变压器,其容量比为 30000kV·A/30000kV·A/15000kV·A,$U_{1N} = 242\text{kV}$,$U_{2N} = 121\text{kV}$,$U_{3N} = 13.8\text{kV}$;$\Delta P'_{k(1-2)} = 950\text{kW}$,$\Delta P'_{k(1-3)} = 500\text{kW}$,$\Delta P'_{k(2-3)} = 620\text{kW}$;$U'_{k(1-2)}(\%) = 13.73$,$U'_{k(1-3)}(\%) = 11.9$,$U'_{k(2-3)}(\%) = 18.64$;$\Delta P_0 = 123\text{kW}$,$I_0(\%) = 0.5$。试求归算到高压侧变压器参数的有名值,并画出该变压器的等效电路。

第四章

电力系统稳态分析与计算

本章阐述电力系统正常运行情况下的分析和计算方法,包括电力系统的潮流计算、无功功率平衡与电压调整、有功功率平衡与频率调整、经济运行这四大方面。电力系统的潮流分布是描述电力系统运行状态的技术术语,它表明电力系统在某一确定的运行方式和接线方式下,系统从电源到负荷各点的电压以及功率分布情况。对电力系统在各种运行方式下进行潮流计算,可以让我们全面、准确地掌握电力系统中各元件的运行状态,正确地选择电气设备和导线截面积,确定合理的供电方案,合理地调整负荷。通过潮流计算,还可以发现系统中的薄弱环节,检查设备、元件是否过负荷,各节点电压是否满足供电要求,从中发现问题,提出必要的改进,采取相应的调压、调频措施,保证电力系统运行时各节点维持正常的电压水平,保证电力系统运行时的频率,并使整个电力系统获得最大的运行经济性。

第一节 电网元件的电压与功率损耗计算

一、电网元件的电压降落、电压损耗和电压偏移

当电网传输功率时电流将流过网络元件,由于元件阻抗的存在,会使元件首末两端的电压发生变化。电压变化程度是衡量电能质量的重要指标之一,所以研究电网的电压变化规律是很必要的。

1. 电压降落

元件首末两端电压的相量差 $\dot{U}_1 - \dot{U}_2$,即该元件的电压降落,用 $\Delta \dot{U}$ 表示。

为了分析问题简便起见,先来讨论网络元件一相阻抗首末两端的电压降落,如图 4-1a 所示,其中 $\dot{U}$、$\dot{I}$ 和 S 分别表示相电压、相电流和单相功率。

由图 4-1a 依据电路理论,得到

$$\dot{U}_1 = \dot{U}_2 + \dot{I}(R + jX) \tag{4-1}$$

可见,电压降落实质上就是电流在元件阻抗上的压降,在图 4-1b 所示的相量图中,△abc 就是阻抗压降三角形,$\vec{ac}$ 为总的电压降落,$\vec{ab}$ 为电阻压降(或电压降落的有功分量),$\vec{bc}$ 为电抗压降(或电压降落的无功分量)。

但是,在进行电网潮流计算时,常采取另一种方法来将电压降落相量加以分解,即取 $\Delta \dot{U}$ 在参考相量 $\dot{U}_1$(或 $\dot{U}_2$)方向上的投影称为电压降落的纵向分量 $\Delta \dot{U}_1$(或 $\Delta \dot{U}_2$),而取

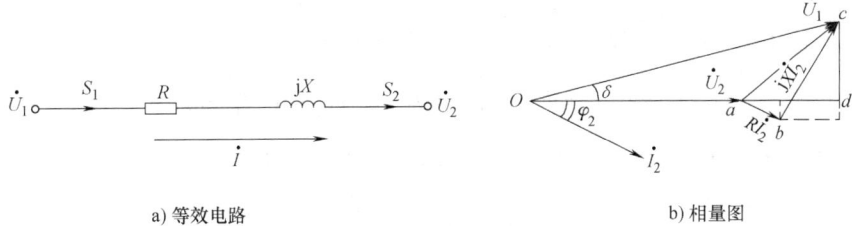

a) 等效电路 b) 相量图

图 4-1 网络元件等效电路和相量图

$\Delta \dot{U}$ 在与参考相量 $\dot{U}_1$（或 $\dot{U}_2$）垂直方向上的投影称为电压降落的横向分量 $\delta \dot{U}_1$（或 $\delta \dot{U}_2$）。

(1) 以末端电压相量 $\dot{U}_2$ 为参考相量 由相量图 4-1b 可知，当以末端电压相量 $\dot{U}_2$ 为参考相量时，电压降落的纵向分量和横向分量的大小 ΔU_2、δU_2 分别为

$$\begin{cases} \Delta U_2 = I_2(R\cos\varphi_2 + X\sin\varphi_2) \\ \delta U_2 = I_2(X\cos\varphi_2 - R\sin\varphi_2) \end{cases} \quad (4-2)$$

在电力系统分析中，习惯用功率进行运算。与末端相电压 $\dot{U}_2$ 和末端相电流 $\dot{I}_2$ 相对应的末端单相功率 S_2 为

$$S_2 = \dot{U}_2 \overset{*}{I}_2 = P_2 + jQ_2 = U_2 I_2 \cos\varphi_2 + jU_2 I_2 \sin\varphi_2 \quad (4-3)$$

将式 (4-3) 代入式 (4-2)，有

$$\begin{cases} \Delta U_2 = \dfrac{P_2 R + Q_2 X}{U_2} \\ \delta U_2 = \dfrac{P_2 X - Q_2 R}{U_2} \end{cases} \quad (4-4)$$

于是，阻抗元件首端的相电压 $\dot{U}_1$ 为

$$\begin{aligned}\dot{U}_1 &= \dot{U}_2 + \Delta \dot{U}_2 + \delta \dot{U}_2 \\ &= U_2 + \frac{P_2 R + Q_2 X}{U_2} + j\frac{P_2 X - Q_2 R}{U_2} = U_1 e^{j\delta}\end{aligned} \quad (4-5)$$

$$\begin{cases} U_1 = \sqrt{(U_2 + \Delta U_2)^2 + (\delta U_2)^2} \\ \delta = \arctan\left(\dfrac{\delta U_2}{U_2 + \Delta U_2}\right) \end{cases} \quad (4-6)$$

式中，δ 为阻抗元件首末两端电压的相角差。

(2) 以首端电压相量 $\dot{U}_1$ 为参考相量 用首端电压 $\dot{U}_1$ 和电流 $\dot{I}_1$ 表示电压降落，并把其分解为与 $\dot{U}_1$ 同方向和垂直方向上的两个分量，如图 4-2 所示，于是有

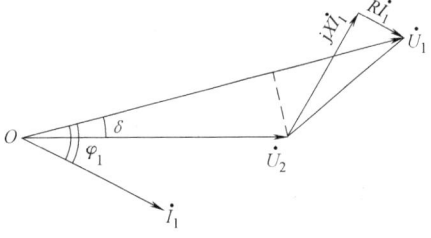

图 4-2 以 $\dot{U}_1$ 为参考相量表示的电压降落相量图

$$\dot{U}_1 - \dot{U}_2 = \dot{I}_1(R + jX) = \Delta \dot{U}_1 + \delta \dot{U}_1 \tag{4-7}$$

同样，首端电压 $\dot{U}_1$ 和首端电流 $\dot{I}_1$ 表示的首端单相功率 S_1 为

$$S_1 = \dot{U}_1 \overset{*}{I}_1 = P_1 + jQ_1 = U_1 I_1 \cos\varphi_1 + jU_1 I_1 \sin\varphi_1 \tag{4-8}$$

从而，电压降落纵向分量和横向分量的大小 ΔU_1、δU_1 分别为

$$\begin{cases} \Delta U_1 = \dfrac{P_1 R + Q_1 X}{U_1} \\ \delta U_1 = \dfrac{P_1 X - Q_1 R}{U_1} \end{cases} \tag{4-9}$$

于是，末端电压 $\dot{U}_2$ 为

$$\dot{U}_2 = U_1 - \Delta \dot{U}_1 - \delta \dot{U}_1 = U_2 e^{-j\delta} \tag{4-10}$$

$$\begin{cases} U_2 = \sqrt{(U_1 - \Delta U_1)^2 + (\delta U_1)^2} \\ \delta = \arctan\left(\dfrac{\delta U_1}{U_1 - \Delta U_1}\right) \end{cases} \tag{4-11}$$

应当指出的是，当已知末端功率、末端电压，求首端电压时是取末端电压为参考相量的；而当已知首端功率、首端电压，求末端电压时是取首端电压为参考相量的。所以 $\Delta U_1 \neq \Delta U_2$、$\delta U_1 \neq \delta U_2$，如图 4-3 所示。因此，在实际计算时应当注意所取功率和电压必须是同一侧的。

这里需要特别指出的是：

1）以上公式是按照单相电路推导出的，因此各式中的电压和功率指的是相电压和单相功率。而在电力系统运算中，对于三相系统等效电路仍是采用一相的等效电路，电压降落也仍可利用式（4-4）～式（4-6）、式（4-9）～式（4-11）来进行计算，但是其中的电压和功率是线电压和

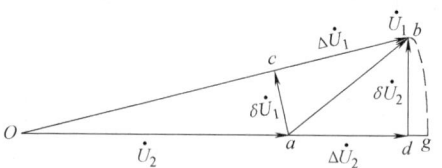

图 4-3 电压降落相量的两种表示方法

三相功率。本书在今后的计算中如无特殊说明，电压是线电压（单位为 kV）、电流是线电流（单位为 kA）、功率（包括视在功率、有功功率、无功功率）是三相功率（视在功率、有功功率、无功功率单位分别为 MV·A、MW、Mvar）、阻抗是单相阻抗（单位为 Ω）、导纳是单相导纳（单位为 S），其中三相视在功率 S 与线电压 $\dot{U}$、线电流 $\dot{I}$ 的关系为

$$S = \sqrt{3}\dot{U}\overset{*}{I} = P + jQ = \sqrt{3}UI\cos\varphi + j\sqrt{3}UI\sin\varphi \tag{4-12}$$

式中，φ 为功率因数角。

2）以上各式都是按通过的无功功率为感性的情况下推出的；若通过容性无功功率时，则式（4-12）中与无功功率 Q 有关的项都必须相应改变符号。

3）利用式（4-4）和式（4-9）计算阻抗元件首末两端的电压降落时，必须用同一点的电压和功率计算。

2. 电压损耗

在实际中，为了简便起见，常常只需要计算"电压损耗"就已满足运行的需要了。所

谓 "电压损耗" 就是指元件首末两端电压的数值差。例如当首端电压为113kV，末端电压为111kV时，电压损耗即为2kV。

在图4-3中$\overline{ab}$为电压降落的大小，如以o为圆心，$\overline{ob}$为半径作圆弧与$\dot{U}_2$的延长线交于g，则$\overline{ag}$即为电压损耗。由图4-3可见，当首末两点电压之间的相位差δ不大时，$\overline{ad}$与$\overline{ag}$也相差不大，即可近似认为电压降落纵向分量的大小等于电压损耗。在式（4-6）及式（4-11）已经给出的首端电压U_1和末端电压U_2绝对值计算公式中的横向分量可略去不计，于是该两式即简化为

$$\begin{cases} U_1 = U_2 + \Delta U_2 \\ U_2 = U_1 - \Delta U_1 \end{cases} \tag{4-13}$$

或可写成

$$\begin{cases} U_1 = U_2 + \dfrac{P_2 R + Q_2 X}{U_2} \\ U_2 = U_1 - \dfrac{P_1 R + Q_1 X}{U_1} \end{cases} \tag{4-14}$$

从式（4-13）及式（4-14）可知，电压损耗由两部分组成，即

$$\Delta U = \frac{PR}{U} + \frac{QX}{U} \tag{4-15}$$

式（4-15）中的第一部分与有功功率和电阻有关，第二部分与无功功率和电抗有关，但这些因素对电压损耗的影响程度归根到底与电网特性有关。一般说来，在超高压电网中，因输电线路的导线截面积较大，$X \gg R$，变压器的$X \gg R$，所以QX项对电压损耗影响较大，亦即无功功率Q的数值对电压影响较大；反之，在电压等级不太高的地区性电网中，由于输电线路的电阻R的值较大，这时PR项的影响将不可忽略。

电压损耗有时以百分值表示，即

$$电压损耗 = \frac{U_1 - U_2}{U_N} \times 100\% \tag{4-16}$$

电压损耗的百分值直接反映供电电压的质量，根据电网电压质量的要求，一条输电线路的电压损耗百分值在线路通过最大负荷时，一般不应超过其线路额定电压U_N的10%。

3. 电压偏移

所谓 "电压偏移" 是指网络中某节点的实际电压与额定电压的数值之差。电压偏移也仅有数值，且常用百分值来表示，即

$$电压偏移 = \frac{U - U_N}{U_N} \times 100\% \tag{4-17}$$

式中，U_N为该点对应的线路额定电压。

电压偏移是衡量电压质量的重要指标。进行电压计算的目的就在于确定电网的电压损耗和各负荷点的电压偏移，分析其原因并采取调压措施，使各负荷点电压在允许的变化范围内。

二、电网元件的功率损耗

1. 线路的功率损耗

对图 4-4 所示为具有集中参数和集中负荷的三相输电线路的等效电路,$\dot{U}_1$、$\dot{U}_2$ 分别为线路首末两端的线电压;S_1、S_2 分别为线路首末两端的三相视在功率;S_1' 为流入线路阻抗支路的三相视在功率,S_2' 为流出线路阻抗支路的三相视在功率;$\dot{I}$ 为线路阻抗中的线电流。线路的功率损耗有以下四方面:

(1) 线路电阻上的功率损耗　线路电阻消耗有功功率,用 ΔP_L 表示,则由图 4-4 可知

$$\Delta P_L = 3I^2 R_L \quad (4\text{-}18)$$

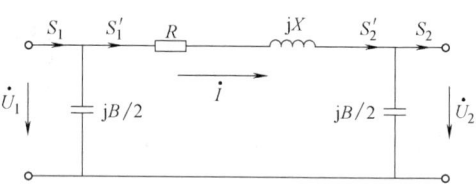

图 4-4　输电线路的 Π 形等效电路

若电流 I 用首端电压计算,对应功率为首端流入阻抗支路的功率 S_1',则

$$I = \frac{S_1'}{\sqrt{3}U_1} \quad (4\text{-}19)$$

代入式(4-18),有

$$\Delta P_L = 3 \times \frac{S_1'^2}{3 \times U_1^2} R_L = \frac{S_1'^2}{U_1^2} R_L = \frac{P_1'^2 + Q_1'^2}{U_1^2} R_L \quad (4\text{-}20)$$

若电流 I 用末端电压计算,对应功率为末端流出阻抗支路的功率 S_2',则

$$I = \frac{S_2'}{\sqrt{3}U_2} \quad (4\text{-}21)$$

代入式(4-18),有

$$\Delta P_L = 3 \times \frac{S_2'^2}{3 \times U_2^2} R_L = \frac{S_2'^2}{U_2^2} R_L = \frac{P_2'^2 + Q_2'^2}{U_2^2} R_L \quad (4\text{-}22)$$

(2) 线路电抗上的功率损耗　线路电抗消耗感性无功功率,用 ΔQ_L 表示。由图 4-4,仿照式(4-18)~式(4-22)可得

$$\Delta Q_L = \frac{P_1'^2 + Q_1'^2}{U_1^2} X_L = \frac{P_2'^2 + Q_2'^2}{U_2^2} X_L \quad (4\text{-}23)$$

于是,线路阻抗支路产生的功率损耗若用视在功率 ΔS_L 表示,则有

$$\Delta S_L = \Delta P_L + j\Delta Q_L = \frac{S_1'^2}{U_1^2}(R_L + jX_L) = \frac{S_2'^2}{U_2^2}(R_L + jX_L) \quad (4\text{-}24)$$

由此可见,阻抗产生的功率损耗有两种计算方式,既可用线路首端电压 U_1 和流入阻抗支路的首端功率 S_1' 计算;也可用线路末端电压 U_2 和流出阻抗支路的末端功率 S_2' 计算。两种方式所得计算结果是一样的,但要注意的是,电压、功率必须用同一点的物理量值,同时,功率必须是流经阻抗的功率。

(3) 线路电纳上的功率损耗　线路电纳消耗容性无功功率,由图 4-4 可知线路电纳一分为二连接于线路首末两端,所消耗的功率可分别用 ΔQ_{B1}、ΔQ_{B2} 表示,则

$$\Delta Q_{B1} = -3 \times \frac{B_L}{2} U_{1ph}^2 = -3 \times \frac{B_L}{2}\left(\frac{U_1}{\sqrt{3}}\right)^2 = -\frac{B_L}{2} U_1^2 \quad (4\text{-}25)$$

式中，U_{1ph} 为首端的相电压。

式（4-25）中的"-"号，表示线路对地电容消耗的是容性无功功率，也可以说对地电容向电网发出了一个正的感性无功功率，通常将这一功率称为对地电容向线路发出的"充电功率"。

同理

$$\Delta Q_{B2} = -\frac{B_L}{2}U_2^2 \qquad (4-26)$$

由于电网在运行时要求负荷点电压不能偏离相应的线路额定电压太多，所以在近似计算中，可认为 ΔQ_{B1}、ΔQ_{B2} 相等，即

$$\Delta Q_{B1} = \Delta Q_{B2} = -\frac{B_L}{2}U_N^2 \qquad (4-27)$$

（4）线路电导上的功率损耗　线路电导上的功率损耗就是电晕损耗，为有功功率损耗。因为高压输电线路常采用分裂导线或扩径导线来避免电晕损耗的产生，而低压输电线路因运行电压低本身就不可能产生电晕损耗，所以通常情况下线路电导上的功率损耗不用计算。

综上所述，线路总的功率损耗包括有功功率损耗和无功功率损耗：有功功率损耗就是线路电阻产生的功率损耗；无功功率损耗包括线路电抗消耗的感性无功功率和线路电纳消耗的容性无功功率。线路电纳消耗的容性无功功率与线路传输功率无关，一般认为是不变的；而线路电抗消耗的感性无功功率与传输功率的二次方成正比。所以当线路轻载时，线路电抗消耗的感性无功功率可能小于线路电纳消耗的容性无功功率，导致线路总体是消耗容性无功功率，也就相当于线路发出感性无功功率，从而使得线路末端输出的无功功率大于线路首端输入的无功功率；当线路重载时，线路电抗消耗的感性无功功率大于线路电纳消耗的容性无功功率，线路总体是消耗感性无功功率，于是线路末端输出的无功功率小于线路首端输入的无功功率。

2. 变压器功率损耗的计算

对图 4-5a 所示三相双绕组变压器等效电路，$\dot{U}_1$、$\dot{U}_2$ 分别为变压器一次侧、二次侧的线电压；S_1、S_2 分别为变压器的流入、流出功率；S_1' 为进入变压器阻抗支路的功率，S_2' 为变压器阻抗支路流出的功率。电流通过变压器时，在阻抗 Z_T 和导纳 Y_T 上产生功率损耗，它们分别介绍如下。

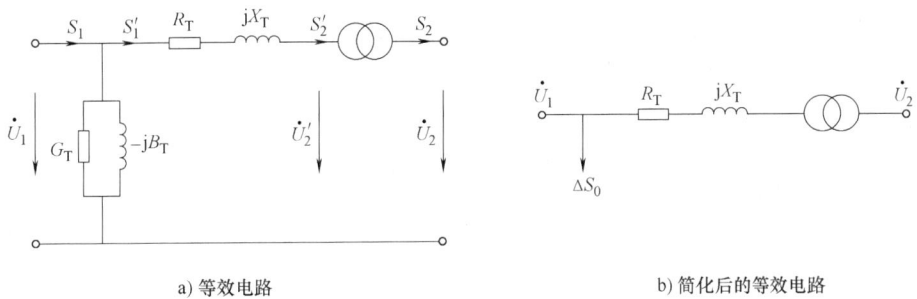

a) 等效电路　　　　　　　　　　b) 简化后的等效电路

图 4-5　变压器的 Γ 形等效电路

（1）变压器绕组电阻和电抗产生的功率损耗　变压器绕组电阻消耗有功功率，用 ΔP_T 表示；电抗消耗感性无功功率，用 ΔQ_T 表示，其推导过程与线路阻抗支路的损耗推导类

似。有

$$\Delta S_T = \Delta P_T + j\Delta Q_T = \frac{S_1'^2}{U_1^2}(R_T + jX_T) \quad (4\text{-}28)$$

或

$$\Delta S_T = \frac{S_2'^2}{U_2'^2}(R_T + jX_T) = \frac{S_2^2}{U_2'^2}(R_T + jX_T) \quad (4\text{-}29)$$

工程上常用变压器的短路试验数据来计算变压器的损耗。把 R_T、X_T 的计算公式代入式 (4-29)，再考虑 U_2' 近似等于 U_{1N}（变压器一次侧额定电压），可得

$$\Delta S_T = \Delta P_k \frac{S_2^2}{S_N^2} + j\frac{U_k(\%)}{100}\frac{S_2^2}{S_N} \quad (4\text{-}30)$$

式中，S_N 为变压器的额定容量（MV·A）；ΔP_k 为变压器的短路损耗（MW）；$U_k(\%)$ 为变压器的短路电压百分数。

可见，变压器绕组阻抗上的功率损耗与变压器传输功率的二次方成正比，是变压器的可变损耗。

（2）变压器励磁回路中电导和电纳产生的功率损耗 此即变压器导纳支路消耗的功率。其中电导是变压器铁心损耗所对应的等效参数，其消耗的有功功率用 ΔP_0 表示；电纳是变压器铁心磁化性能对应的等效参数，其消耗的感性无功功率用 ΔQ_0 表示。于是变压器励磁回路的功率损耗为

$$\Delta S_0 = \Delta P_0 + j\Delta Q_0 = \Delta P_0 + j\frac{I_0(\%)}{100}S_N \quad (4\text{-}31)$$

从式（4-31）可看出，变压器的 ΔS_0 与变压器的运行状态无关，无论是变压器的传输功率，还是变压器的运行电压，对 ΔS_0 都没有影响，所以 ΔS_0 称为变压器的不变损耗，也称固定损耗。

此外，电力系统中还常用三绕组变压器和三绕组自耦变压器，对它们的功率进行计算时，ΔS_0 与双绕组的一样；ΔS_T 则不同，为

$$\Delta S_T = \left(\Delta P_{k1}\frac{S_1^2}{S_N^2} + \Delta P_{k2}\frac{S_2^2}{S_N^2} + \Delta P_{k3}\frac{S_3^2}{S_N^2}\right) + j\left[\frac{U_{k1}(\%)}{100}\frac{S_1^2}{S_N} + \frac{U_{k2}(\%)}{100}\frac{S_2^2}{S_N} + \frac{U_{k3}(\%)}{100}\frac{S_3^2}{S_N}\right]$$

$$(4\text{-}32)$$

式中，S_1、S_2、S_3 分别为通过变压器相应绕组的三相视在功率（MV·A）。

若系统中有 n 台型号相同的变压器并列运行，则其励磁回路的损耗为单台变压器损耗的 n 倍；其阻抗支路的损耗为单台变压器损耗的 $\frac{1}{n}$ 倍。

3. 电网的输电效率

电网的输电效率 η 是指电网输出的有功功率 P_2 与电网输入的有功功率 P_1 的比值，常以百分值表示，即

$$\eta = \frac{P_2}{P_1} \times 100\% \quad (4\text{-}33)$$

电网输出的有功功率 P_2 指电网所带负荷的有功功率之和。由于电网元件有功损耗的存在，输电效率恒小于 1。

第二节 开式电网的潮流计算

开式电网是指负荷只能从一个方向获取电能的电网。它可以分为两大类：同电压等级的和不同电压等级的。同电压等级开式电网是指电压等级只有一个，亦即不含变压器的电网；不同电压等级开式电网是指电压等级至少有两个，亦即含变压器的电网。

开式电网的潮流计算的一般步骤如下：
1) 由已知的电网电气接线图做出等效电路图。
2) 化简等效电路。
3) 根据已知条件采用不同的方法逐段推算潮流分布。

一、同电压等级开式电网的潮流计算

在电力系统计算中，通常关心的是负荷取用多少功率，某线路、变压器通过多少功率，而不提用多少电流，通过多少电流。潮流计算的主要对象是通过电网各元件的功率和电网中各负荷点的电压，这是潮流计算与普通电路计算的主要区别。另外，由于功率与电压的非线性关系，使潮流计算的方法也不同于电路计算，一般潮流计算属于对非线性问题的求解。

通过前面对电网元件电压降落及功率损耗的计算，发现电网元件的首末两个节点共有四个运行变量，即首末节点的电压（U_1、U_2）和功率（S_1、S_2），求解中通常是已知其中两个量而求解另外两个未知量。这样，根据已知量的不同，开式电网潮流计算可归为两类问题，即已知同一节点的电压和功率的潮流计算（U_1、S_1 为已知或 U_2、S_2 为已知）和已知不同节点的电压和功率的潮流计算（U_1、S_2 为已知或 U_2、S_1 为已知）。这两种情况的潮流计算方法是不同的。

1. 已知同一点电压和功率

为不失一般性，以图 4-6 所示的由三段线路、三个负荷组成的同电压等级开式电网为例说明计算过程。若线路参数、各负荷点负荷功率和末端电压为已知的条件，该电网潮流计算的过程如下：

1) 计算各段线路参数，对每段线路用一个 Π 形等效电路来表示，并通过负荷点连接成一等效电路，如图 4-6b 所示。

2) 整合各负荷点的运算负荷（也称计算负荷），简化等效电路如图 4-6c 所示。所谓运算负荷就是指把某一节点的所有功率（含线路电纳支路的功率损耗）合成一个负荷功率。对图 4-6 的各节点的运算负荷分别有

$$S_\mathrm{d} = S_\mathrm{LDd} + \mathrm{j}\Delta Q_\mathrm{B32} = S_\mathrm{LDd} - \mathrm{j}\frac{B_\mathrm{L3}}{2}U_\mathrm{d}^2 \tag{4-34}$$

$$S_\mathrm{c} = S_\mathrm{LDc} + \mathrm{j}\Delta Q_\mathrm{B31} + \mathrm{j}\Delta Q_\mathrm{B22} = S_\mathrm{LDc} - \mathrm{j}\frac{B_\mathrm{L3}}{2}U_\mathrm{c}^2 - \mathrm{j}\frac{B_\mathrm{L2}}{2}U_\mathrm{c}^2 \tag{4-35}$$

$$S_\mathrm{b} = S_\mathrm{LDb} + \mathrm{j}\Delta Q_\mathrm{B21} + \mathrm{j}\Delta Q_\mathrm{B12} = S_\mathrm{LDb} - \mathrm{j}\frac{B_\mathrm{L2}}{2}U_\mathrm{b}^2 - \mathrm{j}\frac{B_\mathrm{L1}}{2}U_\mathrm{b}^2 \tag{4-36}$$

3) 把每段线路看作一个元件，因为已知末端电压，所以从最末段线路开始，依据已知该段线路末端电压和末端流出功率的情况，按式（4-4）、式（4-6）和式（4-24）可推出该

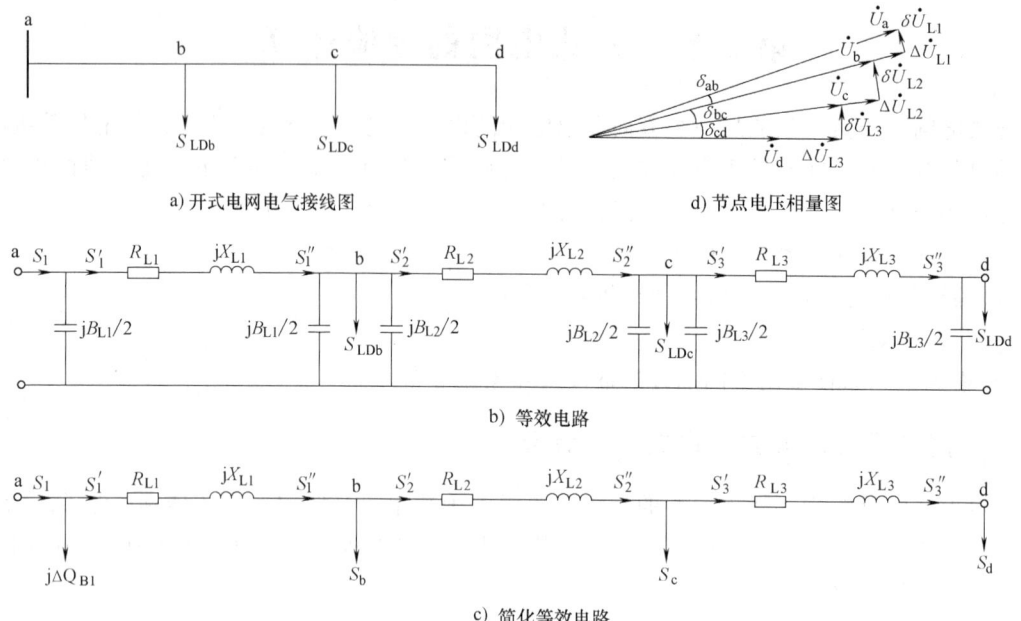

图 4-6 同电压等级开式电网

段线路首端电压和功率分布。结合图 4-6c 可推出上一段线路的末端流出功率。依次逐段向前推算就可完成整个电网的电压、功率分布计算。具体步骤如下：

① 第 3 段线路：c 为元件首端，d 为元件末端。功率分布：

d 点运算负荷：$S_d = S_{LDd} - j\dfrac{B_{L3}}{2}U_d^2$

线路 3 阻抗支路末端流出功率：$S_3'' = S_d$

线路 3 阻抗支路产生的功率损耗：$\Delta S_{L3} = \dfrac{S_3''^2}{U_d^2}(R_{L3} + jX_{L3})$

线路 3 阻抗支路首端流入功率：$S_3' = S_3'' + \Delta S_{L3}$

以末端电压 $\dot{U}_d$ 为参考相量，计算电压：

线路 3 阻抗支路电压降落的纵向分量：$\Delta U_{L3} = \dfrac{P_3''R_{L3} + Q_3''X_{L3}}{U_d}$

线路 3 阻抗支路电压降落的横向分量：$\delta U_{L3} = \dfrac{P_3''X_{L3} - Q_3''R_{L3}}{U_d}$

第 3 段线路首端电压：$U_c = \sqrt{(U_d + \Delta U_{L3})^2 + (\delta U_{L3})^2}$

第 3 段线路首末两端电压的相位差：$\delta_{cd} = \operatorname{arctan}\left(\dfrac{\delta U_{L3}}{U_d + \Delta U_{L3}}\right)$

② 第 2 段线路：b 为元件首端，c 为元件末端。功率分布：

c 点运算负荷：$S_c = S_{LDc} - j\dfrac{U_c^2}{2}(B_{L2} + B_{L3})$

线路 2 阻抗支路末端流出功率：$S_2'' = S_c + S_3'$

线路 2 阻抗支路产生的功率损耗：$\Delta S_{L2} = \dfrac{S_2''^2}{U_c^2}(R_{L2} + jX_{L2})$

线路 2 阻抗支路首端流入功率：$S_2' = S_2'' + \Delta S_{L2}$

以末端电压 $\dot{U}_c$ 为参考相量，计算电压：

线路 2 阻抗支路电压降落的纵向分量：$\Delta U_{L2} = \dfrac{P_2'' R_{L2} + Q_2'' X_{L2}}{U_c}$

线路 2 阻抗支路电压降落的横向分量：$\delta U_{L2} = \dfrac{P_2'' X_{L2} - Q_2'' R_{L2}}{U_c}$

第 2 段线路的首端电压：$U_b = \sqrt{(U_c + \Delta U_{L2})^2 + (\delta U_{L2})^2}$

第 2 段线路首末两端电压的相位差：$\delta_{bc} = \arctan\left(\dfrac{\delta U_{L2}}{U_c + \Delta U_{L2}}\right)$

③第 1 段线路：a 为首端，b 为末端。功率分布：

b 点运算负荷：$S_b = S_{LDb} - j\dfrac{U_b^2}{2}(B_{L1} + B_{L2})$

线路 1 阻抗支路末端流出功率：$S_1'' = S_b + S_2'$

线路 1 阻抗支路产生的功率损耗：$\Delta S_{L1} = \dfrac{S_1''^2}{U_b^2}(R_{L1} + jX_{L1})$

线路 1 阻抗支路首端流入功率：$S_1' = S_1'' + \Delta S_{L1}$

以末端电压 $\dot{U}_b$ 为参考相量，计算电压：

线路 1 阻抗支路电压降落的纵向分量：$\Delta U_{L1} = \dfrac{P_1'' R_{L1} + Q_1'' X_{L1}}{U_b}$

线路 1 阻抗支路电压降落的横向分量：$\delta U_{L1} = \dfrac{P_1'' X_{L1} - Q_1'' R_{L1}}{U_b}$

第 1 段线路的首端电压：$U_a = \sqrt{(U_b + \Delta U_{L1})^2 + (\delta U_{L1})^2}$

第 1 段线路首末两端电压的相位差：$\delta_{ab} = \arctan\left(\dfrac{\delta U_{L1}}{U_b + \Delta U_{L1}}\right)$

电网首端发出功率：$S_1 = S_1' + j\Delta Q_{B1} = S_1' - j\dfrac{B_{L1}}{2}U_a^2$

根据上面的计算可以画出开式网电压的相量图，如图 4-6d 所示。由图可见，各段线路电压降落的纵向分量相位不同，电压降落横向分量的相位也各不相同。

上述计算是严格而精确的，但在工程实际计算中考虑到 b、c 两点电压虽未知，但近似等于线路额定电压 U_N，所以有

$$S_c \approx S_{LDc} - j\dfrac{U_N^2}{2}(B_{L2} + B_{L3}) \tag{4-37}$$

$$S_b \approx S_{LDb} - j\dfrac{U_N^2}{2}(B_{L1} + B_{L2}) \tag{4-38}$$

因此工程上也可用式（4-37）、式（4-38）来计算 c、b 点的运算负荷。另外，为简化计算，往往忽略电压降落的横向分量，只考虑电压降落的纵向分量，即利用电压损耗的概念推算电网的电压分布，这样，将复杂的复数运算转换为简单的代数运算。

以上计算方法可以推广到有 n 段线路和 n 个集中负荷的开式电网。对于图 4-7 所示的有分支线路的同电压等级开式电网，同样可以根据现有的已知条件，用前面叙述的方法从电压和功率同时已知的节点处开始，逐段进行电压和功率的计算。

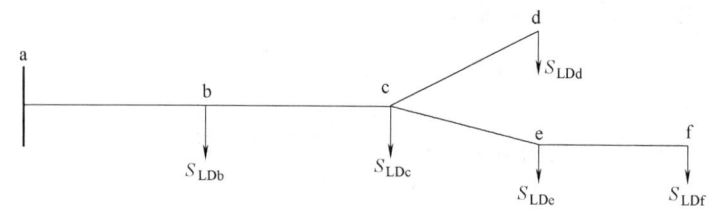

图 4-7 有分支的开式电网

2. 已知不同点电压和功率

对图 4-6a 所示同级电网，通常所见的情况是，已知各负荷点的负荷功率和首端电源点的电压。此时无论对首段线路还是对末段线路，都找不到电压和功率同时已知的节点，这样，也就无法采用电压降落和功率损耗的计算公式。考虑到电能质量的要求，电网中各个节点的电压不能偏移线路额定电压的 ±5%，因此，可设定未知电压节点的电压为线路额定电压。对于这类条件，潮流计算的过程如下：

1) 计算各元件参数，画出等效电路。
2) 针对所有电压未知的节点，设定其电压值为线路额定电压。
3) 计算出各负荷点的运算负荷，化简等效电路。
4) 从末端向首端逐个元件推算功率的分布。
5) 利用已知的首端电压和上一步计算出的功率，从首端向末端逐个元件推算各负荷点电压。

由于该方法是基于设定的额定电压值而非实际电压值来进行的功率分布和电压分布的计算，因此最后所得的结果与实际值有一定的误差，但实际应用中，该误差能够满足工程精度的要求。如果计算误差过大，可将这次计算得到的电压值作为初始已知值，重新从步骤 3) 开始进行迭代计算。

【例 4-1】 开式电网如图 4-6a 所示，其中各线路参数为 $Z_{L1} = (6.8 + j16.36)\Omega$，$B_{L1} = 1.13 \times 10^{-4}$S，$Z_{L2} = (6.3 + j12.48)\Omega$，$B_{L2} = 0.82 \times 10^{-4}$S，$Z_{L3} = (13.8 + j13.2)\Omega$，$B_{L3} = 0.77 \times 10^{-4}$S，线路电压等级为 110kV；如果已知电网首端电压为 118kV，各节点的负荷功率分别为 $S_{LDb} = (20.4 + j15.8)$MV·A，$S_{LDc} = (8.6 + j7.5)$MV·A，$S_{LDd} = (12.2 + j8.8)$MV·A。试求，运行中全电网的潮流分布。

解：(1) 画出等效电路，如图 4-6b 所示；

(2) 设 $U_b = U_c = U_d = U_N = 110$kV，计算各点运算负荷：

$$S_b = S_{LDb} - j\frac{U_N^2}{2}(B_{L1} + B_{L2}) = \left[20.4 + j15.8 - j\frac{110^2}{2}(1.13 + 0.82) \times 10^{-4}\right]\text{MV·A}$$

$$= (20.4 + j14.62)\text{MV·A}$$

$$S_c = S_{LDc} - j\frac{U_N^2}{2}(B_{L2} + B_{L3}) = \left[8.6 + j7.5 - j\frac{110^2}{2}(0.82 + 0.77) \times 10^{-4}\right]\text{MV·A}$$

$$= (8.6 + j6.53)\text{MV·A}$$

$$S_\mathrm{d} = S_\mathrm{LDd} - \mathrm{j}\frac{B_\mathrm{L3}}{2}U_\mathrm{N}^2 = \left[12.2 + \mathrm{j}8.8 - \mathrm{j}\frac{0.77}{2} \times 10^{-4} \times 110^2\right]\mathrm{MV \cdot A} = (12.2 + \mathrm{j}8.33)\mathrm{MV \cdot A}$$

(3) 化简等效电路，如图 4-6c 所示；

(4) 从末端向首端逐段计算功率：

① 第 3 段线路：

$$S_3'' = S_\mathrm{d} = (12.2 + \mathrm{j}8.33)\mathrm{MV \cdot A}$$

$$\Delta S_\mathrm{L3} = \frac{S_3''^2}{U_\mathrm{N}^2}(R_\mathrm{L3} + \mathrm{j}X_\mathrm{L3}) = \frac{12.2^2 + 8.33^2}{110^2} \times (13.8 + \mathrm{j}13.2)\mathrm{MV \cdot A} = (0.25 + \mathrm{j}0.24)\mathrm{MV \cdot A}$$

$$S_3' = S_3'' + \Delta S_\mathrm{L3} = (12.2 + \mathrm{j}8.33 + 0.25 + \mathrm{j}0.24)\mathrm{MV \cdot A} = (12.45 + \mathrm{j}8.57)\mathrm{MV \cdot A}$$

② 第 2 段线路：

$$S_2'' = S_\mathrm{c} + S_3' = (8.6 + \mathrm{j}6.53 + 12.45 + \mathrm{j}8.57)\mathrm{MV \cdot A} = (21.05 + \mathrm{j}15.1)\mathrm{MV \cdot A}$$

$$\Delta S_\mathrm{L2} = \frac{S_2''^2}{U_\mathrm{c}^2}(R_\mathrm{L2} + \mathrm{j}X_\mathrm{L2}) = \frac{21.05^2 + 15.1^2}{110^2} \times (6.3 + \mathrm{j}12.48)\mathrm{MV \cdot A} = (0.35 + \mathrm{j}0.69)\mathrm{MV \cdot A}$$

$$S_2' = S_2'' + \Delta S_\mathrm{L2} = (21.05 + \mathrm{j}15.1 + 0.35 + \mathrm{j}0.69)\mathrm{MV \cdot A} = (21.4 + \mathrm{j}15.79)\mathrm{MV \cdot A}$$

③ 第 1 段线路：

$$S_1'' = S_\mathrm{b} + S_2' = (20.4 + \mathrm{j}14.62 + 21.4 + \mathrm{j}15.79)\mathrm{MV \cdot A} = (41.8 + \mathrm{j}30.41)\mathrm{MV \cdot A}$$

$$\Delta S_\mathrm{L1} = \frac{S_1''^2}{U_\mathrm{b}^2}(R_\mathrm{L1} + \mathrm{j}X_\mathrm{L1}) = \frac{41.8^2 + 30.41^2}{110^2} \times (6.8 + \mathrm{j}16.36)\mathrm{MV \cdot A} = (1.5 + \mathrm{j}3.6)\mathrm{MV \cdot A}$$

$$S_1' = S_1'' + \Delta S_\mathrm{L1} = (41.8 + \mathrm{j}30.41 + 1.5 + \mathrm{j}3.6)\mathrm{MV \cdot A} = (43.3 + \mathrm{j}34.01)\mathrm{MV \cdot A}$$

从而，$S_\mathrm{a} = S_1' - \mathrm{j}\frac{B_\mathrm{L1}}{2}U_\mathrm{a}^2 = \left(43.3 + \mathrm{j}34.01 - \mathrm{j}\frac{1.13}{2} \times 10^{-4} \times 118^2\right)\mathrm{MV \cdot A} = (43.3 + \mathrm{j}33.33)\mathrm{MV \cdot A}$

(5) 从首端向末端计算电压分布：

$$\Delta U_\mathrm{L1} = \frac{P_1' R_\mathrm{L1} + Q_1' X_\mathrm{L1}}{U_\mathrm{a}} = \frac{43.3 \times 6.8 + 34.01 \times 16.36}{118}\mathrm{kV} = 7.21\mathrm{kV}$$

节点 b 电压：$U_\mathrm{b} \approx U_\mathrm{a} - \Delta U_\mathrm{L1} = (118 - 7.21)\mathrm{kV} = 110.79\mathrm{kV}$

$$\Delta U_\mathrm{L2} = \frac{P_2' R_\mathrm{L2} + Q_2' X_\mathrm{L2}}{U_\mathrm{b}} = \frac{21.4 \times 6.3 + 15.79 \times 12.48}{110.79}\mathrm{kV} = 3\mathrm{kV}$$

节点 c 电压：$U_\mathrm{c} \approx U_\mathrm{b} - \Delta U_\mathrm{L2} = (110.79 - 3)\mathrm{kV} = 107.79\mathrm{kV}$

$$\Delta U_\mathrm{L3} = \frac{P_3' R_\mathrm{L3} + Q_3' X_\mathrm{L3}}{U_\mathrm{c}} = \frac{12.45 \times 13.8 + 8.57 \times 13.2}{107.79}\mathrm{kV} = 2.64\mathrm{kV}$$

节点 d 电压：$U_\mathrm{d} \approx U_\mathrm{c} - \Delta U_\mathrm{L3} = (107.79 - 2.64)\mathrm{kV} = 105.15\mathrm{kV}$

由例 4-1 计算结果可知：元件传输功率越大，元件的功率损耗、电压损耗也越大；元件参数值大，元件的功率损耗和电压损耗也大。

另外要注意的是，虽然这是同级电网，但不能把整条输电线路看作一个元件来做潮流计算，一定要按负荷点把它分成若干段，再将每段看作一个元件。因为负荷功率的存在使每段流入阻抗支路的功率不仅仅是线路首端流入功率减去前一段元件的功率损耗。

二、多级电压开式电网的潮流计算

对于含有变压器的开式电网，会有两级或两级以上的电压等级，称为多级开式电网。如

图 4-8a 所示。

a) 电网电气接线图

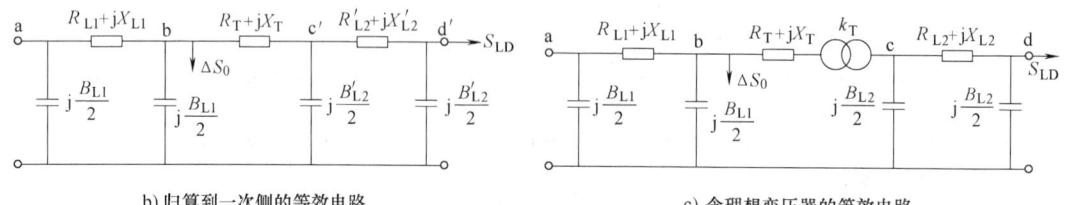

b) 归算到一次侧的等效电路   c) 含理想变压器的等效电路

图 4-8 多级开式电网

多级开式电网进行潮流计算有两种方式：

1）选定基准级，把其他级所有元件的参数全部归算到该级。这时电网成为同电压等级电网，其等效电路如图 4-8b 所示，可用前述方法进行潮流计算。这时算出的各节点电压除基准级外，都不是各节点的实际电压值，而是各节点归算到该基准级的电压值。因此，还要进一步归算出各节点的实际电压值。另外，该计算方法在参数归算过程中，存在 k_T^2（或 $1/k_T^2$）倍的乘除运算，计算量大。

2）将变压器以变压器的阻抗支路与理想变压器串联的等效电路形式出现。所谓"理想变压器"是指无损耗、无漏磁、无需励磁的变压器，在电路中只以 k_T 反映变压器的电压比，而变压器的损耗通过变压器的阻抗和导纳体现。各不同电压等级的输电线路仍保持原参数不用归算，做出等效电路，如图 4-8c 所示。此时各节点电压均反映实际电压值。在建立了这种含理想变压器的开式电网的等效电路之后，即可按前述进行同级电网潮流计算的方法进行潮流计算。在计算中遇到理想变压器时，理想变压器两侧的电压值按电压比 k_T 归算，而通过理想变压器的功率保持不变。用该种方法计算时需要注意：若变压器的阻抗位于理想变压器的一次侧，则其参数应为归算到一次侧的值；若变压器的阻抗位于理想变压器的二次侧，则其参数应为归算到二次侧的值。

通过对以上两种处理方法比较，第二种方法具有物理概念清楚、不必做元件参数归算、能直接求得各节点的实际电压值等优点，使用比较方便。

【例 4-2】 两级开式电网如图 4-9a 所示，变压器的参数为 $S_N = 16000\text{kV} \cdot \text{A}$，$\Delta P_0 = 21\text{kW}$，$I_0(\%) = 0.85$，$\Delta P_k = 85\text{kW}$，$U_k(\%) = 10.5$，电压比 $k_T = 110\text{kV}/11\text{kV}$；110kV 线路参数为 $r_0 = 0.33\Omega/\text{km}$，$x_0 = 0.417\Omega/\text{km}$，$b_0 = 2.75 \times 10^{-6}\text{S/km}$；10kV 线路参数为 $r_0 = 0.65\Omega/\text{km}$，$x_0 = 0.33\Omega/\text{km}$。如电网首端电压为 117kV，各负荷点功率为 $S_{\text{LDc}} = (11 + j4.8)\text{MV} \cdot \text{A}$，$S_{\text{LDd}} = (0.7 + j0.5)\text{MV} \cdot \text{A}$。试求运行中全电网的潮流分布。

解：(1) 计算各元件参数，画出等效电路，如图 4-9b 所示。

110kV 线路：
$$R_{\text{L1}} = r_0 l_1 = 0.33 \times 40\Omega = 13.2\Omega$$
$$X_{\text{L1}} = x_0 l_1 = 0.417 \times 40\Omega = 16.6\Omega$$
$$B_{\text{L1}} = b_0 l_1 = 2.75 \times 10^{-6} \times 40\text{S} = 1.1 \times 10^{-4}\text{S}$$

10kV 线路：
$$R_{\text{L2}} = r_0 l_2 = 0.65 \times 5\Omega = 3.25\Omega$$

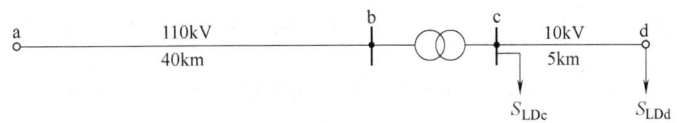

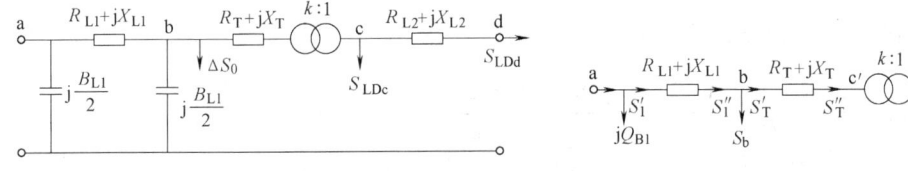

图 4-9 例 4-2 的两级开式电网

$$X_{L2} = r_0 l_2 = 0.33 \times 5\Omega = 1.65\Omega$$

变压器：参数用归算到一次侧的值。

$$R_T = \frac{\Delta P_k U_{1N}^2}{1000 \times S_N^2} = \frac{85 \times 110^2}{1000 \times 16^2}\Omega = 4.02\Omega$$

$$X_T = \frac{U_k(\%) U_{1N}^2}{100 \times S_N} = \frac{10.5 \times 110^2}{100 \times 16}\Omega = 79.41\Omega$$

$$\Delta S_0 = \Delta P_0 + j\frac{I_0(\%)}{100}S_N = \left(0.021 + j\frac{0.86}{100} \times 16\right)\text{MV} \cdot \text{A} = (0.021 + j0.136)\text{MV} \cdot \text{A}$$

（2）设 $U_b = U_{c'} = U_{1N} = 110\text{kV}$，$U_c = U_d = U_{2N} = 10\text{kV}$，计算各节点的运算负荷：

$$S_b = \Delta S_0 - j\frac{B_{L1}}{2}U_{1N}^2 = \left(0.021 + j0.136 - j\frac{1.1}{2} \times 10^{-4} \times 110^2\right)\text{MV} \cdot \text{A} = (0.021 - j0.53)\text{MV} \cdot \text{A}$$

$$S_c = S_{LDc} = (11 + j4.8)\text{MV} \cdot \text{A}$$

$$S_d = S_{LDd} = (0.7 + j0.5)\text{MV} \cdot \text{A}$$

（3）化简等效电路，如图 4-9c 所示。

（4）从末端向首端计算功率的分布：

① 10kV 线路阻抗支路：

$$S_2'' = S_d = (0.7 + j0.5)\text{MV} \cdot \text{A}$$

$$\Delta S_{L2} = \frac{S_2''^2}{U_d^2}(R_{L2} + jX_{L2}) = \frac{0.7^2 + 0.5^2}{10^2} \times (3.25 + j1.65)\text{MV} \cdot \text{A} = (0.024 + j0.012)\text{MV} \cdot \text{A}$$

$$S_2' = S_2'' + \Delta S_{L2} = (0.7 + j0.5 + 0.024 + j0.012)\text{MV} \cdot \text{A} = (0.724 + j0.512)\text{MV} \cdot \text{A}$$

② 变压器阻抗支路：因为理想变压器的流入功率等于流出功率，所以变压器阻抗支路的流出功率为

$$S_T'' = S_c + S_2' = (11 + j4.8 + 0.724 + j0.512)\text{MV} \cdot \text{A} = (11.724 + j5.312)\text{MV} \cdot \text{A}$$

$$\Delta S_T = \frac{S_T''^2}{U_{c'}^2}(R_T + jX_T) = \frac{11.724^2 + 5.312^2}{110^2} \times (4.02 + j79.41)\text{MV} \cdot \text{A} = (0.055 + j1.088)\text{MV} \cdot \text{A}$$

$$S_T' = S_T'' + \Delta S_T = (11.724 + j5.312 + 0.055 + j1.088)\text{MV} \cdot \text{A} = (11.779 + j6.4)\text{MV} \cdot \text{A}$$

③ 110kV 线路阻抗支路：

$$S_1'' = S_b + S_T' = (0.021 - j0.53 + 11.779 + j6.4)\text{MV} \cdot \text{A} = (11.8 + j5.87)\text{MV} \cdot \text{A}$$

$$\Delta S_{L1} = \frac{S_1''^2}{U_{1N}^2}(R_{L1} + jX_{L1}) = \frac{11.8^2 + 5.87^2}{110^2} \times (13.2 + j16.68)\text{MV} \cdot \text{A} = (0.189 + j0.239)\text{MV} \cdot \text{A}$$

$$S_1' = S_1'' + \Delta S_{L1} = (11.8 + j5.87 + 0.189 + j0.239)\text{MV} \cdot \text{A} = (11.989 + j6.109)\text{MV} \cdot \text{A}$$

$$S_a = S_1' - j\frac{B_{L1}}{2}U_a^2 = \left(11.989 + j6.109 - j\frac{1.1}{2} \times 10^{-4} \times 117^2\right)\text{MV} \cdot \text{A} = (11.989 + j5.443)\text{MV} \cdot \text{A}$$

(5) 从首端向末端计算电压分布：

$$\Delta U_{L1} = \frac{P_1'R_{L1} + Q_1'X_{L1}}{U_a} = \frac{11.989 \times 13.2 + 6.109 \times 16.68}{117}\text{kV} = 2.22\text{kV}$$

$$U_b \approx U_a - \Delta U_{L1} = (117 - 2.22)\text{kV} = 114.78\text{kV}$$

$$\Delta U_T = \frac{P_T'R_T + Q_T'X_T}{U_b} = \frac{11.779 \times 4.02 + 6.4 \times 79.41}{114.78}\text{kV} = 4.84\text{kV}$$

$$U_c \approx \frac{U_b - \Delta U_T}{k_T} = \frac{114.78 - 4.84}{110/11}\text{kV} = 10.994\text{kV}$$

$$\Delta U_{L2} = \frac{P_2'R_{L2} + Q_2'X_{L2}}{U_c} = \frac{0.724 \times 3.25 + 0.512 \times 1.65}{10.994}\text{kV} = 0.294\text{kV}$$

$$U_d \approx U_c - \Delta U_{L2} = (10.994 - 0.294)\text{kV} = 10.7\text{kV}$$

(6) 线路末端的电压偏移及电网的输电效率：

$$\text{电压偏移} = \frac{U_d - U_{2N}}{U_{2N}} \times 100\% = \frac{10.7 - 10}{10} \times 100\% = 7\%$$

$$\text{输电效率} = \frac{P_2}{P_1} \times 100\% = \frac{11 + 0.7}{11.989} \times 100\% = 97.6\%$$

【例 4-3】 开式电网如图 4-10 所示，单台变压器的参数为 $S_N = 31500\text{kV} \cdot \text{A}$，$\Delta P_0 = 86\text{kW}$，$I_0(\%) = 2.7$，$\Delta P_k = 200\text{kW}$，$U_k(\%) = 10.5$，额定电压比 $k_{TN} = 110\text{kV}/11\text{kV}$；110kV 线路的型号为 LGJ—185。已知变压器在 -2.5% 的分接头运行，变电所的最大负荷为 40MW，最小负荷为 20MW，功率因数为 0.8；电网首端电压最大负荷时维持 118kV，最小负荷时维持 113kV。试求最大、最小运行方式时的潮流分布。

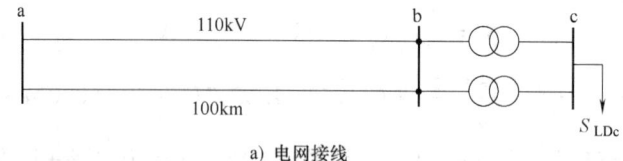

a) 电网接线

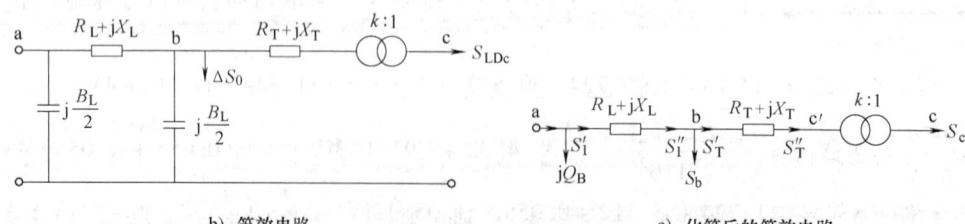

b) 等效电路　　　　　c) 化简后的等效电路

图 4-10　例 4-3 的电气接线图

解： 由图知：该电网是双回输电线路并列运行，可按元件并联的关系算出输电线路、变压器的等效电路参数。

（1）最大运行方式

1）计算各元件参数，画出等效电路，如图 4-10b 所示。

110kV 线路：由《电力工程电气设计手册》导线型号表查得：$r_0 = 0.17\Omega/\text{km}$，$x_0 = 0.41\Omega/\text{km}$，$b_0 = 2.82 \times 10^{-6} \text{S/km}$，则

$$R_L = \frac{1}{2}r_0 l_1 = \frac{1}{2} \times 0.17 \times 100\Omega = 8.5\Omega$$

$$X_L = \frac{1}{2}x_0 l_1 = \frac{1}{2} \times 0.41 \times 100\Omega = 20.5\Omega$$

$$B_L = 2b_0 l_1 = 2 \times 2.82 \times 10^{-6} \times 100\text{S} = 5.64 \times 10^{-4}\text{S}$$

变压器：参数用归算到一次侧的值。

$$R_T = \frac{1}{2} \times \frac{\Delta P_k U_{1N}^2}{1000 \times S_N^2} = \frac{1}{2} \times \frac{200 \times 110^2}{1000 \times 31.5^2}\Omega = 1.22\Omega$$

$$X_T = \frac{1}{2} \times \frac{U_k\% \, U_{1N}^2}{100 \times S_N} = \frac{1}{2} \times \frac{10.5 \times 110^2}{100 \times 31.5}\Omega = 20.2\Omega$$

$$\Delta S_0 = 2 \times \left(\Delta P_0 + j\frac{I_0(\%)}{100}S_N\right) = 2 \times \left(0.086 + j\frac{2.7}{100} \times 31.5\right)\text{MV} \cdot \text{A} = (0.172 + j1.7)\text{MV} \cdot \text{A}$$

因变压器在 -2.5% 的分接头运行，所以电压比 $k_T = \dfrac{110 \times (1 - 2.5)\%}{11} = 9.75$。

2）设 $U_b = U_{c'} = U_{1N} = 110\text{kV}$，计算各节点的运算负荷，并得到如图 4-10c 所示的化简后的等效电路。

$$S_b = \Delta S_0 - j\frac{B_L}{2}U_{1N}^2 = \left(0.172 + j0.17 - j\frac{5.64}{2} \times 10^{-4} \times 110^2\right)\text{MV} \cdot \text{A} = (0.172 - j3.242)\text{MV} \cdot \text{A}$$

$$S_c = S_{LDc} = P_{LDc} + jQ_{LDc} = P_{LDc} + j\frac{P_{LDc}}{\cos\varphi}\sin\varphi = \left(40 + j\frac{40}{0.8} \times 0.6\right)\text{MV} \cdot \text{A} = (40 + j30)\text{MV} \cdot \text{A}$$

3）从末端向首端计算功率分布：

变压器阻抗支路：$S_T'' = S_c = (40 + j30)\text{MV} \cdot \text{A}$

$$\Delta S_T = \frac{S_T''^2}{U_{c'}^2}(R_T + jX_T) = \frac{40^2 + 30^2}{110^2} \times (1.22 + j20.2)\text{MV} \cdot \text{A} = (0.25 + j4.15)\text{MV} \cdot \text{A}$$

$$S_T' = S_T'' + \Delta S_T = (40 + j30 + 0.25 + j4.15)\text{MV} \cdot \text{A} = (40.25 + j34.15)\text{MV} \cdot \text{A}$$

线路阻抗支路：

$$S_l'' = S_b + S_T' = (0.172 - j3.242 + 40.25 + j34.15)\text{MV} \cdot \text{A} = (40.422 + j32.422)\text{MV} \cdot \text{A}$$

$$\Delta S_L = \frac{S_l''^2}{U_{1N}^2}(R_L + jX_L) = \frac{40.422^2 + 32.432^2}{110^2} \times (8.5 + j20.5)\text{MV} \cdot \text{A} = (1.84 + j4.7)\text{MV} \cdot \text{A}$$

$$S_l' = S_l'' + \Delta S_L = (40.422 + j32.422 + 1.84 + j4.7)\text{MV} \cdot \text{A} = (42.262 + j37.132)\text{MV} \cdot \text{A}$$

$$S_a = S_l' - j\frac{B_L}{2}U_a^2 = \left(42.262 + j37.132 - j\frac{5.64}{2} \times 10^{-4} \times 118^2\right)\text{MV} \cdot \text{A} = (42.26 + j33.21)\text{MV} \cdot \text{A}$$

4）从首端向末端计算电压分布：

$$\Delta U_{\mathrm{L}} = \frac{P'_1 R_{\mathrm{L}} + Q'_1 X_{\mathrm{L}}}{U_{\mathrm{a}}} = \frac{42.26 \times 8.5 + 37.13 \times 20.5}{118} \mathrm{kV} = 9.5 \mathrm{kV}$$

$$U_{\mathrm{b}} \approx U_{\mathrm{a}} - \Delta U_{\mathrm{L}} = (118 - 9.5) \mathrm{kV} = 108.5 \mathrm{kV}$$

$$\Delta U_{\mathrm{T}} = \frac{P'_{\mathrm{T}} R_{\mathrm{T}} + Q'_{\mathrm{T}} X_{\mathrm{T}}}{U_{\mathrm{b}}} = \frac{40.25 \times 1.12 + 34.15 \times 20.2}{108.5} \mathrm{kV} = 6.85 \mathrm{kV}$$

$$U_{\mathrm{c}} \approx \frac{U_{\mathrm{b}} - \Delta U_{\mathrm{T}}}{k_{\mathrm{T}}} = \frac{108.5 - 6.85}{9.75} \mathrm{kV} = \frac{101.65}{9.75} \mathrm{kV} = 10.4 \mathrm{kV}$$

(2) 最小运行方式，参数与等效电路同前。

1) 各节点的运算负荷 $S_{\mathrm{c}} = S_{\mathrm{LDc}} = \left(20 + \mathrm{j}\frac{20}{0.8} \times 0.6\right) \mathrm{MV} \cdot \mathrm{A} = (20 + \mathrm{j}15) \mathrm{MV} \cdot \mathrm{A}$

2) 功率分布，变压器阻抗支路：

$$\Delta S_{\mathrm{T}} = \frac{20^2 + 15^2}{110^2} \times (1.22 + \mathrm{j}20.2) \mathrm{MV} \cdot \mathrm{A} = (0.06 + \mathrm{j}1.04) \mathrm{MV} \cdot \mathrm{A}$$

$$S'_{\mathrm{T}} = (20 + \mathrm{j}15 + 0.06 + \mathrm{j}1.04) \mathrm{MV} \cdot \mathrm{A} = (20.06 + \mathrm{j}16.04) \mathrm{MV} \cdot \mathrm{A}$$

线路阻抗支路：

$$S''_1 = (20.06 + \mathrm{j}16.04 + 0.172 - \mathrm{j}3.242) \mathrm{MV} \cdot \mathrm{A} = (20.232 + \mathrm{j}14.322) \mathrm{MV} \cdot \mathrm{A}$$

$$\Delta S_{\mathrm{L}} = \frac{20.232^2 + 14.322^2}{110^2} \times (8.5 + \mathrm{j}20.5) \mathrm{MV} \cdot \mathrm{A} = (0.44 + \mathrm{j}1.06) \mathrm{MV} \cdot \mathrm{A}$$

$$S'_1 = (20.232 + \mathrm{j}14.322 + 0.44 + \mathrm{j}1.06) \mathrm{MV} \cdot \mathrm{A} = (20.672 + \mathrm{j}15.382) \mathrm{MV} \cdot \mathrm{A}$$

$$S_{\mathrm{a}} = \left(20.672 + \mathrm{j}15.382 - \mathrm{j}\frac{5.64}{2} \times 10^{-4} \times 113^2\right) \mathrm{MV} \cdot \mathrm{A} = (20.67 + \mathrm{j}11.781) \mathrm{MV} \cdot \mathrm{A}$$

3) 电压分布：

$$\Delta U_{\mathrm{L}} = \frac{20.67 \times 8.5 + 15.38 \times 20.5}{113} \mathrm{kV} = 4.35 \mathrm{kV}$$

$$U_{\mathrm{b}} \approx (113 - 4.35) \mathrm{kV} = 108.65 \mathrm{kV}$$

$$\Delta U_{\mathrm{T}} = \frac{20.06 \times 1.12 + 16.04 \times 20.2}{108.65} \mathrm{kV} = 3.24 \mathrm{kV}$$

$$U_{\mathrm{c}} \approx \frac{108.5 - 3.24}{9.75} \mathrm{kV} = \frac{105.41}{9.75} \mathrm{kV} = 10.8 \mathrm{kV}$$

显然，最大负荷时，负荷点电压低；最小负荷时，负荷点电压高，此时已超出电压偏移范围，应采取适当措施进行调压。

第三节　简单闭式电网的潮流计算

闭式电网中每个负荷都可以从两个或两个以上的电源处获得电能，任一元件发生故障，仍可持续得到供电，供电可靠性高，因此电网常常采用该接线方式运行。闭式电网包括两端供电网和环网两种形式。

一、两端供电网的潮流计算

闭式电网与开式电网比，潮流计算的主要困难在于闭式电网的功率分布，甚至某些支路的功率方向是不确定的。如对图 4-11a 所示的两个负荷的两端供电网，虽然两个负荷功率给定，但第三段线路中的功率分布，甚至通过阻抗 Z_3 支路的功率方向都是不能直接确定的。为此，精确求出其功率分布十分困难，一般实用计算中都采用近似的计算方法，具体过程分为两步：首先忽略网络元件的功率损耗，认为电网中各点电压都等于额定电压，在此条件下计算出各段线路功率的大小和方向，从而找出功率分点；然后，在此基础上，将两端供电网在功率分点处拆为两个开式电网，再计及网络元件功率损耗按照开式网进行潮流计算。

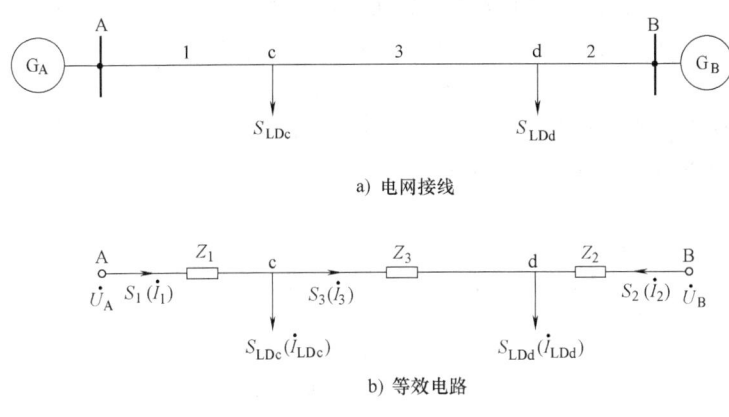

图 4-11 两端供电网

1. 不计功率损耗时的功率分布计算

对图 4-11a 所示两端供电网，具有三段线路，两个集中负荷 S_{LDc} 和 S_{LDd}，两侧电源电压分别为 $\dot{U}_A$、$\dot{U}_B$。为了便于分析，略去线路的导纳支路，得到如图 4-11b 所示的等效电路。c、d 节点的集中负荷以电流 $\dot{I}_{LDc}$、$\dot{I}_{LDd}$ 表示，各线路中的电流分别以电流 $\dot{I}_1$、$\dot{I}_2$ 和 $\dot{I}_3$ 表示。在图中所假定的电流方向下，由基尔霍夫第一定律可得

$$\begin{cases} \dot{I}_{LDc} = \dot{I}_1 - \dot{I}_3 \\ \dot{I}_{LDd} = \dot{I}_2 + \dot{I}_3 \end{cases} \tag{4-39}$$

又根据基尔霍夫第二定律得

$$\dot{U}_A - \dot{U}_B = \sqrt{3}(\dot{I}_1 Z_1 + \dot{I}_3 Z_3 - \dot{I}_2 Z_2) \tag{4-40}$$

于是，由这两式可得

$$\begin{cases} \dot{I}_1 = \dfrac{(Z_2 + Z_3)\dot{I}_{LDc} + Z_2 \dot{I}_{LDd}}{Z_1 + Z_2 + Z_3} + \dfrac{\dot{U}_A - \dot{U}_B}{\sqrt{3}(Z_1 + Z_2 + Z_3)} \\ \dot{I}_2 = \dfrac{Z_1 \dot{I}_{LDc} + (Z_1 + Z_3)\dot{I}_{LDd}}{Z_1 + Z_2 + Z_3} + \dfrac{\dot{U}_B - \dot{U}_A}{\sqrt{3}(Z_1 + Z_2 + Z_3)} \end{cases} \tag{4-41}$$

将式 (4-41) 中的电流用功率来代替，考虑到三相复功率的表达式为 $S = \sqrt{3}\dot{U}\overset{*}{\dot{I}}$，从而有 $\sqrt{3}\overset{*}{\dot{I}} = \overset{*}{S}/\dot{U}$。如果忽略线路中的功率损耗，假定各点电压均为额定电压，并取为参考相量，于是可得到两个电源点分别向线路输送的功率 S_1 和 S_2 为

$$S_1 = \frac{(\overset{*}{Z}_2 + \overset{*}{Z}_3)S_{\text{LDc}} + \overset{*}{Z}_2 S_{\text{LDd}}}{\overset{*}{Z}_1 + \overset{*}{Z}_2 + \overset{*}{Z}_3} + \frac{\overset{*}{U}_A - \overset{*}{U}_B}{\overset{*}{Z}_1 + \overset{*}{Z}_2 + \overset{*}{Z}_3} U_N \tag{4-42}$$

$$S_2 = \frac{\overset{*}{Z}_1 S_{\text{LDc}} + (\overset{*}{Z}_1 + \overset{*}{Z}_3)S_{\text{LDd}}}{\overset{*}{Z}_1 + \overset{*}{Z}_2 + \overset{*}{Z}_3} + \frac{\overset{*}{U}_B - \overset{*}{U}_A}{\overset{*}{Z}_1 + \overset{*}{Z}_2 + \overset{*}{Z}_3} U_N \tag{4-43}$$

在求出供电点输出的功率 S_1 和 S_2 之后，即可在线路上各节点按线路功率和负荷功率相平衡的关系，求出整个电网不计网络损耗情况下的功率分布，对于图 4-11，按节点 c 的功率平衡条件可得线路 3 中流过的功率 S_3 为

$$S_3 = S_1 - S_{\text{LDc}} \tag{4-44}$$

一般地，当两端供电网中有 n 个负荷节点时（图 4-12），在不计功率损耗时，利用上述原理可以确定两个电源点向线路送入的功率为

$$S_A = \frac{\sum_{i=1}^{n} \overset{*}{Z}_i S_i}{\overset{*}{Z}_\Sigma} + \frac{\overset{*}{U}_A - \overset{*}{U}_B}{\overset{*}{Z}_\Sigma} U_N = S_{A.\text{LD}} + S_{\text{cir}} \tag{4-45}$$

$$S_B = \frac{\sum_{i=1}^{n} \overset{*}{Z'}_i S_i}{\overset{*}{Z}_\Sigma} - \frac{\overset{*}{U}_A - \overset{*}{U}_B}{\overset{*}{Z}_\Sigma} U_N = S_{B.\text{LD}} - S_{\text{cir}} \tag{4-46}$$

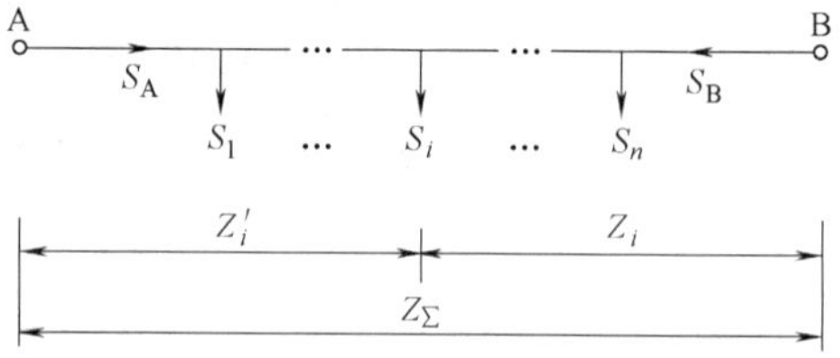

图 4-12 含有 n 个负荷节点的两端供电网

式中，Z_Σ 为两个电源之间的总阻抗；Z_i 为第 i 个负荷节点到电源 B 之间的阻抗；Z'_i 为第 i 个负荷节点到电源 A 之间的阻抗。

由以上两个公式可看出：每个电源发出的功率由两个分量组成，第一个分量所含的项数与负荷个数相等，其中的每一项可看作各负荷单独存在时，两电源间的功率按阻抗共轭成反比分配，分别记为 $S_{A.\text{LD}}$ 和 $S_{B.\text{LD}}$；第二个分量与负荷无关，其值取决于两端电源的电压相量差，且与网络总阻抗成反比，称为循环功率，计为 S_{cir}，当两端电源的电压相同时，循环功率为零。

如果电网中各段线路的电抗和电阻之比相等，即 $X_i/R_i = $ 常数，这种电网称为均一电网。特别针对于每段线路单位长度阻抗 Z_0 都相等的均一电网，$S_{A.\text{LD}}$ 和 $S_{B.\text{LD}}$ 可简化为

$$S_{A.\text{LD}} = \frac{\sum_{i=1}^{n} \overset{*}{Z}_i S_i}{\overset{*}{Z}_\Sigma} = \frac{\sum_{i=1}^{n} \overset{*}{z}_0 l_i S_i}{\overset{*}{z}_0 l_\Sigma} = \frac{\sum_{i=1}^{n} l_i S_i}{l_\Sigma} \tag{4-47}$$

$$S_{B.\text{LD}} = \frac{\sum_{i=1}^{n} l'_i S_i}{l_\Sigma} \tag{4-48}$$

式中，l_Σ 为两电源之间的线路总长；l_i 为第 i 个负荷点到电源 B 之间的线路总长；l'_i 为第 i 个负荷点到电源 A 之间的线路总长。

这时电源间各负荷功率按线路长度成反比分配，潮流计算大为简化。

实际在电力系统中，从经济性的角度考虑，均一电网采用的并不多。但在电压等级较高的电网中，线路导线截面积较大，为了运行、检修的灵活性，各段线路导线截面积差别不超过国标额定截面积的 2～3 个等级；又由于在同一电压等级下，导线材料相同，线间几何均距接近相等，在简化计算中可将这种电网看作均一电网来对待。

2. 计及功率损耗时两端供电网功率和电压的计算

在上一步中，各支路的实际功率流向都已确定，则可看出：某一节点的功率由两侧支路流入供给负荷，则将该节点称为功率分点，并用符号▼标出。有时有功功率分点和无功功率分点出现在电网的不同节点，通常就用▼和▽分别表示有功功率分点和无功功率分点。

针对两端供电网在不计功率损耗的条件下确定了功率分布后，根据各支路的实际功率方向，找到网络的功率分点，显然，功率分点即是网络电压最低点。然后，在功率分点处将两端供电网拆成两个开式电网。功率分点处的负荷也被拆成两部分，分别挂在两个开式电网的终端，其余负荷点保持不变，如图 4-13 所示，由原来的一个两端供电网在功率分点处拆成了两个独立的开式电网，且这是两个给定首端电压和末端功率的开式电网。最后，在计及网络损耗条件下，按已知不同点功率和电压的开式电网的计算方法，分别对这两个开式电网的功率和电压进行计算。

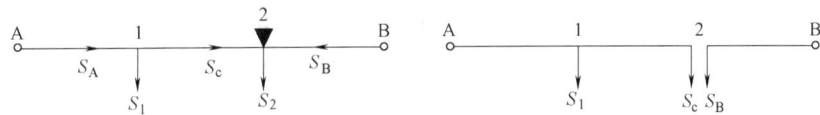

图 4-13 在功率分点处拆成开式电网

需要指出的是，当有功功率分点和无功功率分点不在同一点时，应分别按每一功率分点拆成两个开式电网，各自计算出每个节点的实际电压，确定网络电压最低点，电压最低点就是真正的功率分点。

二、环网的潮流计算

环网是闭式网络的另一种典型接线方式。对单电源环网，可以在电源点处把它拆成两端供电网，因此可以采用上面介绍的两端供电网的计算公式，只需令循环功率等于零即可。而对于多电源环网，可在电压已知的电源点处将环网拆成若干个两端供电网。

值得一提的是，循环功率的产生是由于两端供电电源的电压相量差所致，若环网中并列运行的两台变压器的电压比不同，网络中也会出现循环功率。如图 4-14 所示含变压器的环形网络，如变压器的电压比不匹配，或取用的电压抽头不同，当网络空载，且开环运行时，开口两侧将有电压差；闭环运行时，网络中将出现循环功率。显然，这个循环功率的大小取决于此环网开时的电压差和环网的总阻抗。

实际电力系统的接线是很复杂的。对复杂的电网，某些节点可能从 3 个以上的方向获得电能，这时只能借助于计算机来完成潮流计算，大致步骤如下：

1) 节点分类、编号，支路编号，输入原始条件，计算各元件参数。

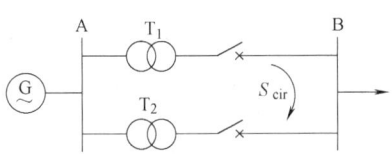

图 4-14 含变压器的环网的循环功率

2）形成节点导纳矩阵。

3）根据可能的接线方式和运行方式对节点导纳矩阵进行修改。

4）用高斯-赛德尔法或牛顿-拉夫逊法进行潮流计算。

【例 4-4】 某 110kV 闭式电网接线如图 4-15a 所示，A 为发电厂的高压母线，其运行电压为 117kV。已知网络元件的参数如下：

线路 I 、II 的参数为：$r_0 = 0.27\Omega/\text{km}$，$x_0 = 0.423\Omega/\text{km}$，$b_0 = 2.69 \times 10^{-6}\text{S/km}$；

线路 III 的参数为：$r_0 = 0.45\Omega/\text{km}$，$x_0 = 0.44\Omega/\text{km}$，$b_0 = 2.58 \times 10^{-6}\text{S/km}$；

变电所 b 中每台变压器的参数为

$$S_N = 20\text{MV}\cdot\text{A}, \Delta S_0 = (0.05 + j0.6)\text{MV}\cdot\text{A}, Z_T = (4.84 + j63.5)\Omega;$$

变电所 c 中每台变压器的参数为

$$S_N = 10\text{MV}\cdot\text{A}, \Delta S_0 = (0.03 + j0.35)\text{MV}\cdot\text{A}, Z_T = (11.4 + j127)\Omega;$$

负荷功率：$S_{\text{LDb}} = (24 + j18)\text{MV}\cdot\text{A}$，$S_{\text{LDc}} = (12 + j9)\text{MV}\cdot\text{A}$

试求网络中的功率分布和最大电压损耗。

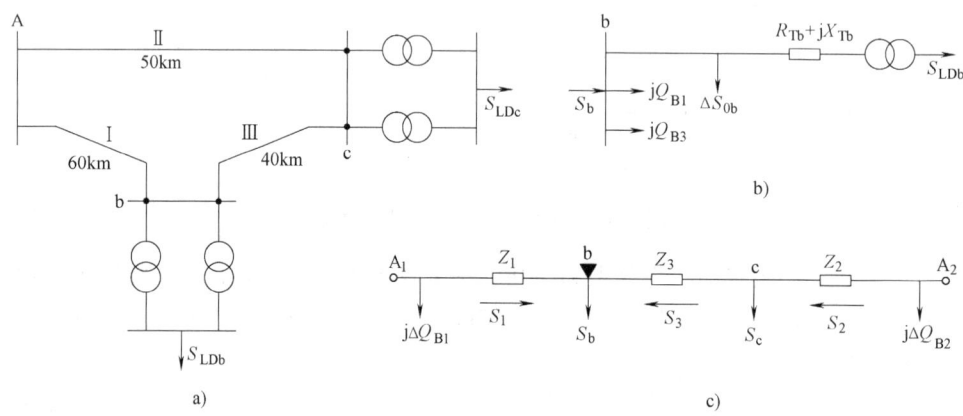

图 4-15 例 4-4 图

解：（1）计算各元件参数。

线路 I：$Z_1 = (0.27 + j0.423) \times 60\Omega = (16.2 + j25.38)\Omega$

$B_1 = 2.69 \times 10^{-6} \times 60\text{S} = 1.61 \times 10^{-4}\text{S}$

$\Delta Q_{B1} = -1.61 \times 10^{-4}/2 \times 110^2 \text{Mvar} = -0.975\text{Mvar}$

线路 II：$Z_2 = (0.27 + j0.423) \times 50\Omega = (13.5 + j21.15)\Omega$

$B_2 = 2.69 \times 10^{-6} \times 50\text{S} = 1.35 \times 10^{-4}\text{S}$

$\Delta Q_{B2} = -1.35 \times 10^{-4}/2 \times 110^2 \text{Mvar} = -0.815\text{Mvar}$

线路 III：$Z_3 = (0.45 + j0.44) \times 40\Omega = (18 + j17.6)\Omega$

$B_3 = 2.58 \times 10^{-6} \times 40\text{S} = 1.03 \times 10^{-4}\text{S}$

$\Delta Q_{B3} = -1.03 \times 10^{-4}/2 \times 110^2 \text{Mvar} = -0.623\text{Mvar}$

变压器 b 的变压器：$Z_{Tb} = (4.84 + j63.5)/2\Omega = (2.42 + j31.75)\Omega$

$\Delta S_{0b} = (0.05 + j0.6) \times 2\text{MV}\cdot\text{A} = (0.1 + j1.2)\text{MV}\cdot\text{A}$

变压器 c 的变压器：$Z_{Tc} = (11.4 + j127)/2\Omega = (5.7 + j63.5)\Omega$

$$\Delta S_{0c} = (0.03 + j0.35) \times 2 \text{MV} \cdot \text{A} = (0.06 + j0.7) \text{MV} \cdot \text{A}$$

（2）画出在 A 电源点拆开后的两端供电网的简化等效电路，如图 4-15c 所示。并计算各节点的运算负荷。

① b 节点处的等效电路如图 4-15b 所示，该处变压器阻抗支路产生的功率损耗为

$$\Delta S_{Tb} = \frac{24^2 + 18^2}{110^2} \times (2.42 + j31.75) \text{MV} \cdot \text{A} = (0.18 + j2.36) \text{MV} \cdot \text{A}$$

由图 4-15b 可知，节点 b 的运算负荷为

$$S_b = S_{LDb} + \Delta S_{Tb} + \Delta S_{0b} + j\Delta Q_{B1} + j\Delta Q_{B3}$$
$$= (24 + j18 + 0.18 + j2.36 + 0.1 + j1.2 - j0.975 - j0.623) \text{MV} \cdot \text{A} = (24.8 + j19.96) \text{MV} \cdot \text{A}$$

② c 处变压器阻抗支路产生的功率损耗为

$$\Delta S_{Tc} = \frac{12^2 + 9^2}{110^2} \times (5.7 + j63.5) \text{MV} \cdot \text{A} = (0.106 + j1.18) \text{MV} \cdot \text{A}$$

同理，节点 c 的运算负荷为

$$S_c = S_{LDc} + \Delta S_{Tc} + \Delta S_{0c} + j\Delta Q_{B2} + j\Delta Q_{B3}$$
$$= (12 + j9 + 0.106 + j1.18 + 0.06 + j0.7 - j0.815 - j0.623) \text{MV} \cdot \text{A} = (12.17 + j9.44) \text{MV} \cdot \text{A}$$

（3）不计功率损耗，针对图 4-15c 计算两端供电网的功率分布。

$$S_1 = \frac{(\overset{*}{Z}_2 + \overset{*}{Z}_3) S_b + \overset{*}{Z}_2 S_c}{\overset{*}{Z}_1 + \overset{*}{Z}_2 + \overset{*}{Z}_3}$$

$$= \frac{(31.5 - j38.75)(24.28 + j19.96) + (13.5 - j21.15)(12.17 + j9.44)}{47.7 - j64.13} \text{MV} \cdot \text{A}$$

$$= (18.64 + j15.79) \text{MV} \cdot \text{A}$$

$$S_2 = \frac{\overset{*}{Z}_1 S_b + (\overset{*}{Z}_1 + \overset{*}{Z}_3) S_c}{\overset{*}{Z}_1 + \overset{*}{Z}_2 + \overset{*}{Z}_3}$$

$$= \frac{(16.2 - j25.38)(24.28 + j19.96) + (34.2 - j42.8)(12.17 + j9.44)}{47.7 - j64.13} \text{MV} \cdot \text{A}$$

$$= (17.8 + j13.6) \text{MV} \cdot \text{A}$$

验算，$S_1 + S_2 = (18.64 + j15.79 + 17.8 + j13.6) \text{MV} \cdot \text{A} = (36.44 + j29.39) \text{MV} \cdot \text{A}$

$S_b + S_c = (24.28 + j19.96 + 12.17 + j9.44) \text{MV} \cdot \text{A} = (36.45 + j29.40) \text{MV} \cdot \text{A}$

可见，$S_1 + S_2 \approx S_b + S_c$，以上计算基本正确。取 $S_1 = (18.65 + j15.80) \text{MV} \cdot \text{A}$，继续计算。

$$S_3 = S_b - S_1 = (24.28 + j19.96 - 18.65 - j15.8) \text{MV} \cdot \text{A} = (5.63 + j4.16) \text{MV} \cdot \text{A}$$

（4）计算电压损耗

从上面的计算可见，线路 I 和线路 III 的功率都流向节点 b，因此节点 b 是功率分点，这点的电压最低。最大的电压损耗就是线路 I 上的电压损耗。

为了计算阻抗 Z_1 的电压损耗，就需要先计算出来流入该阻抗的功率 S_{A1}。阻抗 Z_1 的功率损耗为

$$\Delta S_1 = \frac{S_1^2}{U_N^2}(R_1 + jX_1) = \frac{18.65^2 + 15.8^2}{110^2} \times (16.2 + j25.38) \text{MV} \cdot \text{A} = (0.8 + j1.25) \text{MV} \cdot \text{A}$$

流入阻抗 Z_1 的功率 S_{A1} 为

$$S_{A1} = S_1 + \Delta S_1 = (18.65 + j15.8 + 0.8 + j1.25)\text{MV} \cdot \text{A} = (19.45 + j17.05)\text{MV} \cdot \text{A}$$

阻抗 Z_1 的电压损耗 ΔU_1 为

$$\Delta U_1 = \frac{P_{A1}R_1 + Q_{A1}X_1}{U_A} = \frac{19.45 \times 16.2 + 17.05 \times 25.38}{117}\text{kV} = 6.39\text{kV}$$

变电所 b 高压母线的实际电压为

$$U_b = U_A - \Delta U_1 = (117 - 6.39)\text{kV} = 110.61\text{kV}$$

第四节 电力系统无功功率平衡与电压调整

电压是衡量电能质量的重要指标，各种电气设备在额定电压下运行时，其效率是最高的，也是最安全的。因此，保证用户用电设备的电压，维持其为额定值，是电力系统运行的基本任务之一。

一、电压偏移对系统设备的影响

电力系统常见的用电设备是异步电动机、各种电热设备、照明电器及日渐增多的家用电器等。

异步电动机的转矩与端电压的二次方成正比。如果以额定电压时的转矩为100%来表示，则当端电压降低10%时，转矩将降低19%左右。如果电压降低过多，一方面带额定负载的电动机可能停转，带有重载（如起动机、碎石机、磨煤机等）起动的电动机可能将无法起动；另一方面，电压过低会导致电动机电流显著增大，绕组温度上升，绝缘加速老化，严重时甚至烧毁电动机。

照明电器的发光效率、光通量和使用寿命均与电压有关。当端电压较额定电压降低5%时，其光通量约减少15%，发光效率约降低10%；电压降低10%时，光通量减少30%，发光效率降低20%。而当电压较额定电压升高5%时，发光效率增加10%，但使用寿命将缩短一半。

电炉等电热设备的出力大致与电压的二次方成正比，电压降低会延长电炉的冶炼时间，从而降低生产效率。

现代电子设备中的电子管与晶体管，对电压质量的要求更高，电压高于额定电压时，会严重降低管子的使用寿命；电压低于额定电压时，工作点不稳定，甚至不能工作。

电压偏移额定值过大，除了影响用户的用电设备正常工作外，对电力系统本身的运行也有不利影响。例如，对变压器来讲，如果电压偏低，在负载功率不变的条件下，会使输出电流增加，使绕组过热；电压偏高，会引起励磁电流增大，铁心损耗增加，温升增高，严重情况下出现谐波共振现象。

因此，为了保证电力系统正常运行，应力求保持系统中各节点的电压为额定值。但由于系统中用电负荷的变化和系统运行方式的改变，电网中的电压损耗也随之变化，要使所有节点电压都保持为额定值是不可能的，总会出现电压偏移。实际上大多数设备在稍许偏离额定电压值下运行，仍具有良好的技术性能，因此，从技术和经济上综合考虑，合理地规定各类负荷的允许电压偏移是完全必要的。我国规定的正常运行情况下各类负荷的允许电压偏移范围见第一章的表1-1。所以电力系统在运行过程中需要经常调整节点电压，以使其在允许范围内偏移。

二、无功功率与电压的关系

在本章第一节中，以简单线路为例得到了其首、末两端的电压 $\dot{U}_1$、$\dot{U}_2$ 与流过该元件功率 P_2、Q_2 之间的关系式（4-4）。对一般的高压输电线路而言 $R \ll X$，同时，考虑到首、末两端电压相位差 δ 很小（可忽略电压降落的横向分量），于是得到

$$U_1 - U_2 = \frac{Q_2 X}{U_2} \tag{4-49}$$

即

$$Q_2 = \frac{U_2}{X}(U_1 - U_2) \tag{4-50}$$

该式表明，输电线路所传输的无功功率的大小和方向主要取决首、末两端电压 U_1、U_2 的大小。首、末两端电压差值越大，线路中流过的无功功率也越大。如果两端电压差为零（首、末两端电压相等），则线路流过的无功功率为零，此时，末端负荷所需的无功功率必须由设在末端的无功电源来提供。无功功率方向始终是由电压高的一端流向电压低的一端，所以，当电网中某点的无功不足时，由于不足的部分必须通过联络线来供给，因而该点的电压必须降低；反之，当某点的无功过剩时，则该点的电压必将上升。因而，电压的控制与无功功率的传输情况密切相关。

上面分析了电压与无功功率传输的关系。下面再来讨论电压对无功功率负荷的影响。电力系统的负荷由各种类型的用电设备组成，一般以异步电动机为主体，并统称为综合负荷。图4-16给出了综合负荷的电压静态特性曲线，该曲线描述了负荷取用的有功功率和无功功率与电压的关系。分析负荷的电压静态特性可见，在额定电压附近，对于同样的电压变化量，引起的无功功率改变量大于有功功率的变化量，换句话说，电压对无功功率的影响比对有功功率的影响更大。分析无功负荷的电压静特性还会发现，负荷的无功功率随电压的降低而减少。当无功负荷由原来的 Q_0 增大到 Q_1 时，无功负荷的电压静态特性曲线要平行上移（如图中虚线所示），如果系统无功电源不提供相应的无功增量，负荷点的电压将会由原来的 U_N 下降为 U_1。因此，若要维持负荷点的电压水平，就需要向负荷提供它所需要的无功功率，若系统不能向负荷供应所需要的无功功率，负荷的端电压就会被迫降低。由此可见，保证电压质量应从无功功率平衡入手。

三、电力系统的无功功率平衡

系统的无功平衡将影响到各节点的电压水平，这是系统运行的一个重要问题。下面在介绍无功电源、无功负荷的基础上讨论无功平衡问题。

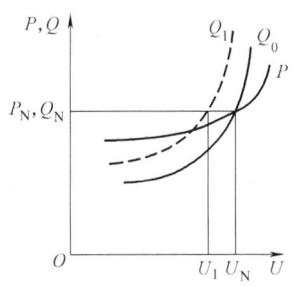

图4-16 综合负荷的电压静态特性

1. 无功电源

电力系统的无功电源,除发电机外,还有同步调相机、静电电容器、静止无功补偿器等。

(1) 同步发电机　同步发电机在工作时既可发出有功功率,又可发出无功功率。因此它不仅是系统唯一的有功电源,也是系统最基本的无功电源。

同步发电机在额定状态下运行时,发出的无功功率为

$$Q_{GN} = S_{GN}\sin\varphi_N = \frac{P_{GN}}{\cos\varphi_N}\sin\varphi_N = P_{GN}\tan\varphi_N \quad (4\text{-}51)$$

式中,S_{GN}、P_{GN} 和 Q_{GN} 分别为发电机的额定视在功率、额定有功功率和额定无功功率;φ_N 为发电机的额定功率因数角。

同步发电机在非额定状态下运行时有功、无功功率的出力可用发电机运行极限图 4-17 来分析。图 4-17a 为隐极发电机的等效电路,图 4-17b 为其额定运行时的相量图。图中 $\overline{OA}$ 代表发电机的额定电压 $\dot{U}_{GN}$,$\dot{I}_{GN}$ 为发电机的定子额定电流,它滞后于 $\dot{U}_{GN}$ 一个额定功率因数角 φ_N。$\overline{AC}$ 为代表 $\dot{I}_{GN}$ 在发电机电抗 X_d 上引起的电压降,其正比于定子额定电流,亦正比于发电机的额定视在功率 S_{GN}。这样,C 点就代表了发电机的额定运行点。于是 $\overline{AC}$ 在纵坐标和横坐标上的投影分别正比于发电机的额定有功功率 P_{GN}、额定无功功率 Q_{GN}。$\overline{OC}$ 代表发电机的交轴电动势 $\dot{E}_q$,它正比于发电机的额定励磁电流。

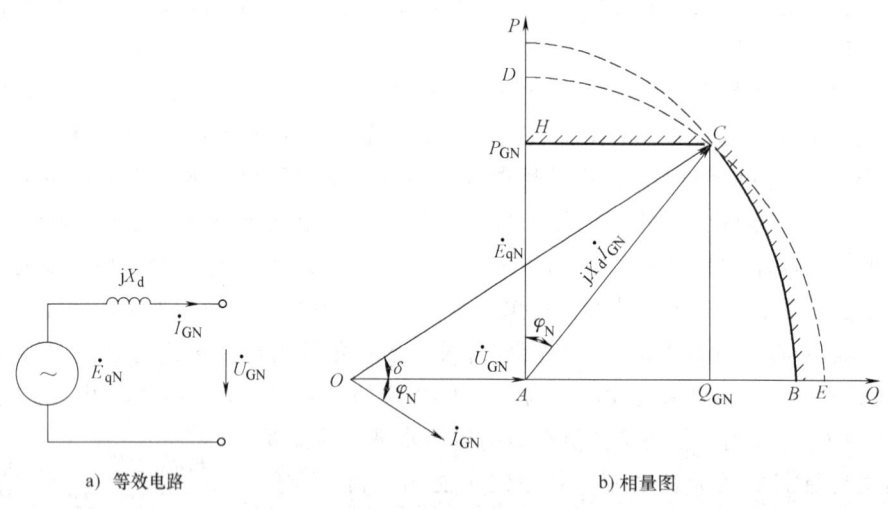

图 4-17　发电机的运行极限图

当发电机改变功率因数运行时,发电机输出的有功功率 P 和无功功率 Q 将受到下列条件的限制:

1) 受转子额定励磁电流的限制,因为转子电流超过额定值将使转子绕组发热。发电机运行不能超过以 O 为圆心,以 $\overline{OC}$ 为半径的圆弧 $\overset{\frown}{BC}$。

2) 受定子额定电流(也就是额定视在功率)的限制,因为定子电流超过额定值将使定

子绕组发热。发电机运行不能超过以 A 为圆心，以 $\overline{AC}$ 为半径的圆弧 $\overset{\frown}{ED}$。

3）受原动机出力（即额定有功功率）的限制。发电机输出有功功率不能超过水平线 HC。

从而发电机在非额定状态下运行的范围是图中阴影与坐标系围成的区域。可见，当发电机提高功率因数运行时，发出的有功功率受到原动机额定功率的限制，只能运行于 HC 段，此时发电机发出的无功功率小于额定无功功率；当发电机降低功率因数运行时，由于受到转子电流的限制，发电机将运行于 BC 段，增加了发出的无功功率，但发出的有功功率减小得更多。因此，只有在额定电压、额定电流和额定功率因数的额定状态下运行，发电机的视在功率才能达到额定值，其容量才能得到最充分的利用。

当系统中有功功率备用容量较充裕时，可使靠近负荷中心的发电机在减少有功功率出力的条件下运行，从而可多发无功功率来改善系统的电压质量。远离负荷中心的发电机在调节负荷点电压方面作用不大，因为发电机发出的功率要经电网传输，会增加电网的功率损耗和电压损耗。

由图 4-17b 所示发电机额定运行时的相量图，可得发电机在非额定运行时有

$$E_q \sin\delta = IX_d \cos\varphi , \quad E_q \cos\delta = U + IX_d \sin\varphi$$

于是，$P = UI\cos\varphi = \dfrac{E_q U}{X_d}\sin\delta$，$Q = UI\sin\varphi = \dfrac{E_q U}{X_d}\cos\delta - \dfrac{U^2}{X_d}$，最后得到

$$Q = \sqrt{\left(\dfrac{E_q U}{X_d}\right)^2 - P^2} - \dfrac{U^2}{X_d} \tag{4-52}$$

由此式可见，当电动势 E_q 一定时，Q 与 U 的关系可用一条开口向下的抛物线表示，如图 4-18 中曲线 1 所示。

（2）同步调相机（补偿机） 同步调相机是专门用来发出无功功率的同步电机，其工作原理相当于空载运行的同步电动机。在过励磁运行时，同步调相机可作为无功电源向系统输送无功功率；在欠励磁运行时，它可作为无功负荷从系统吸收无功功率。所以，通过调节同步调相机的励磁，可以平滑地调节其发出的无功功率的大小和方向。同步调相机的无功功率与运行电压的关系与发电机类似。

由于同步调相机主要用于发出无功功率，所以它在欠励磁运行时的容量仅设计为过励磁运行时容量的 50%～65%。一般同步调相机装设在接近负荷中心处，直接供给负荷无功功率，以减少传输无功功率所引起的电能损耗和电压损耗。但由于它是旋转电机，故有功率损耗较大，运行维护比较复杂，运行噪声大，

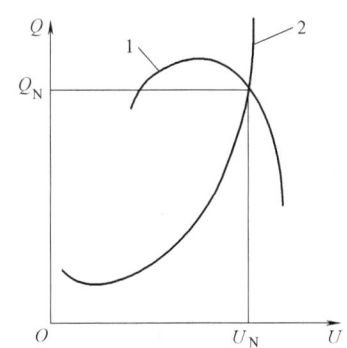

图 4-18 无功与电压静态特性曲线
1—发电机无功与电压的静态特性曲线
2—异步电动机无功与电压的静态特性曲线

所以目前同步调相机已逐渐被性能更优越的静止补偿器所代替。

（3）静电电容器 静电电容器并接于电网，只能向电网输送无功功率，是静止的电气设备，最适合补偿系统的感性无功负载。静电电容器运行时发出的感性无功功率可用下式计算，即

$$Q_C = \frac{U^2}{X_C} \tag{4-53}$$

式中，U 为电容器所在节点的电压；X_C 为电容器的电抗，$X_C = 1/(\omega C)$。

一般单台的静电电容器容量不大，多成组使用；既可集中使用，也可分散使用，具有较大的灵活性。由于电容器组的价格便宜，损耗较小，维护方便，还可以提高负载的功率因数，故目前是系统中使用最广泛的无功电源（或无功补偿装置）之一。但是，静电电容器发出的无功功率与运行电压的二次方成正比，当节点电压下降时，系统需要无功功率补偿，而由式（4-53）可知，它供给系统的无功功率反因电压下降而减少，这将导致电网电压继续进一步下降，这是静电电容器的主要缺点。此外，由于静电电容器是依靠投入或切除来调节其输出的无功功率，因而其不能平滑地调压，且调压范围也较小。

（4）静止补偿器　静止补偿器由静电电容器和电抗器并联组成，是一类新型的动态静止无功补偿装置，全称为静止无功功率补偿器（Static Var Compensator，SVC）。所谓静止是指无机械旋转结构，动态是指可随运行状况的变化自动调节发出的无功功率。它是利用晶闸管电力电子器件所组成的电子开关来分别控制电容器组与电抗器的投切，这样既可发出无功功率，又可吸收无功功率，并能依靠自动装置实现快速调节，对稳定电压、提高系统的暂态稳定性及减弱动态电压闪变等均能起到较大的作用，因而在电力系统中得到越来越广泛的应用。但由于使用电力电子开关投切电容器组与电抗器，将使电力系统产生一些附加的谐波，这是使用中存在的问题之一。

SVC 既可接在低压侧，也可直接接在高压或超高压线路上，这样对远距离输电线路的运行性能的改善有较大作用。目前，电力系统中应用的静止补偿器有饱和电抗器型（简称 SR）、晶闸管开关电容器（简称 TSC）和晶闸管控制电抗器型（简称 TCR）三种。后者又可分为固定连接电容器加晶闸管控制的电抗器（简记为 FC-TCR）和晶闸管开关操作的电容器加晶闸管控制的电抗器（简记为 TSC-TCR）。

20 世纪 80 年代以来出现了一种采用门极可关断（GTO）晶闸管的新型静止无功补偿装置，这就是静止无功发生器（Static Var Generator，SVG）。它以电压型逆变器为基础，通过控制 GTO 晶闸管的触发相位，改变电容器的电压，从而改变 SVG 晶闸管输出电压的幅值，达到调节 SVG 吸收或发出无功功率的目的。静止无功发生器也被称为静止同步补偿器（STATCOM）或静止调相机（STATCON）。与 SVC 相比，SVG 响应速度更快，运行范围更宽，谐波电流含量更少，尤其重要的是，电压较低时仍可向系统注入较大的无功电流，SVG 中电容器容量比同容量的 SVC 中并联的电容容量小。其主要缺点是，只能在三相基本平衡的电力系统中运行，同时 GTO 器件在 SVG 作容性负荷运行时关断较困难。

2. 无功负荷和无功损耗

（1）无功负荷　系统的无功负荷是指以滞后的功率因数运行的用电设备所吸收的无功功率，其中主要是异步电动机吸收的无功功率，特别是在异步电动机轻载时，所吸收的无功功率较多。因而可以用异步电动机的无功消耗和电压的静态特性代表系统无功负荷和电压的静态特性。一般情况下，系统综合负荷的功率因数为 0.6～0.9，异步电动机比例越大，则综合负荷的功率因数越低，负荷所吸收的无功功率也越多。

异步电动机的无功消耗为

$$Q_M = Q_m + Q_\sigma = \frac{U^2}{X_m} + I^2 X_\sigma \tag{4-54}$$

式中，Q_m 为异步电动机励磁回路消耗的无功功率，它正比于异步电动机端电压的二次方；Q_σ 为异步电动机漏抗消耗的无功功率，它与负荷电流的二次方成正比。

综合这两部分无功功率的特点，可得图 4-18 所示的无功负荷与电压的关系曲线 2。由图可见，在额定电压附近，电动机取用的无功功率随电压的升降而增减。当电压明显低于额定值时，电动机取用的无功功率主要由漏抗消耗的无功功率决定，此时，随电压的下降，曲线反而有上升的性质。

（2）无功损耗　无功损耗是指电网中变压器和输电线路产生的无功损耗。从变压器等效电路和参数计算分析可知，变压器的无功损耗为

$$Q_T = \Delta Q_0 + \Delta Q_T = U^2 B_T + I^2 X_T = \frac{I_0(\%)}{100} S_N + \frac{U_k(\%)}{100} \frac{S^2}{S_N} \tag{4-55}$$

式中，ΔQ_0 为变压器空载无功损耗，与变压器运行电压的二次方成正比，与变压器的传输功率无关，通常认为是不变损耗；ΔQ_T 为变压器绕组漏抗中的无功损耗，与通过变压器的电流的二次方成正比，即与变压器传输功率的二次方成正比，是可变损耗。

变压器的无功损耗在系统的无功需求中占有相当大的比重。若一台变压器的空载电流百分比 $I_0(\%) = 2.5$，$U_k(\%) = 10.5$，在额定功率下运行时，变压器的无功损耗为变压器额定容量的 13%。一般电力系统从电源到用户需要经过几级变压器，因此消耗在变压器中的无功功率数值是相当可观的，可达用户总无功负荷的 50%～75%。因此，如何进一步降低变压器的无功损耗是很值得重视的。

输电线路的无功损耗也包括两部分：线路电抗消耗的无功功率和线路电纳发出的无功功率。

线路电抗消耗的感性无功功率与线路电流的二次方成正比，即与线路传输功率的二次方成正比，它远大于线路电阻消耗的有功损耗，导线截面积越大，电抗的无功损耗越大；线路电纳发出的无功功率与线路运行电压的二次方成正比，与线路传输功率无关。它的存在将引起一种所谓的"长线的电容效应"而导致的"工频电压升高"现象的产生，即由于线路容性无功损耗大于线路的感性无功损耗，线路总体体现是消耗容性无功功率，相当于是无功电源，使得线路末端电压高于线路首端电压。这种情况又称"弗兰梯"效应。为了减弱这种"工频电压升高"现象，常在远距离输电线路中途或末端装设并联电抗器。

3. 系统的无功平衡

所谓系统的无功平衡，就是指系统在运行的每一时刻，系统中所有无功电源发出的无功功率要与系统的无功负荷及系统的无功损耗相平衡，即

$$Q_{GC}(t) = Q_{LD}(t) + \Delta Q_\Sigma(t) \tag{4-56}$$

式中，$Q_{GC}(t)$ 为系统中所有的无功电源，即发电机、同步调相机、静止补偿器等发出的无功功率；$Q_{LD}(t)$ 为系统中所有无功负荷消耗的无功功率；$\Delta Q_\Sigma(t)$ 为系统中所有变压器、输电线路等网络元件的无功损耗。

图 4-19 表示按系统无功功率平衡确定的运行电压水平。曲线 1 表示系统等值无功电源的无功电压静态特性，曲线 2 表示系统等值无功负荷（其中也包括网络的无功损耗）的无功电压静态特性。两曲线的交点 a 为系统无功功率平衡点，此时对应的运行电压为 U_a。当系统无功负荷增加时，其无功电压静态曲线变为 2′。这时，如果系统的无功电源出力没有相应的增加，即电源的无功电压静态曲线维持 1 不变，曲线 1 与曲线 2′的交点 a' 是新的无功功率平衡点，对应的运行电压为 U_a'。显然 $U_a' < U_a$，这说明无功负荷增加后，若系统的无功

电源不能满足在电压 U_a 下无功平衡的需求,系统只好降低电压水平,以取得在较低电压水平下的无功功率平衡。如果系统的无功电源有充足的备用容量,可以多发无功,使得无功电源的无功电压静态特性曲线上移至曲线 $1'$,从而使曲线 $1'$ 和 $2'$ 的交点 a'' 所确定的运行电压达到或接近 U_a。由此可见,要保持节点的电压水平就必须维持无功平衡,因而保持充足的无功电源是维持系统电压质量的关键。为保证系统电压的质量,在进行规划设计和运行时,需制定无功功率的供需平衡关系,并保证系统有一定的备用容量。无功备用容量一般为无功负荷的 7%~8%。负荷的综合功率因数一般在 0.6~0.9 之间,多数在 0.7~0.8 之间,加之电网的无功损耗最多可达总无功负荷的 100%,因而需要由系统中各类无功电源供给的无功功率最多可达总无功负荷的两倍左右,而从数量级上看甚至与有功负荷的两倍也相差不多。因此维持系统的无功功率平衡并保证有一定的无功备用容量不是一件轻而易举的事。实践表明,绝大多数电力系统都必须采取专门的无功功率补偿措施,才能达到维持运行电压水平的目的。无功补偿装置应尽可能装在负荷中心,以做到无功功率就地平衡,减少无功功率在电网中传输引起的网络功率损耗和电压损耗。

四、电力系统中枢点的电压管理

电力系统对供电电压的要求是保证用户的电压偏移在规定的范围内,由于电力系统结构复杂,负荷多,不可能对每个负荷点的电压都进行监视和调整,一般是选定少数有代表性的节点作为电压监视的中枢点。所谓中枢点是指那些能反映系统电压水平的主要发电厂或枢纽变电所的母线,系统中大部分负荷由这些节点供电。中枢点的电压满足要求,才能保证系统其他各点的电压满足要求。因此,应根据负荷对电压的要求,确定中枢点电压的允许调整范围。

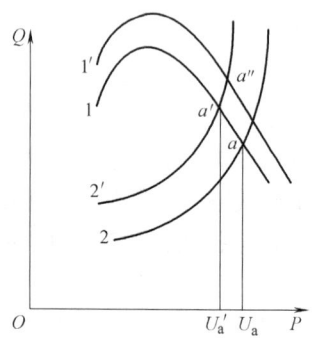

图 4-19 无功功率平衡与电压水平的关系

假定有一简单电网如图 4-20a 所示,中枢点 O 向负荷点 A 和 B 供电,而负荷点电压的允许变化范围是 $(0.95~1.05)U_N$,两处的日负荷曲线如图 4-20b 所示。当线路参数一定时,线路上的电压损耗 ΔU_A 和 ΔU_B 变化曲线如图 4-20c 所示。为满足负荷点 A 的供电电压要求,O 点的电压应在图 4-21 所示的区间变化,即

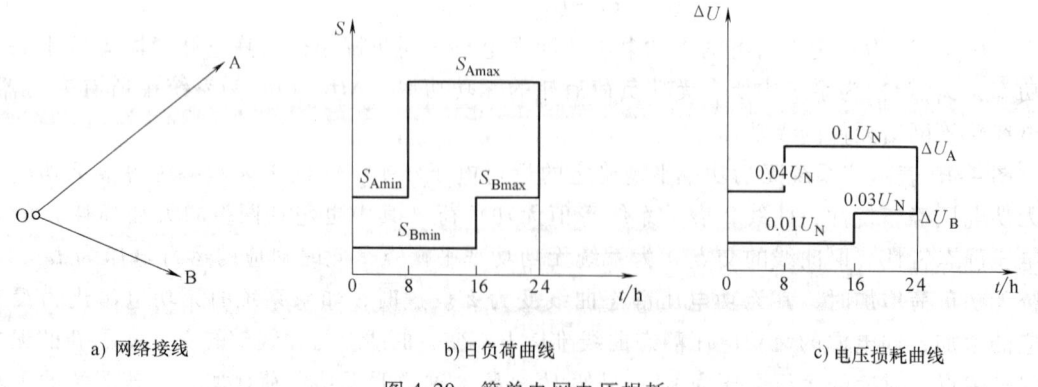

a) 网络接线　　　b) 日负荷曲线　　　c) 电压损耗曲线

图 4-20 简单电网电压损耗

在 0~8h，$U_{AO} = U_A + \Delta U_A = (0.95 \sim 1.05)U_N + 0.04U_N = (0.99 \sim 1.09)U_N$；

在 8~24h，$U_{AO} = U_A + \Delta U_A = (0.95 \sim 1.05)U_N + 0.1U_N = (1.05 \sim 1.15)U_N$。

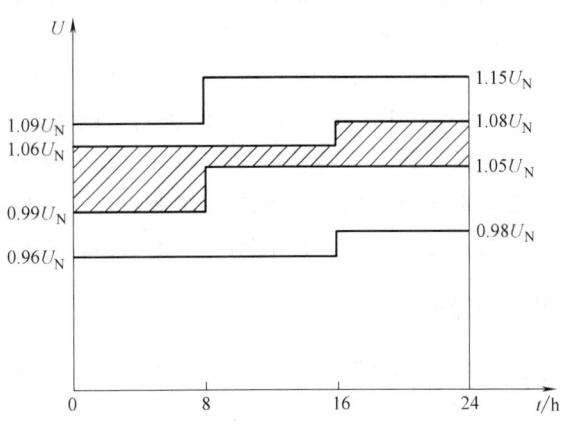

图 4-21　中枢点允许电压变化范围

同理，为满足负荷点 B 的供电电压要求，O 点的电压应在图 4-21 所示的区间变化，即

在 0~16h，$U_{BO} = U_B + \Delta U_B = (0.95 \sim 1.05)U_N + 0.01U_N = (0.96 \sim 1.06)U_N$；

在 16~24h，$U_{BO} = U_B + \Delta U_B = (0.95 \sim 1.05)U_N + 0.03U_N = (0.98 \sim 1.08)U_N$。

所以 O 点电压的允许变化范围应同时满足 A、B 两个负荷点电压对 O 点要求的电压变化范围，即图中的阴影部分。尽管负荷点允许电压偏移为 ±5%，即电压变化范围为 10%U_N，但由于负荷的变化规律不同，从而使线路的电压损耗的大小和变化规律差别较大，导致中枢点的电压变化范围较小。可以想象，如由同一中枢点供电的各负荷差别很大，则负荷点对中枢点要求的电压变化范围差别大，就可能导致在某些时间段内中枢点电压没有能同时满足所有负荷点电压要求的工作范围。在这种情况下，仅靠控制中枢点电压不能满足所有负荷的供电要求，必须采取其他调压措施。

若中枢点所带负荷多，一般选最大负荷和最小负荷两个点，用上述方法分析找出中枢点的电压变化范围就能满足所有负荷点的供电电压要求。

在进行电力系统规划设计时，由于网络还没有建成，各负荷点对电压的要求还不明确，电网的损耗也无法计算，因此无法按照上述方法做出中枢点的电压曲线。工程实践中往往根据电网的性质，采用下述方法实现对中枢点电压的调整。

1）逆调压。考虑到大负荷时，由中枢点供电的线路电压损耗大，将中枢点电压适当升高些（比线路额定电压高 5%），以抵偿电压损耗的增大；而小负荷时供电线路上的电压损耗小，则将中枢点电压适当降低（取线路的额定电压），以抵偿电压损耗的减小。这种大负荷时升高电压，小负荷时降低电压的中枢点调压方式，与系统自然的潮流分布相反，所以这种调压方式称为逆调压。这种调压方式适合于供电线路较长，负荷变动较大的中枢点，是比较理想的调压方式。逆调压需要在中枢点装设较贵重的调压设备（如同步调相机、静止补偿器、有载调压变压器等）才可实现。

2）顺调压。由于从发电厂到中枢点也存在电压损耗，若发电机端电压一定，则大负荷时中枢点电压会低一些，小负荷时中枢点电压会高一些，这时可以采用"顺调压"，即在大负荷时允许中枢点电压不低于线路额定电压的 102.5%，小负荷时不高于线路额定电压的 107.5%，与潮流的自然分布一致，所以称为顺调压。这种调压方式适用于供电线路不长，负荷变动不大的中枢点。顺调压是一种较低的调压要求，一般不需要加设特殊的调压设备，而通过选择普通变压器的分接头来实现。

3) 常调压。介于上述两种调压方式之间的称为"常调压"，即在任何负荷下都保持中枢点电压为线路额定电压的 102%～105%。常调压比逆调压的要求低些，一般可以不装设贵重的调压设备，利用改变普通变压器分接头或装设静电电容器就可达到调压要求。

以上讨论的是电力系统正常运行时的调压要求，如果系统发生故障，电压损耗比正常时大，对电压质量的要求可适当降低，通常允许故障时电压偏移较正常情况再增加 5%。

五、电力系统的调压措施

电力系统具有较充足的无功功率电源，是保证电力系统拥有良好电压质量的必要条件，但不是唯一的条件。要保证所有用户的电压质量都符合标准，必须根据实际情况，在不同的节点，采用不同的调压措施。

以图 4-22 所示的简单电力系统为例，说明常用的几种调压措施所依据的基本原理。

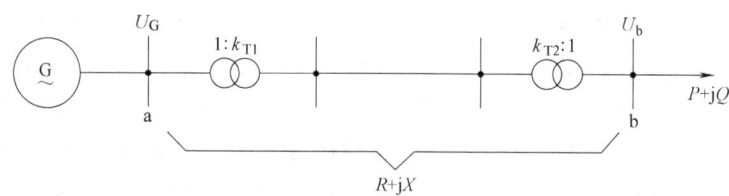

图 4-22　电压调整原理图

图 4-22 中发电机通过升压变压器、输电线路和降压变压器向用户供电。为分析方便，忽略了线路电容的充电功率和变压器的励磁功率，并且变压器的参数都归算到高压侧，则负荷点 b 的电压为

$$U_b = (U_G k_{T1} - \Delta U)/k_{T2} = \left(U_G k_{T1} - \frac{PR + QX}{U_N}\right)/k_{T2} \tag{4-57}$$

由此式可知，为调整负荷点 b 的端电压 U_b，可采取的措施是：改变发电机的端电压 U_G；改变变压器的电压比 k_T；增设无功补偿装置，以减少电网传输的无功功率 Q；改变输电线路的参数。下面分别进行介绍。

1. 改变发电机端电压

我们知道，改变发电机的励磁电流就可以调节它的端电压，一般情况下发电机端电压的调节范围为 ±5%。这种调压措施不需要增加设备，是一种最经济的调压方式，所以应优先考虑。这种调压方式的实质是使发电机的端电压随负荷的变化而调节。当负荷大时，网络的电压损耗大，这时增大发电机的励磁电流，调高发电机的端电压以维持网络的电压水平；当负荷小时，网络的电压损耗小，这时减小发电机的励磁电流，调低发电机的端电压，即对发电机实行逆调压来满足用户的电压要求。

电网的类型不同，发电机调压所起的作用也不相同。对发电机直接供电的小型电力系统,因供电线路不长,电压损耗不大,发电机采用逆调压方式,就能使负荷点电压质量满足要求。

对发电机经多级变压器向负荷供电的大中型电力系统,由于供电范围大,从发电厂到各负荷点的距离不同,电压损耗也不相同,单靠发电机调压不能完全满足所有负荷点对电压质量的要求。但是,发电机采取逆调压方式可以解决近距离负荷的电压质量,并减轻远距离负荷采用其他调压设备的负担,从而使整个系统的调压问题易于解决。

对具有多个发电厂并列运行的大型电力系统,利用发电机调压不一定恰当。因为提高发电机电压时,发电机要多输出无功功率,这就要求发电机有充足的无功备用才能担当调压任务。另外,在系统内并列运行的各个发电厂之间调整个别发电厂的母线电压,会引起系统中无功功率的重新分配,这可能会与系统无功功率的经济分配发生矛盾。因此,在大型电力系统中,发电机调压一般只作为一种辅助的调压措施。

2. 改变变压器的电压比

改变变压器的分接头,即改变变压器的电压比,就可以改变变压器二次侧的输出电压。这种调压方式适合于任何电压等级,是目前广泛采用的调压方式。

通常,改变变压器分接头的方式有两种:一种是在停电的情况下改变分接头,称为无励磁调压(以往称为"无载调压")。对容量在 6300kV·A 及以下的无励磁调压变压器,一般在高压侧有三个调压分接头,分别于 $1.05U_N$、U_N、$0.95U_N$ 处引出,其调压范围为 ±5%。其中,U_N 处引出的分接头称为主接头。对容量在 8000kV·A 及以上的无励磁调压变压器,一般在高压侧有五个调压分接头,分别于 $1.05U_N$、$1.025U_N$、U_N、$0.975U_N$、$0.95U_N$ 处引出,其调压范围为 ±2×2.5%。另一种调压方式称为有载调压,即变压器可在不停电的情况下改变分接头,从而使调压变得更方便。有载调压变压器的关键部件是有载调压的分接开关。一般的变压器只要配有有载分接开关后,就可以做成有载调压变压器。对于 110kV 及以上电压等级的有载调压变压器,还配有专门的调压线圈,来增大调压范围,可达到额定电压的 15% 以上。如国产的 110kV 级的变压器调压范围为 ±3×2.5%,共 7 级分接开关;220kV 级的变压器调压范围为 ±4×2%,共 9 级分接开关。

由于无载调压变压器不能在运行中改变分接头,而变压器通过的负荷功率是随时变化的,所以变压器必须事先选择好一个合适的分接头,使其运行在最大负荷和最小负荷时,其电压偏移均不超过允许范围。下面以双绕组降压变压器为例说明分接头的确定。

图 4-23 所示为一降压变压器,若进入变压器的功率为 $P+jQ$,高压侧母线的实际电压给定为 U_1,变压器归算到高压侧的阻抗参数为 R_T+jX_T,则归算到高压侧的变压器电压损耗为

$$\Delta U_T = \frac{PR_T + QX_T}{U_1} \quad (4-58)$$

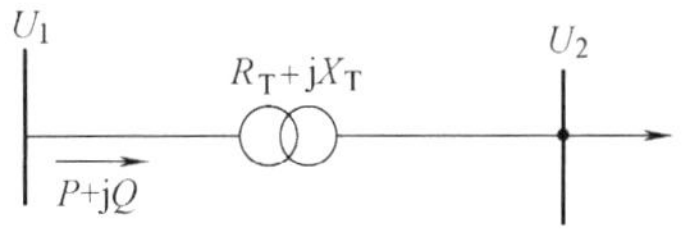

图 4-23 降压变压器

若低压侧要求的电压为 U_2,则有

$$U_2 = \frac{U_1 - \Delta U_T}{k_T} \quad (4-59)$$

式中,k_T 为变压器的电压比,$k_T = U_{1t}/U_{2N}$;U_{1t} 为待选择的变压器高压侧绕组的分接头电压;U_{2N} 为变压器低压绕组的额定电压。

所以有

$$U_{1t} = \frac{U_1 - \Delta U_T}{U_2} U_{2N} \qquad (4\text{-}60)$$

于是得到，变压器通过最大负荷、最小负荷时对分接头电压的要求为

$$U_{1tmax} = \frac{U_{1max} - \Delta U_{Tmax}}{U_{2max}} U_{2N} \qquad (4\text{-}61)$$

$$U_{1tmin} = \frac{U_{1min} - \Delta U_{Tmin}}{U_{2min}} U_{2N} \qquad (4\text{-}62)$$

式中，U_{1max}、U_{1min} 分别为变压器通过最大负荷、最小负荷时高压侧的电压值，可由潮流计算得出或给定；ΔU_{Tmax}、ΔU_{Tmin} 为变压器通过最大负荷、最小负荷时阻抗中的电压损耗；U_{2max}、U_{2min} 为变压器通过最大负荷、最小负荷时低压侧要求的电压值。

考虑到在最大负荷和最小负荷时变压器用同一个分接头，因此取 U_{1max} 和 U_{1min} 的平均值，即

$$U_{1tav} = \frac{U_{1tmax} + U_{1tmin}}{2} \qquad (4\text{-}63)$$

再根据 U_{1tav} 的值选择一个与它最接近的变压器标准分接头电压。选定变压器分接头后，应校验所选的分接头在最大负荷和最小负荷时变压器电压母线上的实际电压是否符合调压要求。如不满足要求，还要考虑其他调压措施。

【例 4-5】 某降压变电所有一台电压比 $k_T = 110 \times (1 \pm 2 \times 2.5\%)/11$ 的变压器，归算到高压侧的变压器阻抗为 $Z_T = (2.44 + j40)\Omega$，最大负荷时进入变压器的功率为 $S_{max} = (28 + j14)\text{MV} \cdot \text{A}$，最小负荷时为 $S_{min} = (10 + j6)\text{MV} \cdot \text{A}$。最大负荷时，高压侧母线电压为 113kV，最小负荷时为 115kV，低压侧母线电压允许变化范围为 10~11kV，试选择变压器分接头。

解： 最大负荷及最小负荷时变压器的电压损耗分别为

$$\Delta U_{max} = \frac{P_{max}R_T + Q_{max}X_T}{U_{1max}} = \frac{28 \times 2.44 + 14 \times 40}{113} \text{kV} = 5.56\text{kV}$$

$$\Delta U_{min} = \frac{P_{min}R_T + Q_{min}X_T}{U_{1min}} = \frac{10 \times 2.44 + 6 \times 40}{115} \text{kV} = 2.3\text{kV}$$

按最大和最小负荷情况选变压器的分接头电压，分别为

$$U_{1tmax} = \frac{U_{1max} - \Delta U_{max}}{U_{2max}} U_{2N} = \frac{113 - 5.6}{10} \times 11\text{kV} = 118.2\text{kV}$$

$$U_{1tmin} = \frac{U_{1min} - \Delta U_{min}}{U_{2min}} U_{2N} = \frac{115 - 2.3}{11} \times 11\text{kV} = 112.7\text{kV}$$

取平均值

$$U_{1tav} = \frac{1}{2}(U_{1tmax} + U_{1tmin}) = \frac{1}{2}(118.2 + 112.7)\text{kV} = 115.45\text{kV}$$

选择最接近的分接头电压 115.5kV，即 $110 \times (1 + 5\%)\text{kV}$ 的分接头。按所选分接头校验低压母线的实际电压

$$U_{2max} = \frac{113 - 5.6}{115.5} \times 11\text{kV} = 10.23\text{kV} > 10\text{kV}$$

$$U_{2\min} = \frac{115 - 2.3}{115.5} \times 11\text{kV} = 10.73\text{kV} < 11\text{kV}$$

计算后发现，均未超出允许电压范围 10~11kV，可见所选分接头能满足调压要求。

升压变压器分接头的选择方法与上述降压变压器的选择方法基本相同。但要注意的是，升压变压器的功率方向是从低压侧流向各高压侧，如图 4-24 所示。故式（4-59）中电压损耗项 ΔU_T 前的符号应为正，即应将电压损耗和高压侧电压相加，得

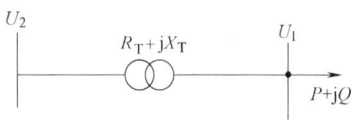

图 4-24 升压变压器

$$U_{1t} = \frac{U_1 + \Delta U_T}{U_2} U_{2N} \quad (4\text{-}64)$$

式中，U_2 为升压变压器低压侧的实际电压或给定电压；U_1 为变压器高压侧要求的电压。

3. 利用无功功率补偿调压

以上提到的两种调压措施只有在电力系统无功电源充足的情况下才行之有效。若系统无功电源不足时为了防止发电机因输出过多的无功而严重过负荷，不得不降低整个电力系统的电压水平，以减少无功功率的消耗量。这时虽然采取调节变压器的分接头的方法可使系统中局部的某些点电压水平提高，但这样做的结果反而增加了无功功率的损耗，迫使发电机不得不进一步降压运行，以限制系统中总的无功功率消耗，从而导致整个系统的电压水平更低，形成了电压水平低和无功功率供应不足的恶性循环，甚至有可能导致电压崩溃。因此，当电力系统的无功电源不足时，就必须在适当的地点装设新的无功电源来补偿所缺的无功，只有这样才能调压。为此而装设的无功电源又称为无功功率补偿装置。此时系统的功率分布也就发生了改变。

前面讲过的无功补偿装置有同步调相机、静电电容器和静止补偿器。并联静电电容器具有投资少、电能损耗小、维护简单、建设工期短等优点，在一般情况下应优先采用。在技术需要、经济许可的情况下，可采用同步调相机或静止补偿器，例如在下列情况：

1) 远距离输电线路中间需要电压支持以提高系统稳定性时。
2) 母线电压受负荷影响而变化频繁，幅值较大，且影响其他用户的供电质量时。
3) 带有冲击负荷（如轧钢负荷）的母线，其无功负荷变化幅值大、速率高，需维持供电电压并防止电压闪变时。
4) 维持受端系统稳定的需要时。

一般来说，在负荷点适当地并联无功补偿装置，可以使无功功率就地供给，减少了线路上传输的无功功率，从而降低了线路上的功率损耗和电压损耗，相应地提高了负荷点的电压水平。只要合理地在电力系统中布置无功补偿电源，就既可改善电压水平，又可使电网的功率损耗降低。因此，依靠无功功率补偿装置来调压是目前采用极广的一种调压方式。

下面介绍如何确定无功补偿容量。

简单的电力系统如图 4-25 所示，供电点电压 U_1 和负荷功率 $P + jQ$ 已给定，线路电容和变压器的励磁功率略去不计，线路和变压器的总阻抗为 $R + jX$，并忽略电压降落的横向分量。在未装设无功补偿装置时，电网的首端电压可表示为

$$U_1 = U_2' + \frac{PR + QX}{U_2'} \quad (4\text{-}65)$$

式中，U'_2 为补偿前变压器低压侧归算到高压侧的电压值。

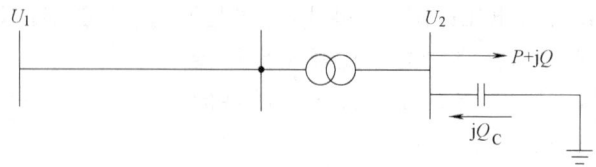

图 4-25　简单电力系统的无功功率补偿

在负荷侧装设容量为 Q_C 的无功补偿装置后，电网的首端电压可表示为

$$U_1 = U'_{2C} + \frac{PR + (Q - Q_C)X}{U'_{2C}} \tag{4-66}$$

式中，U'_{2C} 为装设补偿装置后变压器低压侧归算到高压侧的电压值。

若补偿前、后首端电压保持不变，则有

$$U'_2 + \frac{PR + QX}{U'_2} = U'_{2C} + \frac{PR + (Q - Q_C)X}{U'_{2C}} \tag{4-67}$$

由此可得补偿容量为

$$Q_C = \frac{U'_{2C}}{X}\left[(U'_{2C} - U'_2) + \frac{PR + QX}{U'_{2C}} - \frac{PR + QX}{U'_2}\right] \tag{4-68}$$

由于 U'_{2C} 与 U'_2 差别不大，故后两项可略去不计，得简化形式为

$$Q_C = \frac{U'_{2C}}{X}(U'_{2C} - U'_2) \tag{4-69}$$

考虑变压器的电压比为 k_T，则

$$Q_C = \frac{k_T^2 U_{2C}}{X}\left(U_{2C} - \frac{U'_2}{k_T}\right) \tag{4-70}$$

由此式可看出，补偿容量 Q_C 的大小，不仅取决于调压的要求，也取决于变压器的电压比，因此在确定 Q_C 之前，先确定电压比 k_T，变压器电压比 k_T 选择的原则是：在满足调压的条件下，无功补偿容量为最小。由于不同的补偿设备性能不同，选择电压比的条件也不相同，现分别进行介绍。

（1）补偿装置为静电电容器　对于大负荷时降压变电所低压侧电压偏低，小负荷时电压偏高的情况，在选择静电电容器作为无功补偿装置时，由于静电电容器只能发出感性无功以提高电压，不能吸收感性无功功率降低电压，所以应考虑在最小负荷时静电电容器不投入工作，最大负荷时全部投入工作的运行方式。因此，可按最小负荷时静电电容器不投入工作来确定变压器的分接头。即

$$U_{1t} = \frac{U'_{2\min}}{U_{2\min}}U_{2N} \tag{4-71}$$

式中，$U'_{2\min}$ 为最小负荷时计算出的变压器低压母线归算到高压侧的电压；$U_{2\min}$ 为最小负荷时变压器低压母线要求的电压。

选定与 U_{1t} 最接近的分接头后，确定变压器的电压比，再按最大负荷的调压要求计算无功补偿容量，即

$$Q_{\text{C}} = \frac{k_{\text{T}}^2 U_{2\text{Cmax}}}{X}\left(U_{2\text{Cmax}} - \frac{U'_{2\text{max}}}{k_{\text{T}}}\right) \tag{4-72}$$

式中，$U'_{2\text{max}}$ 为最大负荷时算出的变压器低压母线归算到高压侧的电压；$U_{2\text{Cmax}}$ 为最大负荷时变压器低压母线要求的电压。

（2）补偿装置为同步调相机　当选用同步调相机作为无功补偿装置时，由于同步调相机既可发出无功功率以提高电压，又可吸收无功功率以降低电压。所以，在最大负荷时同步调相机发无功功率，同时，为了充分利用调相机的容量，发出的无功功率即是其额定容量 Q_{CN}，于是有

$$Q_{\text{CN}} = \frac{k_{\text{T}}^2 U_{2\text{Cmax}}}{X}\left(U_{2\text{Cmax}} - \frac{U'_{2\text{max}}}{k_{\text{T}}}\right) \tag{4-73}$$

最小负荷时同步调相机吸收无功功率，并且只能吸收 αQ_{CN} 的无功功率，$\alpha = 0.5 \sim 0.65$，即

$$-\alpha Q_{\text{CN}} = \frac{k_{\text{T}}^2 U_{2\text{Cmin}}}{X}\left(U_{2\text{Cmin}} - \frac{U'_{2\text{min}}}{k_{\text{T}}}\right) \tag{4-74}$$

联合式（4-73）和式（4-74）解出 k_{T}，得

$$k_{\text{T}} = \frac{\alpha U_{2\text{Cmax}} U'_{2\text{max}} + U_{2\text{Cmin}} U'_{2\text{min}}}{\alpha U_{2\text{Cmax}}^2 + U_{2\text{Cmin}}^2} \tag{4-75}$$

计算出 k_{T}，选择与 k_{T} 值最接近的变压器高压绕组分接头电压 $U_{1\text{t}}$，即确定了变压器的电压比 $U_{1\text{t}}/U_{2\text{N}}$，再代入式（4-72）和式（4-73）中任一个等式，即可求得为满足调压要求所需的同步调相机的容量 Q_{CN}。

【例 4-6】 某简单电网接线如图 4-25 所示，归算到高压侧的线路和变压器阻抗之和为 $Z = (26.4 + j129.6)\Omega$，供电点提供的最大负荷 $S_{\text{max}} = (20 + j15)\text{MV} \cdot \text{A}$，最小负荷 $S_{\text{min}} = (10 + j7.5)\text{MV} \cdot \text{A}$，低压侧母线电压要求保持 10.5kV。若高压侧 U_1 保持为 118kV 不变。如补偿设备分别采用静电电容器和同步调相机，试配合变压器分接头选择，确定无功补偿容量。

解： 未装设补偿设备前，最大及最小负荷时变电所低压母线归算到高压侧的电压值分别为

$$U'_{2\text{max}} = U_1 - \frac{P_{1\text{max}}R + Q_{1\text{max}}X}{U_1} = 118\text{kV} - \frac{20 \times 26.4 + 15 \times 129.6}{118}\text{kV} = 97.1\text{kV}$$

$$U'_{2\text{min}} = U_1 - \frac{P_{1\text{min}}R + Q_{1\text{min}}X}{U_1} = 118\text{kV} - \frac{10 \times 26.4 + 7.5 \times 129.6}{118}\text{kV} = 107.5\text{kV}$$

（1）采用电容器作为补偿设备

1）确定变压器分接头。在最小负荷时，电容器全部退出运行，此时应选用的分接头电压为

$$U_{1\text{t}} = \frac{U'_{2\text{min}}}{U_{2\text{min}}}U_{2\text{N}} = \frac{107.5}{10.5} \times 11\text{kV} = 112.6\text{kV}$$

选用 $110 \times (1 + 2.5\%)$kV，即 112.75kV 分接头。于是电压比

$$k_{\text{T}} = \frac{U_{1\text{t}}}{U_{2\text{N}}} = \frac{112.75}{11} = 10.25$$

2) 确定电容器容量。最大负荷时电容器组全部投入,此时电容器容量为

$$Q_C = \frac{k_T^2 U_{2C\max}}{X}\left(U_{2C\max} - \frac{U'_{2\max}}{k_T}\right) = \frac{10.25^2 \times 10.5}{129.6}\left(10.5 - \frac{97.1}{10.25}\right)\text{Mvar} = 8.74\text{Mvar}$$

取补偿容量 $Q_C = 9\text{Mvar}$。

3) 校验。最大负荷电容器全部投入,低压侧的实际电压为

$$U'_{2C\max} = U_1 - \frac{P_{1C\max}R + Q_{1C\max}X}{U_1} = 118\text{kV} - \frac{20 \times 26.4 + (15-9) \times 129.6}{118}\text{kV} = 106.94\text{kV}$$

$$U_{2C\max} = \frac{U'_{2C\max}}{k_T} = \frac{106.94}{10.25}\text{kV} = 10.43\text{kV}$$

最小负荷时电容器全部退出,低压母线实际电压为

$$U_{2\min} = \frac{U'_{2\min}}{k_T} = \frac{107.5}{10.25}\text{kV} = 10.49\text{kV}$$

最大负荷及最小负荷时,低压母线实际电压与要求的 10.5kV 之间的电压偏移分别为

$$\frac{10.5 - 10.43}{10.5} \times 100\% = 0.95\%$$

$$\frac{10.5 - 10.49}{10.5} \times 100\% = 0.12\%$$

可见,选择的电容器容量能满足调压要求。

(2) 选用同步调相机作为补偿设备

1) 确定电压比和补偿容量,按式(4-75)确定选用的变压器电压比,取 $\alpha = 0.5$,则

$$k_T = \frac{\alpha U_{2C\max}U'_{2\max} + U_{2C\min}U'_{2\min}}{\alpha U_{2C\max}^2 + U_{2C\min}^2} = \frac{0.5 \times 10.5 \times 97.1 + 10.5 \times 107.5}{0.5 \times 10.5^2 + 10.5^2} = 9.91$$

则 $U_t = 9.91 \times 11\text{kV} = 108.99\text{kV}$,选用主接头 $U_t = 110\text{kV}$,实际电压比 $k_T = 110/11 = 10$,代入式(4-73),按最大负荷时的调压要求确定补偿容量,则

$$Q_{CN} = \frac{k_T^2 U_{2C\max}}{X}\left(U_{2C\max} - \frac{U'_{2\max}}{k_T}\right) = \frac{10^2 \times 10.5}{129.6}\left(10.5 - \frac{97.1}{10}\right)\text{Mvar} = 6.4\text{Mvar}$$

选用容量为 7.5Mvar 的同步调相机。

2) 校验。最大负荷时同步调相机过励磁满载运行,输出 7.5Mvar 的无功功率,低压侧母线的实际电压为

$$U'_{2C\max} = U_1 - \frac{P_{1\max}R + (Q_{1\max} - Q_{CN})X}{U_1} = 118\text{kV} - \frac{20 \times 26.4 + (15-7.5) \times 129.6}{118}\text{kV} = 105.3\text{kV}$$

$$U_{2C\max} = \frac{U'_{2C\max}}{k_T} = \frac{105.3}{10}\text{kV} = 10.53\text{kV}$$

最小负荷时同步调相机欠励运行,吸收 $7.5\text{Mvar} \times 0.5 = 3.75\text{Mvar}$ 的无功功率,此时低压侧母线的实际电压为

$$U'_{2C\min} = U_1 - \frac{P_{1\min}R + (Q_{1\min} + \alpha Q_{CN})X}{U_1} = 118\text{kV} - \frac{10 \times 26.4 + (7.5+3.75) \times 129.6}{118}\text{kV} = 103.4\text{kV}$$

$$U_{2C\min} = \frac{U'_{2C\min}}{k_T} = \frac{103.4}{10}\text{kV} = 10.34\text{kV}$$

最大负荷、最小负荷时低压母线实际电压与要求电压值 10.5kV 之间的偏移为

$$\frac{10.5-10.53}{10.5}\times100\% = -0.3\%$$

$$\frac{10.5-10.34}{10.5}\times100\% = 1.52\%$$

可见，选用的同步调相机容量满足调压要求。在最小负荷时同步调相机适当减少吸收的无功功率可使低压母线电压为 10.5kV，即选用的调相机容量在最小负荷时还有一定的裕度。

4. 改变输电线路参数调压

从电压损耗的计算公式可知，改变电网元件的电阻和电抗都可以改变网络的电压损耗，从而达到调压的目的。由于电网中变压器的电阻和电抗已由变压器的结构决定，一般不宜改变，故在电网设计或改建时，可考虑改变输电线路的电阻和电抗参数来调压。减小线路电阻意味着增大导线截面积，就会多消耗有色金属；并且对于高压电网，通常电抗远大于电阻，这样在电抗上的电压降占的比重较大，所以目前一般都着眼于减小线路电抗以降低电压损耗。只有对 10kV 及以下电压等级的电网，线路电阻比较大，当采用其他调压措施不适宜时，才考虑用增大导线截面积、减小电阻的方式来调压。

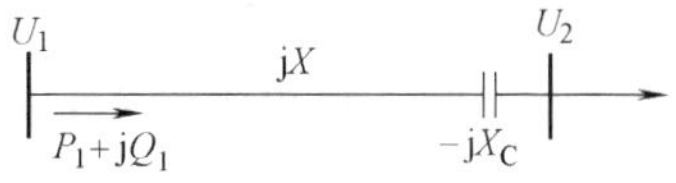

减小线路电抗的有力措施是采用线路串联电容器补偿方式。如图 4-26 所示，输电线路未装设串联电容器时线路的电压损耗为

图 4-26 串联电容补偿原理

$$\Delta U_L = \frac{P_1 R_L + Q_1 X_L}{U_1} \tag{4-76}$$

式中，U_1 为线路首端电压；P_1、Q_1 为线路首端流入的有功功率、无功功率；R_L、X_L 分别为线路的总电阻、电抗。

在线路末端串联电容 X_C 后，线路的电压损耗为

$$\Delta U_L' = \frac{P_1 R_L + Q_1 (X_L - X_C)}{U_1} \tag{4-77}$$

于是，串联电容器后，末端电压升高的值为

$$\Delta U_L - \Delta U_L' = \frac{Q_1 X_C}{U_1} \tag{4-78}$$

若首端电压保持一定，只要确定末端所需要提高的电压值后，所需串联的电容器的电抗值为

$$X_C = \frac{U_1(\Delta U_L - \Delta U_L')}{Q_1} \tag{4-79}$$

线路上串联的电容器实际上是由若干个单个的电容器通过串联或并联组成的一个电容器组，相应的电容器组的容量为

$$Q_C = 3I^2 X_C = \frac{P_1^2 + Q_1^2}{U_1^2} X_C \tag{4-80}$$

式中，I 为通过串联电容器的最大负荷电流。

通常把串联容抗 X_C 与线路电抗 X_L 的比值称为串联补偿的补偿度，补偿度用 k_C 表示，一般 k_C 在 1~4 之间。

串联电容器安装地点与负荷、电源的分布有关。选择安装地点的原则是：使线路上电压尽可能均匀分布，并且各负荷点电压均在允许的偏移范围内。

比较串联电容器补偿和并联电容器补偿的调压特性,可得以下结论:

1)当负荷功率因数很高,即线路上所传输的无功功率很小时,串联补偿在调压方面不起多大作用。

2)串联电容补偿不能使流过线路的电流减小,反之,由于总电抗减少还将增大短路电流,因此当线路的导线受到热容量的限制时,应当采用并联补偿方式。

3)串联补偿由于响应时间很短,对减轻由于冲击负荷引起的电压急剧波动(闪变)最有效。

4)当线路的电抗值相对较大时,串联补偿调压的效果特别显著。此外,对长距离线路,采用串联补偿对提高系统稳定性有好处。

5)从降低线路的功率损耗来看,由于并联补偿能做到就近供应无功功率,故效果显著,而串联补偿方式则由于没有改变线路所输送的无功功率,所以它对降低线路损耗的作用不大。

6)串联补偿的容抗中所补偿的电压,与通过其中的线路电流成正比。当线路电流增大时,线路上的感抗压降增大,与此同时,电容器上的容性电压升高也相应增大,二者恰好互相补偿。因此,串联电容补偿有自行按需要而调整末端电压的优点,这是其他调压方式难以做到的。

7)当线路发生短路时,短路电流将流经串联电容器,并在电容器上引起危险的过电压,为此需要设置专门的过电压保护装置。

总的说来,单从调压的观点看,串联电容器补偿的应用范围小于并联电容器补偿的应用范围,它主要用于110kV及以下的单端供电的一些分支线路上或一些短线路上。

【例4-7】 有一条额定电压为35kV的电力线路,线路阻抗 $Z = (10 + j18)\Omega$,线路首端电压 $U_1 = 36\text{kV}$ 保持不变,首端功率 $S_1 = (12 + j8)\text{MV} \cdot \text{A}$,为使线路末端电压达到 $U_{2C} = 35\text{kV}$,试确定串联电容补偿装置的实际容量。

解: 串联电容补偿前,线路末端的电压值为

$$U_2 = U_1 - \frac{P_1 R + Q_1 X}{U_1} = 36\text{kV} - \frac{12 \times 10 + 8 \times 18}{36}\text{kV} = 28.67\text{kV}$$

装设串联电容补偿要求升高的电压值为

$$\Delta U = U_{2C} - U_2 = 35\text{kV} - 28.67\text{kV} = 6.33\text{kV}$$

$$X_C = \frac{U_1 \Delta U}{Q_1} = \frac{36 \times 6.33}{8}\Omega = 28.49\Omega$$

现有规格为 $U_{NC} = 1\text{kV}$,容量 $Q_{NC} = 50\text{kvar}$ 的电容器,则电容器的额定电流为

$$I_{NC} = \frac{Q_{NC}}{U_{NC}} = \frac{50}{1}\text{A} = 50\text{A}$$

每个电抗器的容抗为

$$X_{NC} = \frac{U_{NC}}{I_{NC}} = \frac{1000}{50}\Omega = 20\Omega$$

线路通过的最大电流为

$$I_{\max} = \frac{\sqrt{P_1^2 + Q_1^2}}{\sqrt{3} U_1} = \frac{\sqrt{12^2 + 8^2}}{\sqrt{3} \times 36}\text{kA} = 0.23\text{kA} = 230\text{A}$$

线路中所串联的电容器是由多个单个电容器串、并联构成的一个电容器组,该电容器组所通过的最大电流应小于 m 个单个电容器并联后的额定电流,因此需要并联的单个电容器个数为

$$m \geqslant \frac{I_{\max}}{I_{\mathrm{NC}}} = \frac{230}{50} = 4.6, 选\ m = 5。$$

电容器组所承载的电压值应小于 n 个单个电容器串联后的额定电压值,因此需要串联的单个电容器个数为

$$n \geqslant \frac{I_{\max} X_{\mathrm{C}}}{U_{\mathrm{NC}}} = \frac{230 \times 28.49}{1000} = 6.55, 选\ n = 7。$$

总的补偿容量为

$$Q_{\mathrm{C}} = 3mnQ_{\mathrm{NC}} = 3 \times 5 \times 7 \times 50 \mathrm{kvar} = 5.25 \mathrm{Mvar}$$

实际补偿容抗为

$$X_{\mathrm{C}} = \frac{nX_{\mathrm{NC}}}{m} = \frac{7 \times 20}{5}\Omega = 28\Omega$$

补偿后线路末端电压

$$U_{2\mathrm{C}} = U_1 - \frac{P_1 R + Q_1(X - X_{\mathrm{C}})}{U_1} = 36\mathrm{kV} - \frac{12 \times 10 + 8 \times (18 - 28)}{36}\mathrm{kV} = 34.9\mathrm{kV}$$

可见,选取的串联电容器基本能满足调压要求。

综上所述,电力系统的电压调整是一个涉及面很广的复杂问题。一般说来,改变发电机端电压调压适用于地方性供电网,对于区域性电网仅作为辅助调压措施。在系统无功功率充足时,首先应考虑采用改变变压器的电压比调压。对于无载调压变压器,一般只适用于季节性负荷变化的情况。当系统无功电源不足时,不宜采用改变变压器的电压比来提高电压,因为当某一地区的电压由于变压器的电压比改变而升高后,该地区的无功需求也增大了,这就扩大了系统的无功缺额,从而导致整个系统的电压水平进一步下降,这时必须增设无功补偿装置以弥补系统的无功缺额。无功功率的就地补偿虽需增加投资,但无功补偿不仅能提高系统的运行电压水平,还能通过减少无功功率在电网中的传输而降低网络的功率损耗,从而降低电网的电能损耗,对系统的经济性也有好处。串联电容补偿可用于配电网的调压,但近年来串联电容补偿用于超高压输电线路所带来的对潮流的控制、系统稳定性的提高等方面的综合效益已日益引起人们的关注。

第五节 电力系统有功功率平衡与频率调整

频率也是衡量电能质量的另一个主要指标,保证电力系统的频率符合标准也是系统运行的一项基本任务。

一、频率偏移对系统设备的影响

我国工频交流电采用的额定频率是 50Hz,允许偏移范围是 $\pm(0.2 \sim 0.5)$Hz。频率偏移超出允许的范围将使用户遭受损失,对发电厂和电力系统本身的运行也将有不利的影响。

1)频率的变化会引起异步电动机转速的改变,这将影响工业用户的产品质量。例如,

纺织及造纸行业可能产生次品甚至是废品。

2）频率的降低将引起异步电动机输出功率的降低，影响异步电动机驱动的生产设备正常运行。例如，发电厂本身有许多由异步电动机拖动的重要设备——水泵和风机等，频率的降低将使它们的出力降低，导致水压、风力的不足，从而使发电机组的发电能力下降。这样进一步造成了频率的下降，如果不采取相应措施，系统的频率将不能维持。

3）近代工业、国防和科学技术都已广泛使用电子设备，频率的不稳定将会影响电子设备的工作，雷达、电子计算机等重要设施将因频率过低而无法运行。

4）低频运行时，汽轮机处于低于额定转速的运行状态，会使汽轮机叶片因共振而产生裂纹，严重时甚至会使叶片断裂，造成严重事故。

5）频率降低时，系统中的无功负荷将增大，而无功负荷的增大又将引起系统电压水平的下降。

总之，所有设备都是按照额定频率来设计的，频率的变化不仅影响用户的用电质量，对电力系统本身也有很大影响，严重时可令系统崩溃。因此，为了保证系统频率在规定的范围内，就需要对频率进行调整。

二、电力系统的有功功率平衡

1. 有功负荷的变化与频率调整

正常情况下，电力系统各点的频率在任一瞬间都是相同的。系统的频率取决于发电机组的转速，而机组的转速是由作用在转子转轴上的转矩所决定的，作用在转轴上的转矩包括原动机的机械转矩和发电机的电磁转矩，前者是驱动转矩，后者是制动转矩。正常运行时转轴上的转矩相平衡，转子以同步转速旋转，此时系统的频率就是额定频率。因为转矩与功率成正比，所以机械转矩和电磁转矩的平衡，就是原动机输入的机械功率与发电机输出的电磁功率相平衡，也是电力系统有功功率的平衡。而电力系统有功负荷是时刻发生变化的，有功负荷的变化引起发电机输出电磁功率的改变，使得发电机有功功率平衡被打破，于是发电机转子的转速发生变化，系统的频率也随之变化。因此，电力系统频率的变化是由有功负荷的改变引起的。

对系统实际有功负荷变化曲线的分析表明，有功负荷可以看作是由三种具有不同变化规律的负荷组成的，如图4-27所示：第一种是变化幅度很小、变化周期短、变化有很大偶然性的负荷；第二种是变化幅度较大、变化周期较长的负荷，如电炉、压延机械、电气机车等，它们的起停对电网具有一定的冲击性；第三种是变化缓慢的持续变化负荷，如因生产、生活、气候等变化引起的变动负荷。

为保证频率在允许的偏移范围内，必须根据负荷的变化进行电力系统的频率调整，可分为频率的一次调整、二次调整和三次调整。频率的一次调整是针对系统的第一种有功负荷变化引起的频率偏移所做的调整，由发电机的调速器实现；频率的二次调整是针对系统第二种有功负荷变化引起的频率偏移所做的调整，由调频厂发电机的调频器完成；频率

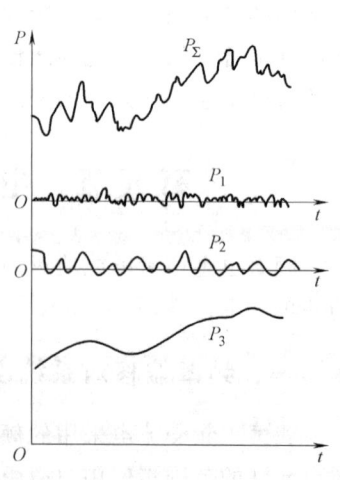

图4-27 有功负荷的变化曲线

的三次调整是针对系统第三种有功负荷变化引起的频率偏移所做的调整,频率的三次调整是在有功功率平衡的基础上,按照最优化的原则在系统中各发电厂之间进行负荷的经济分配,实际上是系统经济运行的问题。

2. 电力系统的有功功率平衡

由于电能不能大量储存,所以电力系统运行时,在任何时刻,系统中所有发电厂发出的有功功率总和都必须和系统的总有功负荷、电网的总有功损耗和发电厂的厂用电相平衡,可表示为

$$P_{\Sigma G}(t) = P_{\Sigma LD}(t) + \Delta P_{\Sigma}(t) + P_{\Sigma C}(t) \tag{4-81}$$

式中,$P_{\Sigma G}(t)$ 为系统中各发电厂发出的有功功率总和;$P_{\Sigma LD}(t)$ 为系统中所有负荷消耗的有功功率总和;$\Delta P_{\Sigma}(t)$ 为电网中的总有功功率损耗;$P_{\Sigma C}(t)$ 为系统中各发电厂的自用电中消耗的有功功率总和。

此外,在设计系统时,为了保证可靠供电和良好的电能质量,除电力系统必须在额定运行情况下达到功率平衡外,还要有一定的备用容量,即电力系统装设的发电机的额定容量一定大于系统最大负荷。系统备用容量一般有以下几种:

(1) 负荷备用(即调频备用) 系统的负荷备用是为了适应短时间内的负荷波动以稳定系统频率,以及担负一天内计划外的负荷增加的容量。负荷备用容量的大小应根据电力系统容量及系统内电力用户的组成情况来确定。在规划设计中,一般取为系统最大负荷的 3%~5%。

负荷备用可以在一年中不同的季节内和一昼夜中不同的时间内由不同的发电厂来担任,可以由火电厂担任,也可以由水电厂担任。由于水电厂的应变能力较强,能迅速地适应负荷的变动,且运行效率高,故由水电厂担任系统的负荷备用较好。

担任负荷备用的水电厂,其装机容量不得小于系统最大负荷的 15%,并且还需要有一定的调节容量。

(2) 事故备用 事故备用是为了在电力系统中当发电设备发生偶然事故时,保证系统的正常供电所需要的备用容量。事故备用容量的大小与系统总容量的大小、发电机组台数的多少、单机容量的大小、系统内各类电厂的比重以及系统对供电可靠性的要求等方面有关。在规划设计时,系统的事故备用容量一般取为系统最大负荷的 10%,并且不小于系统中最大一台机组的容量。

系统事故备用容量在水、火电厂间的分配一般可按水、火电厂的工作容量的比例分配。调节性能良好的水电厂,可担任较大的事故备用容量。但在水电厂设置的系统事故备用容量占本厂装机容量的比重较大时,应做全面的技术经济论证。另外,担任事故备用的水电厂,必须具有事故备用的调节容量。

(3) 检修备用 在系统中必须使所有的机组有可能周期性地进行停机检修(即大修),这种修理是按计划进行的。一般都用负荷的季节性低落所空出的容量安排机组轮流进行大修,只有当季节性低落所空出的容量还不足以保证全部机组周期性检修的需要时,才需设置检修备用容量。

(4) 国民经济备用 考虑国民经济各部分在今后的发展中,其用电量逐月、逐年上升而增加的备用容量。

上述备用有的处于运行状态,称为热备用或旋转备用,此时机组不满载运转;有的处于

停机待命状态,称为冷备用。国民经济备用、事故备用可以是冷备用,系统的负荷备用必须是热备用。这是因为,动用冷备用需要一定的时间,汽轮机从起动到满载,对于25~50MW的机组,需要1~2h;对于100MW的机组需要4h;而水轮机从起动到满载只需要几分钟。

三、电力系统的频率特性

1. 电力系统负荷的有功功率—频率的静态特性

当电力系统稳态运行时,系统中负荷的有功功率随频率变化的特性称为负荷的有功功率—频率的静态特性。根据电力系统负荷的有功功率与频率的关系,可将负荷分为以下几种:与频率变化无关的负荷,如照明、电炉、整流负荷等;与频率的一次方成正比的负荷,如机床、往复式水泵、压缩机、球磨机等;与频率的二次方成正比的负荷,如变压器的涡流损耗;与频率的三次方成正比的负荷,如通风机、循环水泵等离心式机械;与频率的更高次方成正比的负荷,如静水头很大的给水泵等。因此,系统综合负荷的有功功率-频率静态特性的数学表达式为

$$P_{LD} = a_0 P_{LDN} + a_1 P_{LDN}\left(\frac{f}{f_N}\right) + a_2 P_{LDN}\left(\frac{f}{f_N}\right)^2 + a_3 P_{LDN}\left(\frac{f}{f_N}\right)^3 + \cdots \quad (4-82)$$

式中,P_{LD}为系统频率为f时整个系统的有功负荷;P_{LDN}为系统频率为f_N时整个系统的有功负荷;a_0、a_1、a_2、$\cdots$为上述各项有功负荷占P_{LDN}的份额。

式(4-82)表明,当电力系统频率降低时,电力系统负荷的有功功率也将随之降低。一般情况下,因为与频率的更高次方成正比的有功负荷所占比重很小,可以忽略,所以式(4-82)中的多项式写至三次方项。这种关系式称为系统负荷的有功功率-频率静态特性(简称为功频静特性)方程。

当频率偏离额定值不多时,该特性常近似用一条直线来描述,如图4-28所示。也就是说,在额定频率附近,负荷的有功功率与频率成线性关系。图中直线的斜率为

$$K_{LD} = \tan\beta = \frac{\Delta P_{LD}}{\Delta f} \quad (4-83)$$

或用标幺值表示为

$$K_{LD*} = \frac{\Delta P_{LD}/P_{LDN}}{\Delta f/f_N} = \frac{\Delta P_{LD*}}{\Delta f_*} \quad (4-84)$$

式中,K_{LD}为系统有功负荷的频率调节效应系数(MW/Hz)。它表示系统有功负荷的自动调节效应。如频率下降,有功负荷自动减小。一般电力系统的$K_{LD*}=1~3$,它表示频率变化1%时,负荷的有功功率相应变化1%~3%。

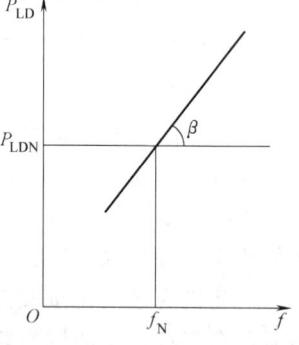

图4-28 电力系统负荷的有功功率—频率静态特性

2. 发电机组的有功功率—频率的静态特性

发电机所带的负荷变化时,发电机转轴上的转矩不再保持平衡(有功功率平衡被打破),发电机的转速发生改变,于是频率也随之改变。为了保持系统频率在允许的范围内,就要进行速度控制。发电机的速度调节是由原动机附带的调速器来实现的,调速器分为机械式和液压式两大类,早期发电机组上安装的基本是机械式的。以图4-29所示的机械式调速系统为例,来分析其工作原理。

该调速系统由转速测量元件(由离心飞摆、弹簧和套筒组成)、放大元件(错油门)、

执行机构（油动机）和转速控制机构（调频器）四部分构成。

调速器的飞摆由套筒带动转动，套筒则由原动机的主轴带动。在单机运行时的初始状态下，发电机输出功率与汽轮机出力相平衡，发电机转速不变，离心飞摆的转速也不变，此时错油门活塞静止不动保持在中间位置，油动机亦将气门的开度保持在一定位置上。当发电机负荷突然增加时，发电机的电磁功率增大，原动机输入功率不变，作用在转轴上的驱动转矩小于制动的电磁转矩，原动机转速下降，反应原动机转速的套筒转速下降，由套筒带动的飞摆转速也下降，离心力减小，飞摆在弹簧的作用下相互靠拢，使 O 点向下移动到 O' 点。此时，油动机活塞两侧油压相等，B 点不动，结果使杠杆 OB 绕 B 点逆时针方向转动，带动 A 点下降。在调频器

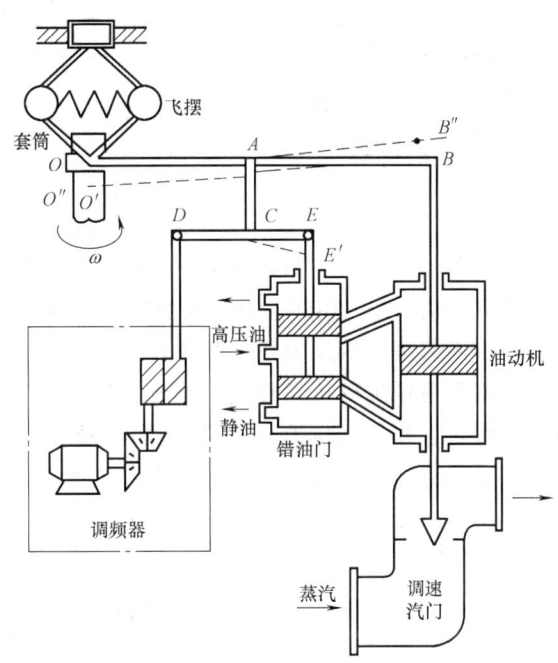

图 4-29 离心飞摆式调速系统原理示意图

不动的情况下，D 点也不动，因而在 O 点下降到 O' 时，杠杆 DE 绕 D 点顺时针转动，E 点向下移动到 E'。错油门的活塞向下移动，错油门被打开，高压力油经下油管进入油动机活塞下部，而活塞上部的油则由上油管经错油门上部小孔溢出。在油压的作用下，油动机活塞向上移动，使汽轮机的调节汽门或水轮机的导向叶片开度增大，增加进汽量或进水量。

在油动机活塞上升的同时，杠杆 OB 绕 O' 点逆时针方向转动，通过连接点 C，从而提升错油门活塞，又使错油门关闭。这时油动机活塞又处于上下相等的油压下，并停止移动。由于进汽量或进水量的增加，机组转速上升，O 点从 O' 回升到 O''，但恢复不到 O 点，调节过程结束。这时杠杆 OB 的位置为 $O''AB''$。分析杠杆 OB 的位置可见，杠杆上 C 点的位置和原来相同，B'' 的位置较 B 高，O'' 的位置较 O 略低。这说明，相应地进汽量或进水量较原来多，但机组转速却较原来略低。这就是频率的"一次调整"作用。

由上述过程可见，当增大有功负荷时，在经调速器调整之后，使得发电机组发出的有功功率增加，频率较初始频率要低。反之，如果有功负荷减小，频率较初始频率要高。若以机组频率为横坐标，以发出有功功率为纵坐标做出其关系曲线，将得到一条倾斜的直线，如图 4-30 所示，这就是发电机组的有功功率—频率静态特性曲线或称发电机功频静特性。图中点 b 是满载运行的临界点，发电机组在 b 点运行，如果频率进一步下降，由于发电机已经满载运行，发电机输出的功率不能随频率下降而增加，此时输出功率保持不变。

发电机组的有功功率—频率静态特性的斜率为

$$K_G = -\tan\alpha = -\frac{\Delta P_G}{\Delta f} \quad (4-85)$$

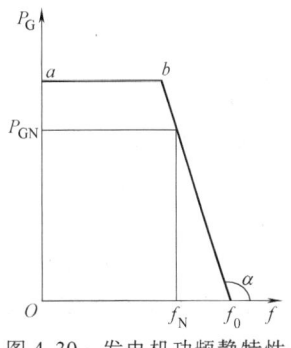

图 4-30 发电机功频静特性

式中，K_G 为发电机组的单位调节功率（MW/Hz）。

式中的"－"号表示发电机输出有功功率的变化与频率变化的方向相反，即发电机输出有功功率增加时，频率将要降低。

K_G 用标幺值表示则为

$$K_{G*} = -\frac{\Delta P_G/P_{GN}}{\Delta f/f_N} = -\frac{\Delta P_{G*}}{\Delta f_*} = K_G \frac{f_N}{P_{GN}} \quad (4\text{-}86)$$

与负荷的调节效应系数 K_{LD*} 不同，发电机的单位调节功率 K_{G*} 是可以整定的。由于调速器不同，K_{G*} 也不相同，对汽轮发电机组 $K_{G*} = 33.5 \sim 20$，对水轮发电机组 $K_{G*} = 50 \sim 25$。

对于满载运行的发电机，其单位调节功率 $K_{G*} = 0$。

为使负荷增加后机组转速仍能维持原始转速，在人工手动操作或自动装置控制下，调频器转动蜗轮、蜗杆，将 D 点抬高，杠杆 DE 绕 C 点顺时针转动，错油门再次向下移动，进一步增加进汽量或进水量。机组转速上升，离心飞摆使 O 点由 O'' 点向上升。而在油动机活塞向上移动时，杠杆 OB 又绕 O'' 逆时针转动，带动 A、C、E 点向上移动，再次堵住错油门小孔，再次结束调节过程。如果调频器操作得当，使 D 点位置控制得当，O 点就有可能回到原来的位置。这就是频率的"二次调整"作用。

由调频器调节使 D 点上下移动，其效果是改变发电机组的功频静特性，使其上下平行移动，如图 4-31 所示。

四、电力系统的频率调整

如前所述，由于电力系统的负荷随时都在变化，因此系统的频率也随之变化，欲使系统的频率变化不超过允许的范围，就必须对频率进行调整，这是电力系统调度部门的主要职责之一。

在电力系统中，各发电厂机组所带负荷的多少是系统调度员按系统的经济运行方式事先编制决定的，当系统的频率因系统负荷的变化而变化时，一般发电厂不能随意增减负荷来调频，因为这样做不仅不能使系统迅速平稳地恢复到额定频率，反而破坏了系统的经济运行。因此，调整频率时，必须同时考虑各发电厂间或发电厂内各机组间有功功率的合理分配以及全系统的经济运行。

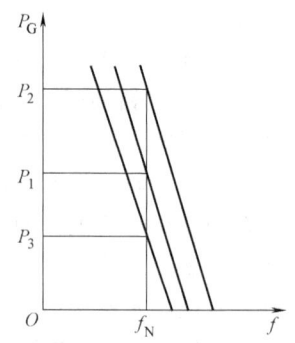

图 4-31 调频器改变位置时功频静特性的变化

为了避免在频率调整过程中出现过调或频率长时间不能稳定的现象，频率的调整工作需在各发电厂间进行分工，实行分级调整：系统中有调整能力的发电机组都参加频率的一次调整，只有少数厂（或机组）承担二次调频任务。于是将所有发电厂按是否承担二次调频任务分为：主调频厂、辅助调频厂和非调频厂三类。主调频厂承担全系统的频率调整（即二次调频）工作，一般由一个发电厂担任。辅助调频厂是当主调频厂经过调整后，系统频率仍超过了某一规定的偏移范围后才参加二次调频的发电厂，一般由少数几个发电厂担任。非调频厂是指电力系统在正常运行情况下均按所规定的负荷曲线运行，不参加二次调频工作的电厂，因此又称为基荷厂（即带基本负荷的电厂）。

1. 电力系统频率的调整过程

由图 4-32 来说明电力系统频率的调整过程。系统中负荷的功频静特性曲线 1 与发电机组的功频静特性曲线 2 相交于 a 点,此时系统在初始状态下运行,有功负荷(包括有功损耗)与发电机出力平衡,频率为 f_a ($f_a = f_N$)。若有功负荷突然增加,负荷功频静特性曲线上升变为曲线 $1'$,如果原动机调速系统不动作(发电机组在 a 点运行时满载),则频率下降到 f_b。原动机调速系统工作,开大调速汽门的开度,使发电机出力增大到 P_c,负荷功频静特性曲线 $1'$ 与发电机功频静特性曲线 2 相交于 c 点,此时频率为 f_c,这个过程就是频率的一次调整。通过图 4-32 可以看到,一次调整在很大程度上改善了频率,但没有将频率调整到原来的值。频率的一次调整是有差调整,这是由调速系统的有差特性决定的。若系统有足够的备用容量,值班人员就可以通过调频器改变调速系统的特性,进一步使发电机出力增加到 P_d,发电机功频静特性曲线平滑上移变为 $2'$,此时,运行点过渡到 d 点,频率有可能恢复到原来的 f_a。这个过程就是频率的二次调整。

2. 主调频厂与基荷厂在调频过程中的负荷转移

假设电力系统内有两个电厂:一个是主调频厂,另一个是基荷厂。它们的功频静特性曲线如图 4-33 所示。当电力系统以频率 f_a ($f_a = f_N$) 运行时,基荷厂发电机组的有功出力为 P_a',主调频厂的有功出力为 P_a。如果负荷增加,系统频率下降,电力系统各原动机调速系统动作使频率为 f_c。这时,主调频厂增加的有功出力为 $P_c - P_a$,基荷厂增加的有功出力为 $P_c' - P_a'$。如果基荷厂仍要求按原来分配的经济功率 P_a' 运行,则可通过主调频厂调速系统的调频器将静态特性曲线平行上移,使系统频率恢复为 f_a,将基荷厂增加的功率 $P_c' - P_a'$ 转移给主调频厂,而主调频厂总共增加的有功功率为 $P_d - P_a$。

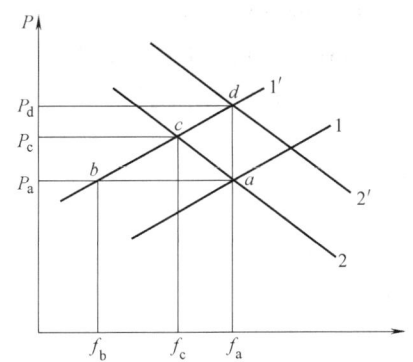

图 4-32 频率调整过程示意图

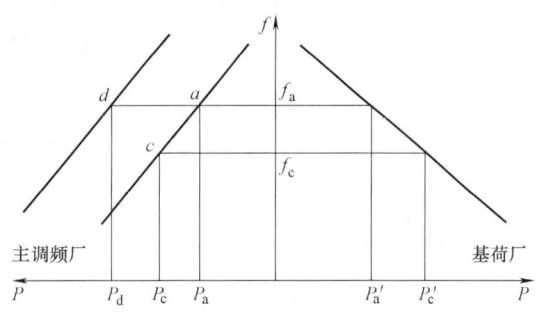

图 4-33 调频厂与基荷厂的负荷转移

3. 主调频厂的选择

由于系统频率主要是由主调频厂负责调整的,所以主调频厂选择的好坏直接关系到系统的频率质量。一般在选择主调频厂时应考虑以下问题:

1) 具有足够的调频容量和调整范围。
2) 能比较迅速地调整出力。
3) 调整出力时符合安全及经济运行原则。

除了以上要求外,还应考虑电源联络线上的交换功率是否会因调频引起过负荷跳闸或失去稳定性,调频引起的电压波动是否在允许的范围之内。

在水、火电厂并列运行的电力系统中,一般是选择大容量的水电厂作为主调频厂。大型火电厂中高效率的机组带基本负荷,效率较低的机组可作为辅助调频之用。因为水电厂调频不仅速度快、操作简便，而且调整的范围大（只受发电机容量的限制），基本上不影响水电厂的安全运行。火电厂调频不仅受到暖机和锅炉出力增减速度的限制，而且还受到锅炉最小出力的限制。汽轮机增减负荷的速度，主要受汽轮机各部分热膨胀的限制，特别是高温高压机组在这方面的要求更严。锅炉出力增减速度通常比汽轮机要快一些，但与燃料质量关系很大。供热式机组更不适宜调频，因为供热机组的出力要受抽汽量的限制。

在丰水季节，为了多发水电，一般由大容量的水电厂带基本负荷，而由火电厂负责调频。水电厂无论是带基本负荷，还是调频，都必须考虑防洪、航运、灌溉、渔业、工业、人民生活用水等综合利用的要求。

4. 事故调频

当系统发生电源事故（包括发电厂内部和电源线路）或系统解列事故时，系统内电源和负荷不再保持平衡，从而使得电力系统频率会突然大幅度下降。为避免频率大幅度下降，系统内部布置有一定容量的热备用和低频率减负荷装置。发生事故时，运行人员在调度的统一指挥下通过迅速启用旋转备用容量（热备用）、迅速起动备用发电机组、切除负荷或将系统分割、分离厂用电等措施来防止频率的下降。一般从频率开始下降至电源与负荷重新恢复平衡，直至频率稳定于新的数值，全过程不过几秒至几十秒的短暂时间。

最后需要指出的是，电力系统的有功功率和无功功率既与频率有关，也与电压有关。频率或电压的变化都将通过系统的负荷特性同时影响到有功功率和无功功率。但由于电力系统在额定频率、额定电压附近运行，电压变化对有功功率的影响及频率变化对无功功率的影响都很小，因而才有可能分别处理调压和调频的问题。同时，系统的频率是统一的，调频涉及整个系统，而无功功率和电压调整则可以按地区就地解决。另外，若系统电压、频率都不满足要求，应先对系统调整频率，再对系统调整电压。因为频率的变化影响系统的运行电压。

第六节　电力系统的经济运行

电力系统经济运行的基本要求是，在保证系统向用户不间断地提供安全、可靠、充足、优质电能的前提下，努力提高电能生产和传输的效率，以期最大限度地降低电能生产的燃料消耗（发电成本）和传输的电能损耗（供电成本）。

电力系统的经济性，必须从规划设计和运行两个方面来保证。在设计中要通过技术经济分析，采用高效率的发电设备，合理选择输电和配电网络的电压等级与接线方式等；在运行中则要合理分配各发电厂的负荷，降低燃料消耗，同时合理配置无功电源以降低电网的电能损耗等。

本节将简要介绍电网中电能损耗的计算方法和降低电能损耗的技术措施。

一、电网的电能损耗

电网在运行时，由于电流或功率通过输电线和变压器从而产生电能损耗。从输电线和变压器的等效电路看，电能损耗由两部分组成：一部分是在导线和变压器绕组的电阻上的损耗，这部分损耗与通过元件的电流或功率有关，输送的功率越大，损耗也越大，该损耗称为可变损耗；另一部分是输电线和变压器等效电路中并联电导中的有功损耗，如输电线的电晕损耗、变压器的铁心损耗等，这部分损耗与施加于元件的电压有关，而与通过元件的功率几乎无关，根据电网对电压质量的要求，元件运行电压一般不允许偏离额定值太大，因此，这部分损耗基本不变,故又称为不变损耗。

据统计,电力系统的有功功率损耗最多可达总发电量的 20%～30%,也就是说大约 1/4 的发电容量都将用来抵消输配电过程中的功率损耗。这不仅大大增加了发电厂和变电所的设备容量,同时也是对极其宝贵的动力资源的额外消费。并且电能损耗的大小还密切影响电能成本,进而影响整个国民经济。再者,为供给这部分功率极电能损耗,系统中的火力发电厂还必须多发电,从而使向大气中排放的二氧化碳等温室效应气体增加,这样对环境保护也造成不利影响。因此,电网的功率损耗与电能损耗是电网运行中的一个重要的经济指标,尽量降低电网的功率损耗和电能损耗是电网设计与运行中的主要任务。

1. 输电线的电能损耗

在电力系统正常运行时,一般尽量避免输电线产生电晕。因此,输电线的电晕损耗可以略去不计。对于给定的运行时间 T,考虑到负荷随时间变化,输电线的电能损耗为

$$\Delta A_\mathrm{L} = 3\int_0^T I^2 R_\mathrm{L} \times 10^{-3} \mathrm{d}t = \int_0^T \frac{S^2}{U^2} R_\mathrm{L} \times 10^{-3} \mathrm{d}t \tag{4-87}$$

式中,各量的单位是视在功率(kV·A);电压(kV);电流(A);电阻(Ω);时间(h);电能损耗(kW·h)。

由于负荷功率是随时间变化的,所以式(4-87)中的损耗用积分形式表示。而负荷的变化规律一般不易用解析式表示,这将给计算电能损耗带来很大的困难。为此,通常采用近似算法。近似算法常以统计资料及相应的经验公式或曲线为基础。下面介绍一种工程计算中常用的简化近似算法,即最大负荷损耗时间法。

首先定义最大负荷损耗时间 τ。如果网络输送的功率始终保持为最大负荷功率 $S_{\max}$,经 τ 小时后,网络中损耗的电能恰等于网络按实际负荷曲线运行时全年实际损耗的电能,则称 τ 为最大负荷损耗时间。

一年按 8760h(365 天 ×24h)计算,根据 τ 的定义,输电线全年的电能损耗为

$$\Delta A_\mathrm{L} = \int_0^{8760} \frac{S^2}{U^2} R_\mathrm{L} \times 10^{-3} \mathrm{d}t = \frac{S_{\max}^2}{U^2} R_\mathrm{L} \tau \times 10^{-3} \tag{4-88}$$

若认为运行电压接近于维持恒定,则

$$\tau = \frac{\int_0^{8760} S^2 \mathrm{d}t}{S_{\max}^2} \tag{4-89}$$

由此可见,最大负荷损耗时间 τ 与视在功率 S 表示的负荷曲线有关。视在功率可以根据相应的有功功率和功率因数决定,而最大负荷利用小时数 $T_{\max}$ 反映了有功功率负荷曲线。可以设想,对于给定的功率因数 $\cos\varphi$,τ 同 $T_{\max}$ 之间将存在一定的关系。通过对一些典型负荷曲线的分析,得到 τ 与 $T_{\max}$ 的关系列于表 4-1。从而,在无法确知负荷的变化曲线的场合(如在电力系统规划设计时),可根据用户的性质,查出最大负荷利用小时数 $T_{\max}$,再根据 $T_{\max}$ 和用户的功率因数 $\cos\varphi$,由表 4-1 查出与之对应的 τ 值,即可根据式(4-88)计算出线路全年的电能损耗。

最大负荷损耗时间 τ 与负荷的功率因数 $\cos\varphi$ 有关,这是因为传输无功功率时,也会在电网元件的阻抗上产生有功功率损耗。如果传输的有功功率保持不变(对应 $T_{\max}$ 值不变),当 $\cos\varphi$ 降低时,由于输送的无功功率增大,相应的 τ 值也将增大。

表 4-1 最大负荷损耗时间 τ 与最大负荷利用小时数 $T_{\max}$ 的关系　　　　（单位：h）

$T_{\max}$ \ τ	$\cos\varphi$				
	0.80	0.85	0.90	0.95	1.00
2000	1500	1200	1000	800	700
2500	1700	1500	1250	1100	950
3000	2000	1800	1600	1400	1250
3500	2350	2150	2000	1800	1600
4000	2750	2600	2400	2200	2000
4500	3150	3000	2900	2700	2500
5000	3600	3500	3400	3200	3000
5500	4100	4000	3950	3750	3600
6000	4650	4600	4500	4350	4200
6500	5250	5200	5100	5000	4850
7000	5950	5900	5800	5700	5600
7500	6650	6600	6550	6500	6400
8000	7400	—	7350	—	7250

2. 变压器的电能损耗

变压器的电能损耗包括不变损耗和可变损耗，所以有

$$\Delta A_{\mathrm{T}} = \Delta P_0 T + \int_0^T \frac{S^2}{U^2} R_{\mathrm{T}} \times 10^{-3} \mathrm{d}t = \Delta P_0 T + \frac{S_{\max}^2}{U^2} R_{\mathrm{T}} \times 10^{-3} \tau \qquad (4\text{-}90)$$

式中，ΔP_0 为变压器的空载有功损耗，对应于不变损耗（kW）；T 为变压器全年实际投入运行小时数（h）。

也可直接利用变压器的短路损耗和空载损耗计算。如对双绕组变压器有

$$\Delta A_{\mathrm{T}} = \Delta P_0 T + \Delta P_{\mathrm{k}} \frac{S_{\max}^2}{S_{\mathrm{N}}^2} \tau \qquad (4\text{-}91)$$

如果网络中有 n 台相同容量的变压器并联运行，则一年中总的电能损耗为

$$\Delta A_{\mathrm{T}} = n \Delta P_0 T + \frac{\Delta P_{\mathrm{k}}}{n} \frac{S_{\max}^2}{S_{\mathrm{N}}^2} \tau \qquad (4\text{-}92)$$

式中，ΔP_0、ΔP_{k} 分别为单台变压器的空载、短路时的有功损耗（kW）；S_{N} 为单台变压器的额定容量（MV·A）；$S_{\max}$ 为变压器输送的最大功率（MV·A）。

应当指出，最大负荷利用小时数 $T_{\max}$ 和最大负荷损耗时间 τ 虽然在定义上有相同之处，都是利用等值的概念，用确定值（$P_{\max}$ 和 $S_{\max}$）来代替变量（P 和 S），但其实质是有区别的。$T_{\max}$ 用于等值计算负荷消耗的电能，而 τ 用于等值计算电网的电能损耗。此外，$T_{\max}$ 是有功功率负荷的等值时间，而 τ 是视在功率负荷的等值时间。

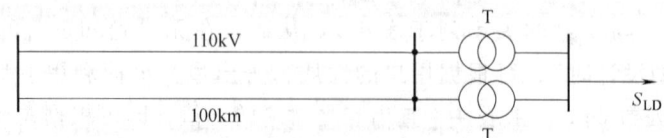

图 4-34　例 4-8 的电网电气接线图

【例 4-8】 有一额定电压为 110kV，长度为 100km 的双回输电线向变电所供电，如图 4-34 所示，线路单位长度参数为 $Z_0 = (0.17 + \mathrm{j}0.409)\Omega/\mathrm{km}$，$b_0 = 2.79 \times 10^{-6} \mathrm{S/km}$。两台变

压器并联运行,每台变压器的额定容量 $S_N = 31.5\text{MV} \cdot \text{A}$,电压比为 110/11,$\Delta P_0 + j\Delta Q_0 = (0.03 + j0.22)\text{MV} \cdot \text{A}$,$\Delta P_k = 190\text{MW}$,$U_k(\%) = 10.5$,$S_{\max} = (40 + j30)\text{MV} \cdot \text{A}$,$T_{\max} = 4500\text{h}$。试计算全年的电能损耗。

解:(1)计算电网的潮流分布

变压器阻抗:

$$R_T = \frac{1}{2} \times \frac{\Delta P_k U_N^2}{S_N^2} \times 10^3 = \frac{1}{2} \times \frac{190 \times 110^2}{31500^2} \times 10^3 \Omega = 1.16\Omega$$

$$X_T = \frac{1}{2} \times \frac{U_k(\%) U_N^2}{100 \quad S_N} \times 10^3 = \frac{1}{2} \times \frac{10.5}{100} \times \frac{110^2}{31500} \Omega = 20.17\Omega$$

变压器绕组中的功率损耗:

$$\Delta S_T = \frac{S_{LD}^2}{U_N^2}(R_T + jX_T) = \frac{40^2 + 30^2}{110^2} \times (1.16 + j20.17)\text{MV} \cdot \text{A} = (0.24 + j4.17)\text{MV} \cdot \text{A}$$

双回线路电容的充电功率:

$$\Delta Q_b = 2 \times \frac{B_0 l}{2} \times U_N^2 = 3.38\text{Mvar}$$

线路阻抗末端的功率:

$$S_2 = S_{LD} + \Delta S_T + \Delta S_0 - j\Delta Q_b = [40 + j30 + 0.24 + j4.17 + 2 \times (0.03 + j0.22) - j3.38]\text{MV} \cdot \text{A}$$
$$= (40.3 + j31.23)\text{MV} \cdot \text{A}$$

(2)计算变压器的全年电能损耗

当 $T_{\max} = 4500\text{h}$,$\cos\varphi = \cos[\arctan(30/40)] = 0.8$ 时,查表 4-1 得 $\tau = 3150\text{h}$。

$$\Delta A_T = n\Delta P_0 T + \frac{\Delta P_k}{n} \frac{S_{\max}^2}{S_N^2}\tau = 2 \times 30 \times 8760 + \frac{190}{2} \times \frac{50^2}{31.5^2} (\text{kW} \cdot \text{h}) = 1.28 \times 10^6 \text{kW} \cdot \text{h}$$

(3)计算线路的全年电能损耗

线路阻抗末端负荷的功率因数:

$$\cos\varphi = \frac{P_2}{\sqrt{P_2^2 + Q_2^2}} = \frac{40.3}{\sqrt{40.3^2 + 31.23^2}} = 0.79$$

查表 4-1 得 $\tau = 3150\text{h}$。

$$\Delta A_L = \frac{S_{\max}^2}{U^2} R_L \tau \times 10^{-3} = \frac{40300^2 + 31230^2}{110^2} \times \frac{1}{2} \times 0.17 \times 100 \times 3150 \times 10^{-3} \text{kW} \cdot \text{h} = 5.75 \times 10^6 \text{kW} \cdot \text{h}$$

(4)计算电网全年总电能损耗

$$\Delta A = \Delta A_L + \Delta A_T = (5.75 \times 10^6 + 1.28 \times 10^6)\text{kW} \cdot \text{h} = 7.03 \times 10^6 \text{kW} \cdot \text{h}$$

二、降低电能损耗的措施

为了降低电网的电能损耗,可采取各种技术措施。其中有些措施是建设电网时以及对现有电网进行技术改造时采取的措施,这往往需要投资。这些措施的采取需进行多方案的技术经济比较才能确定。另有些措施可通过对现有电网合理地组织运行方式来实施,这类措施可不增加投资或少增加投资,因此,应优先考虑。从输电线和变压器的电能损耗计算公式可以看出,在电网运行中可以采取下列措施降低网络损耗。

1. 改善网络中的功率分布

（1）提高用户的功率因数，减少线路输送无功功率　用户是电网分配电能的终点，提高用户的功率因数，不仅提高了和用户联系的配电网的功率因数，而且也提高了输电网的功率因数。提高了电网的功率因数即意味着电网在传输相同有功功率的情况下减少了网络的功率损耗。

为了减少用户取用的无功功率，可以在有条件的企业中用同步电动机代替异步电动机。因为同步电动机在过励磁的情况下，可以向系统送出无功功率，从而可以显著地提高用户的功率因数。

（2）实行无功功率就地补偿　在用户处或靠近用户的变电所中，装设无功功率补偿装置，如静止电容器、静止无功补偿器、同步调相机等，以实现无功功率就地补偿，限制无功功率在电网中传送，提高用户的功率因数，从而降低配电网的电能损耗。

根据我国目前的有关规定，高压供电线路应保证 $\cos\varphi \geq 0.9$，电压供电线路应保证 $\cos\varphi \geq 0.85$。工矿企业的自然功率因数（即未采取无功补偿措施之前的功率因数）一般都较低，通常采用静电电容器补偿。补偿方式有集中补偿和分组补偿。集中补偿是将电容器集中装设于企业总降压变电所的 6~35kV 侧母线上；分组补偿是将静电电容器分设在功率因数较低的车间变电所的高压或低压母线上，这不仅可降低供电线路的功率损耗，还能提高车间变电所变压器的负荷能力。此外，对于少数容量特别大的异步电动机，也可直接装设电容器进行无功补偿。

（3）在闭式电网中实行功率的经济分布　根据本章第三节中的式（4-42）和式（4-43），闭式电网中功率是与阻抗成反比分布的。因此，欲使电网功率损耗最小，就应使功率与电阻成反比分布，称这种功率分布为经济分布。为了实现功率的经济分布，①将闭式电网在适当地点开环运行，从而使功率分布接近经济分布；②在闭式电网中串联电容对阻抗进行补偿；③在环网中增设调压变压器，使其改善循环功率，从而实现功率的经济分布。

2. 合理组织电网的运行方式

（1）适当提高电网的运行电压水平　虽然变压器的空载损耗与运行电压的二次方成正比，但占总电网电能损耗的 70%~80% 的导线和变压器绕组电阻中的电能损耗与运行电压的二次方成反比。因此，电网运行电压水平较高时，总电网的电能损耗将相应降低。电网运行时，线路和变压器等电气元件的绝缘所允许的最高工作电压，一般不超过其额定电压的 10%。因此，电网运行于重负荷状态时，在不超过上述规定的条件下，应尽量提高运行电压水平，以降低功率损耗和电能损耗。根据计算，线路运行电压提高 5%，电能损耗约可降低 6%。为提高电网电压运行水平，可以采取同时提高电网的升、降压变压器的分接头的办法，使输电线运行于较高的电压水平。

（2）合理组织变压器的并联运行　为了适应负荷的变化和提高供电的可靠性，变电所通常安装两台相同容量的变压器。对于一些重要的枢纽变电站，也可安装多台相同容量变压器。如何根据负荷的变化，确定并联运行的变压器的投入台数，以减少功率损耗和电能损耗，这就是并联运行变压器的经济运行问题。当总负荷功率为 S 时，并联运行 n 台变压器的总功率损耗为

$$\Delta P_{T(n)} = n\Delta P_0 + n\Delta P_k \left(\frac{S}{nS_N}\right)^2 \tag{4-93}$$

式中，ΔP_0 为单台变压器的空载有功损耗（kW）；ΔP_k 为单台变压器的短路有功损耗（kW）；S_N 为单台变压器的额定容量（MV·A）；S 为并联运行变压器的总传输容量（MV·A）。

由式（4-93）可见，不变损耗与并联运行的变压器台数成正比，可变损耗与并联运行的变压器台数成反比。当变压器轻载运行时，不变损耗所占的比重相对增大，可变损耗所占的比重相对减小。这时减少变压器投入的台数就能降低总的功率损耗。当变压器负荷重时，不变损耗所占的比重相对减少，可变损耗所占的比重相对增大。这样，总可以找出一个负荷功率的临界值，使投入的 n 台变压器与投入的 $n-1$ 台变压器的总功率损耗值相等。为此列出 $n-1$ 台变压器并联运行时的总功率损耗，得

$$\Delta P_{T(n-1)} = (n-1)\Delta P_0 + (n-1)\Delta P_k \left[\frac{S}{(n-1)S_N}\right]^2 \tag{4-94}$$

使 $\Delta P_{T(n)} = \Delta P_{T(n-1)}$ 的负荷功率即为临界功率，记为 S_{cr}，则

$$S_{cr} = S_N \sqrt{n(n-1)\frac{\Delta P_0}{\Delta P_k}} \tag{4-95}$$

当负荷功率 $S > S_{cr}$ 时，投入 n 台变压器运行经济；当负荷功率 $S < S_{cr}$ 时，投入 $(n-1)$ 台变压器运行经济。

应该指出，这种对变压器投入台数的选择只适合于季节性负荷变化的情况，对一昼夜负荷的变化，变压器及断路器的频繁起停对系统的安全性和设备的使用寿命均不利。

3. 对原有电网实行技术改造

随着工业生产用电和城市生活用电的快速增长，负荷密度明显增加，不仅电能损耗增大，而且电能质量也下降。为此，对原有电网可进行升压改造，例如，6kV 电网升压改造为 10kV 电网，10kV 和 35kV 电网分别升压至 35kV 和 110kV 电网，能使电能损耗显著下降。因为在导线电阻和负荷功率不变的条件下，线路的功率损耗与电压的二次方成反比，电压提高为原来的 3 倍，则损耗降低为原来的 1/9。为改造电网所增加的投资，由于降低了电能损耗，一般情况下可在几年内全部收回。

4. 合理选择导线截面积

线路的能量损耗与导线电阻成正比，按经济电流密度来选择导线截面积可以使电网功率损耗下降，使线路运行具有最好的经济效果。

第七节 超高压远距离直流输电

远在电力事业发展的初期——19 世纪 80 年代，由于当时的电源是直流发电机，所以都是采用直流输电。第一条直流输电线路电压等级只有 1.5kV。早期的直流输电存在电压变换困难、功率难以提升以及发电机不易换向、可用率低等缺点。后来，随着交流的出现，特别是三相交流制的建立以及高压输变电设备制造技术的进步，交流高压输电以其独特的优点逐渐取代了直流输电。但是，随着交流输送容量的增大、线路距离的增长以及电网结构的复杂化，使得系统稳定、限制短路电流、调压等问题日益突出，特别是在远距离输电时，为了提高稳定性与输送容量，常需要花费较大的投资，再加以交直流换流技术所取得的进展，使得人们又重新回过头来研究高压直流输电技术。

从 20 世纪 50 年代起，汞弧阀换流技术被成功应用到直流输电上，高压直流输电有了

显著的进展。当时瑞典投入了电压等级为±100kV、输送容量为20MW的高压直流输电线路，全长96km，但汞弧阀的换流站投资非常高。1956年美国贝尔实验室发明晶闸管，次年美国通用公司开发出第一只晶闸管，并于1958年实现商业化。1972年，世界首个采用晶闸管阀的直流输电工程——加拿大伊尔河"背靠背"直流输电系统建成，并开始蓬勃发展，随着电压等级和容量的不断提高，这种输电技术在远距离大容量输电方面发挥越来越重要的作用。1990年由加拿大McGill大学提出了电压源换流器高压直流输电（Voltage Sourced Converter HVDC，VSC-HVDC）技术，并由ABB公司于1997年在赫尔斯扬完成了首条商业化运行VSC-HVDC工程。随着功率半导体器件技术的进步、大功率绝缘栅双极型晶体管（Insulated Gate Bipolar Transistor，IGBT）的出现及脉宽调制（Pulse Width Modulation，PWM）技术和多电平控制技术的发展，VSC-HVDC技术近期得到了迅猛发展。预期今后随着电力电子技术的发展和半导体技术的进步，直流输电还将会有更大的发展。

目前世界上有20多个国家和地区都已有了直流输电工程。在我国，直流输电的建设始于20世纪70年代，当时依靠国产设备建设了舟山群岛的跨海直流输电工程，其电压等级为±1000kV，初期容量仅为50MW，到了1983年我国决定建设±500kV的葛洲坝—上海直流输电工程，其输送容量最大为1200MW，但主要设备全部依靠进口，投资较高。此后，由于主要设备不能国产化，曾一度阻碍了直流输电的发展。到了90年代中期随着三峡工程的建设以及"西电东送"的要求，我国又先后开始了天生桥—广州，三峡—常州，三峡—广东，贵州—广东以及河南灵宝的"背靠背"直流联网工程的建设。2014年初，新疆哈密南—河南郑州的特高压直流输电工程投入使用，其电压等级为±800kV，全长为2210km，能将新疆丰富的火电、风电、光电送入内地，并入大交流系统。直流设备的国产化也正在大力进行中。我国幅员辽阔，能源分布不均匀，"西电东送"是国家当前的既定方针。因此，发展高压直流输电的潜力是巨大的，预期在2020年之前，还将有10多个重大的直流输电工程投入建设，直流输电在远距离输电中所占比重将日益增加。

一、直流输电的基本原理和接线方式

高压直流输电系统的简单原理如图4-35所示。电能仍由发电厂中的交流发电机提供，经换流变压器将电压升高后接至整流器，由整流器将高压交流电变为高压直流电，经过直流输电线路输送到受电端，再经过逆变器重新将直流电变换为交流电，并经过变压器降压后供给用户使用。整流器和逆变器可总称为换流装置。目前主要采用各种类型的晶闸管换流装置，它既解决了直流升压的问题，又保持了用高压直流线路输电的优点。由于通过直流输电线路的交流系统的发电机之间不存在需要保持同步运行的问题，所以按这种方式构成的直流输电系统对解决远距离大容量输电，以及现代大型电力系统的稳定问题等极为有利，这就促进了高压直流输电的发展。

高压直流输电系统的基本方式通常有下列三种，如图4-36、图4-37、图4-38以及图4-39所示。

1. 单极直流输电

单极直流输电线路如图4-36所示，只用一根（通常为负极）导线，以大地或海水作为回路。但由于在大电流场合下，地电流对地下管道的腐蚀严重，而海水中流过电流，将影响

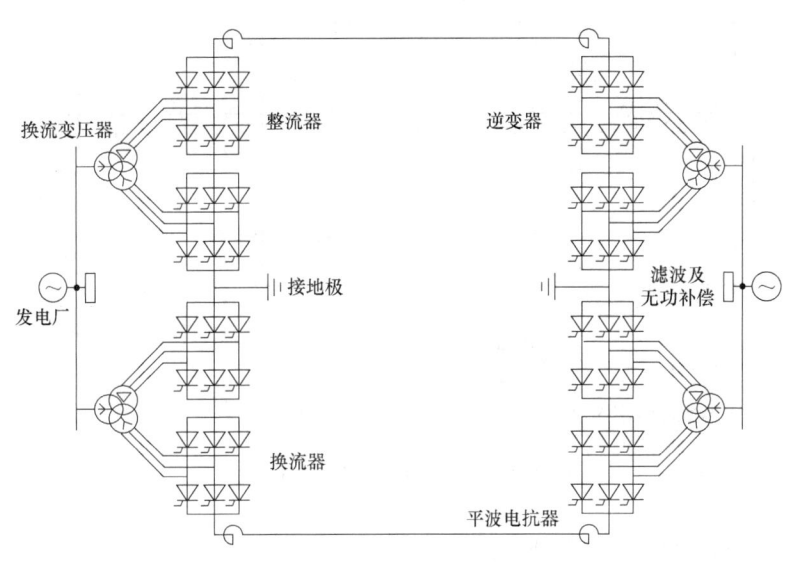

图 4-35 双极直流输电的原理接线

航运和渔业等，故未能进一步推广。后来也有的单极线路是用金属导体（如电缆、架空线路）作为返回导体以形成回路的（图 4-37）。这种方式往往可用于分期建设的直流工程初期的一种接线。

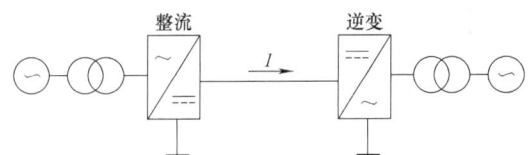

图 4-36 单极直流输电

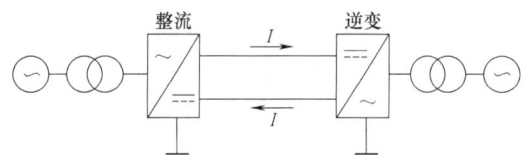

图 4-37 单极两线直流输电

2. 双极直流输电

双极直流输电线路如图 4-38 及图 4-35 所示，具有两根导线，一根是正极，另一根是负极。每端有两组额定电压相等、在直流侧相互串联的换流装置。如两侧的中性点（两组换流装置的连接点）接地，线路两极可独立运行。正常运行时以相同的电流工作，中性点与大地中没有电流，而当一根导

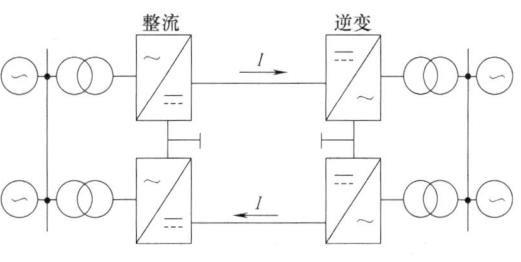

图 4-38 双极直流输电

线故障时，另一根以大地作回路，可带一半的负荷，从而提高了运行的可靠性。

3. "背靠背（简称 BTB）" 直流输电

原理接线图如图 4-39 所示。这种方式的特点是没有直流线路，一侧经整流后立即经逆变器与另一侧的交流系统相连，潮流可以反转。这种方式主要用于大系统间的互联用，能限制短路电流及强化系统间的功率交换，以及联系两个不同频率或非同步运行的电力系统。目前在世界上该输电方式应用得较广。

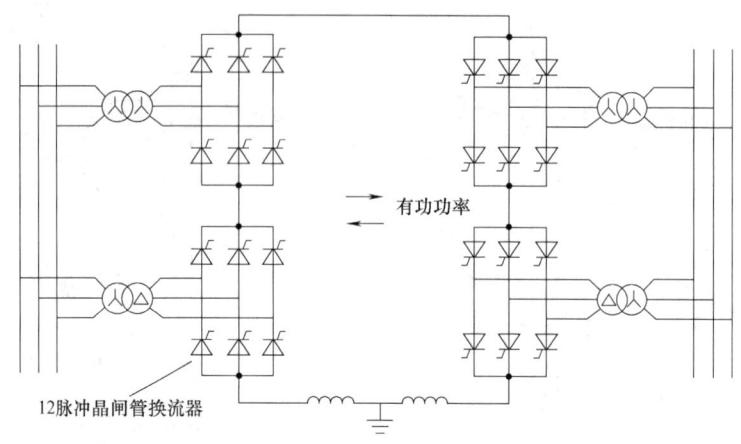

图 4-39 "背靠背"直流输电方式

二、高压直流输电系统的构成

高压直流输电系统由换流站（包括整流站和逆变站）和直流线路组成，其典型结构如图 4-40 所示。

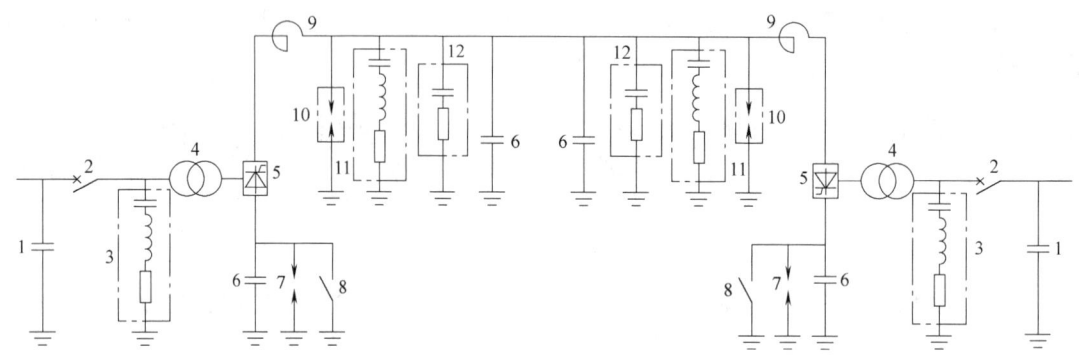

图 4-40 直流输电系统的构成（单极）
1—无功功率补偿装置 2—交流断路器 3—交流滤波器 4—换流变压器 5—换流装置 6—过电压吸收电容
7—保护间隙 8—隔离开关 9—直流平波电抗器 10—避雷器 11—直流滤波器 12—线路用阻尼器

高压直流输电系统的各主要设备如下：

1) 换流装置。其主体由晶闸管阀（早期曾用过汞弧阀）构成，作用是把交流电变换为直流电，或把直流电变换为交流电。晶闸管阀由多个晶闸管串、并联组成，其中单个器件的电压已达到 8kV，电流达到 4000A 以上，并采用光触发。整个阀体装于全屏蔽的阀厅内，以防止对周围环境的电磁辐射及干扰。

2) 换流变压器。它的结构与普通电力变压器基本相同，但要求具有较大的短路电抗以限制短路电流，防止损坏阀体。但漏抗太大会引起功率因数过低，因此换流变压器应采用有载调压，并具有第三绕组以准备连接无功补偿装置和滤波设备等。此外，在绝缘结构上要能耐受直流与交流相叠加场强以及极性反转时的电气应力，所以其绝缘结构是比较复杂的。

3) 直流平波电抗器。串联在换流器与线路之间，以抑制直流电流变化时的上升速度及减小直流线路中电压和电流的谐波分量。它又称为平波电抗器。由于它要承受直流高压并保持足够的线性度，其绝缘结构和铁心结构也是比较复杂的。

4）滤波装置。换流装置的交、直流侧都含有多种谐波分量，会使周围电气设备引起附加损耗以及干扰邻近的通信线路，并导致波形畸变造成对系统的谐波污染。为此必须装设滤波器，交流侧滤波器一般装在换流变压器的交流侧母线上或与变压器的第三绕组连接，以单调谐滤波器来吸收5、7、11次等谐波电流，而以高通滤波器吸收其他高次谐波电流。对直流侧一般可采用较简单的一阶或二阶高通滤波器来吸收经直流电抗器平滑后的残余谐波分量。整个滤波装置在换流站中所占的面积是较大的。

5）无功补偿装置。换流装置在工作中所需要补给的无功功率可由同步调相机、电力电容器、无功静止补偿器来供给。要根据电压稳定性的要求来选择无功补偿装置的容量。它的设计应与其他无功补偿装置同时考虑。

6）直流避雷器。它是直流输电系统绝缘配合的基础，其变化水平决定了设备的绝缘水平。和交流系统不同，直流系统中的电压、电流无自然过零值的时刻，所以直流避雷器的工作条件及灭弧方式与交流避雷器有较大的差别，目前均采用氧化锌无间隙避雷器。

7）控制保护设备。直流输电之所以能实现快速调节，与具有性能优越的控制保护系统有关。其控制系统可以按不同参数来实现调节，如定电流控制、定电压控制、定功率控制和定息弧角控制等。目前直流输电的控制保护系统已全部依靠计算机来实现。

8）直流气体绝缘开关成套装置（直流 GIS）。该装置内装有气体绝缘母线、直流隔离开关与接地器、直流中性点侧金属接地用断路器等。整个装置内充以 SF_6 气体，不仅绝缘可靠性高，而且可大大缩小换流站的占地面积。

三、高压直流输电的优缺点与适用范围

与高压交流输电比，高压直流输电有以下优缺点：

1. 优点

1）直流输电线路的造价低。如前所述，三相交流线路要用三根导线，而直流输电线路则只需要两根（正、负极）导线，若使用大地或海水作为回路，甚至只要一根导线。因此，输送相同的功率时，直流输电可节省有色金属、钢材、绝缘子等材料。如果二者的线路建设经费相等，则直流输电线所输送的功率约为交流输电的 1.5 倍或更多。此外，由于直流架空线路所用的导线根数少，故损耗也小。同时，直流下线路的电感和电容不起作用，因而线路上没有充放电电流等引起的附加损耗。它的电晕损耗和无线电干扰也都比交流线路要小。所以，无论初期投资还是年运行费用都比交流架空线路要经济。

另外，直流电缆比交流电缆的价格便宜。这是因为电缆的直流耐压强度大大高于交流耐压强度。通常油浸纸绝缘电缆的直流容许工作电压约为交流容许工作电压的 3 倍。如交流 35kV 的电缆可适用于直流 100kV 左右。因此，即使短距离的跨海电缆输电，采用直流输电的实例也不少。

2）不存在一般交流系统的稳定性问题，可以连接两个不同频率的系统。由于直流线路没有电抗的影响，故它不存在一般交流系统的稳定性问题，传输容量不受稳定性的限制，因而可以大大提高输送功率和传输距离。此外，还可以用来连接两个不同频率的交流系统，这时一般采用"背靠背"的直流工程，即整流器与逆变器直接相连，中间没有直流输电线路。这种情况国外已有良好的运行实例。

3) 调节迅速。直流输电系统通过对换流装置控制极的控制，可以迅速地调整有功功率或使功率倒送（即潮流反转控制）。这不仅在正常时能快速调节输出，而且在事故时可实现对事故的交流系统紧急支援。此外，当交直流并列运行时，若交流线路发生短路，还可短时增大直流输送功率以限制发电机转子的加速。

4) 没有充电电流，不需要并联电抗器进行补偿。由于是直流，故没有像交流网络中那种因电容而引起的充电电流，无需为了抑制容性电压升高而装设大容量的并联电抗器，当采用长距离的海底电缆时这点具有特别重要的意义，也可以说这种情况下只能采用直流输电。

5) 可以限制短路电流。当两个系统用交流来联系时，将使短路电流增大，但如果两个交流系统用直流来进行联系，当其中某一交流系统短路时，由于有"定电流控制"，直流线路向交流侧短路点所供给的短路电流的稳态值，基本上等于直流的额定值，即使在暂态过程中也不超过2倍的额定值，因此两个系统的短路容量不会因互联而显著增大。此外，当直流线路短路时，由于能实现快速调节，短路电流的峰值一般也仅为直流线路额定电流的1.7~2倍。所以，当两个交流系统使用直流来进行联网时，就可以显著地限制短路容量的增大。为此，有的大系统之间的互联就依靠上述"背靠背"的直流工程来提高稳定性与限制短路电流。这样的工程实例在国外有很多。

6) 直流输电线路走廊窄，占地面积少。每条直流输电线路走廊宽为40m，每条交流输电线路走廊宽为50m，远距离输电时直流走廊比交流走廊占地面积小很多，可节省很多土地资源。

2. 缺点

（1）换流站造价高 目前换流装置采用的高压晶闸管价格较贵，且往往大量的器件串、并联才可以组成一个阀。再加以换流变压器等设备的价格也较贵，因而整个换流站的造价较高，从而部分抵消了因线路投资降低所取得的经济效果。据计算，在综合考虑投资和运行经济费用等经济指标后，直流输电和交流输电的等价距离，对架空线路为500~800km，对电缆线路为30~60km。只有当输送距离超过等价距离时，采用直流输电才有利，表4-2是交流与直流的输送容量对比。

表4-2 各级电压下交流和直流的输送容量

电压等级	交流		直流	
	线路电压/kV	单回路输送容量/MW	线路电压/kV	单回路输送容量/MW
超高压	525	600~1000	±400 ±500	500~1000 1000~2500
	800	2000~4000	±600 ±700	2000~4000 4000~6000
特高压	1100	5000~8000	±800	6000~9000

（2）消耗较大的无功功率 直流输电线路本身虽不消耗无功功率，但换流装置却要消耗相当数量的无功功率。具体消耗多少与换流装置的功率因数有关，也就是说取决于整流器的控制角α与逆变器的控制角β值。一般情况下它所消耗的无功功率约为直流功率的40%~60%，逆变器消耗的无功较大。为了供给所消耗的无功功率，以避免与之相连的交流系统因无功不足导致的电压偏低，需要加装大量的无功补偿装置。

（3）会产生谐波，给电力系统带来不良影响　换流装置在交流侧和直流侧都将产生谐波电压和谐波电流，从而使变压器和电容器产生附加损耗及发热，使换流装置的控制不稳定，并对通信线路产生干扰。为了削弱谐波，需要在交流侧和直流侧安装滤波器。它由电容、电感和电阻串并联组成，其中电容器还兼作无功补偿。在直流侧还要装设平波电抗器。

（4）还没有成熟的高压直流断路器　由于直流电流不像交流电流有过零点的情况，所以熄弧困难。目前虽然有些国外公司已研制出了高压大容量的直流断路器，但价格昂贵。所以要实现多端的直流输电仍然存在较大的困难。

鉴于上述直流输电的优缺点和世界各国对直流输电工程的建设和运行的经验，直流输电主要在下列情况下采用：

（1）远距离大容量输电。如前所述，直流输电易于解决交流系统的稳定问题，较易实现远距离大容量输电。因此，一些国家从远离负荷中心的大容量电场（主要是水力发电厂、核电厂）向负荷中心送电时，都采用了直流输电。我国建设中以及将来拟发展的直流输电工程也大多属于这种类型。具有相同的输送容量和输送距离，直流输电线路的杆塔、导线和绝缘要比交流线路造价低，且不需要装设串、并联补偿装置；但两端的换流站需要额外的投资。所以，一般来说，线路越长，输电容量越大，用直流输电越经济。但是，直流断路器的制造问题未能很好解决之前，不能引接支线供电，难于实现直流多端输电。

（2）海底电缆输电。从直流输电的发展过程来看，初期的直流输电线路有不少是用在跨海输电的工程中，在目前已投入运行的直流输电工程中跨海线路也比较多，约占已投入运行的直流输电工程的1/3。这表明海底电缆输电是促使直流输电发展的主要因素。

（3）交流系统的互联。主要用于联系两个不同频率的或不要求同步运行的交流系统，它们可以通过两侧的换流站在直流侧联系起来，从而实现联网。国外已有不少这样的工程实例，运行表明这样联网后可提高交流系统的稳定性和频率质量。此外，用直流联网还可以限制短路电流，适用于大容量交流系统之间的互联。

（4）配合新能源发电，需要依靠直流输电来接入交流系统。在一些新能源发电（如风力发电、太阳能发电、磁流体发电等）中，它们的输出频率并不能保证是50Hz，为了接入交流大系统，可以先将发出的电整流为直流，经直流输电后再逆变为工频交流，从而实现与交流系统的并联运行。

本 章 小 结

本章交代了电压降落、电压损耗、功率损耗以及输电效率的基本概念并给出了相应的表达式。

阐述了简单电力系统开式网和闭式网潮流计算的解析计算方法。对于已知同一个节点电压和功率的开式网，可以依据已知节点的电压和负荷功率逐个阻抗元件计算其他节点的电压和支路功率；对于已知电源点电压和负荷点功率的开式网，计算时先设定未知节点电压为线路额定电压，然后从末端负荷点向电源点计算各支路的功率，最后再结合计算出的功率由电源点向负荷点计算各节点的电压。对于两端供电网，首先在不计网损的条件下确立功率分点，将两端供电网拆成两个开式网，再计及网损的条件下进行功率和电压的计算；对于环网，先在电压已知的电源节点处将环网拆成若干个两端供电网，然后计算。

电压是衡量电能质量的重要指标，系统电压与无功功率平衡密切相关，为确保电压质量，要求系统必须有一定的无功备用容量。为改善电压质量和减少网损，应尽量做到无功功率的就地平衡，以减少无功功率长距离传送。负荷的变化将引起电压的改变，通过对中枢点电压的管理，再辅以相应适合的调压措施（改变发电机端电压、改变变压器电压比、利用无功功率补偿和改变输电线路参数）以保证系统内各个负荷节点电压保持在容许的偏移范围内。

频率是衡量电能质量的另一个重要指标，保证频率质量，要求系统必须保持有功功率平衡，并具有一定的有功备用容量。系统负荷的变化将引起频率的偏移，系统中装有调速器且与一定备用容量的发电机组都自动参与频率的一次调整，一次调整是有差调节；频率的二次调整只由系统中装有调频器的调频机组承担，二次调整可做到无差调节。

复习思考题

4-1 什么是电压降落、电压损耗和电压偏移？

4-2 线路和变压器的功率损耗各有哪些方面？何谓输电效率？

4-3 什么是潮流计算？潮流计算有哪些用途？

4-4 何谓功率分点？有功功率分点和无功功率分点必须都在同一点吗？

4-5 何谓中枢点？如何选择电压中枢点？

4-6 何谓逆调压、顺调压和常调压？各适用于什么情况？

4-7 为什么电力系统无功不足会导致电压下降？如何进行电压调整？

4-8 无功电源有哪些？试比较它们的优、缺点。

4-9 电力系统的调压措施有哪些？

4-10 在无功不足的系统中为什么不宜采用改变变压器的分接头来调压？

4-11 电网的串联电容补偿与并联电容补偿各有哪些优缺点？

4-12 为什么必须进行频率调整？频率调整的目标是什么？

4-13 为什么电力系统有功不足会导致频率下降？

4-14 按波动性质可将电力系统的有功负荷分为几类？各类负荷引起的频率变化如何进行调整？

4-15 何谓负荷的频率调节效应系数？其物理意义是什么？其值大约为多少？

4-16 何谓发电机组的单位调节功率？其物理意义是什么？

4-17 什么是频率的一次调整、二次调整？各有何特点？

4-18 何谓调频厂？如何选择调频电厂？

4-19 当电力系统由于事故导致频率和电压均下降时，是先调频还是先调压？为什么？

4-20 何谓最大负荷损耗时间 τ？它与年最大负荷利用小时数 $T_{\max}$ 有何关系？

4-21 在配电网中，降低功率损耗与电能损耗的有效措施有哪些？

4-22 高压直流输电有何优、缺点？

习 题

4-23 一个 220kV 的单回输电线路长为 180km，导线型号为 LGJ—400，线路每公里的参数为：$r_0 = 0.08\Omega/\text{km}$，$x_0 = 0.418\Omega/\text{km}$，$b_0 = 2.74 \times 10^{-6}\text{S/km}$。送端升压变压器的型号为 SFL—100000，两台并联运行，$U_{1N}/U_{2N} = 242\text{kV}/13.8\text{kV}$，$\Delta P_0 = 96\text{kW}$，$I_0(\%) = 1.9$，$\Delta P_k = 700\text{kW}$，$U_k(\%) = 12$，YNd11 联结。输电系统接线如图 4-41 所示，线路上输送的功

率为 15MW，负荷功率因数为 0.8，且末端电压为 210kV。试求线路送端的电压和变压器低压侧的电压。

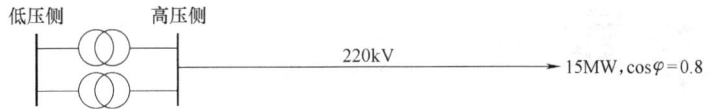

图 4-41　题 4-23 的电气接线图

4-24　有一额定电压为 110kV 的双回输电线路，如图 4-42 所示。输电线长为 80km，线路每公里的参数为：$r_0 = 0.17\Omega/km$，$x_0 = 0.409\Omega/km$，$b_0 = 2.82 \times 10^{-6} S/km$。如果要维持线路末端电压为 $U_2 = 118kV$。试求：

（1）线路首端电压 U_1 及线路上的电压降落、电压损耗，线路末端的电压偏移；

（2）如果负荷的有功功率增加 5MW，线路首端电压如何变化？

（3）如果负荷的无功功率增加 5Mvar，线路首端电压又将如何变化？

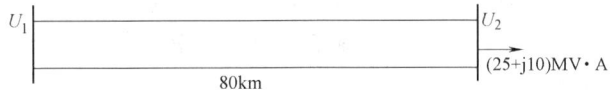

图 4-42　题 4-24 的电气接线图

4-25　如图 4-43 所示的简单电力系统中，已知变压器的参数为：$U_{1N}/U_{2N} = 110kV/11kV$，$S_N = 31500kV \cdot A$，$\Delta P_0 = 31kW$，$I_0\% = 0.7$，$\Delta P_k = 190kW$，$U_k\% = 10.5$。线路每公里的参数为：$r_0 = 0.21\Omega/km$，$x_0 = 0.416\Omega/km$，$b_0 = 2.74 \times 10^{-6} S/km$。若线路首端电压为 $U_A = 120kV$。试求：

（1）线路和变压器的电压损耗；

（2）变压器运行在额定电压比时的低压侧电压及电压偏移。

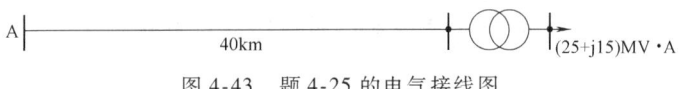

图 4-43　题 4-25 的电气接线图

4-26　图 4-44 所示供电网，输电线路每公里阻抗 $Z_0 = (0.33 + j0.385)\Omega/km$，变压器归算到高压侧的阻抗 $Z_T = (1.63 + j12.2)\Omega$。最大负荷 $S_{max} = (4.3 + j3.6)MV \cdot A$，最小负荷 $S_{min} = (2.4 + j1.8)MV \cdot A$，10kV 母线要求为顺调压，当供电点 A 电压保持为 36kV 时，试选变压器分接头。（变压器有 $\pm 2 \times 2.5\%$ 分接头。）

图 4-44　题 4-26 的电气接线图

4-27　简单电力系统如图 4-45 所示，线路和变压器归算到高压侧的阻抗均分别为 $Z_L = (17 + j40)\Omega$，$Z_T = (2.32 + j40)\Omega$。最大负荷 $S_{max} = (30 + j18)MV \cdot A$，最小负荷 $S_{min} = (12 + j9)MV \cdot A$，降压变电所低压母线电压要求保持 10.4kV，若供电点电压保持 117kV 恒定，试配合变压器分接头 $110 \times (1 \pm 2 \times 2.5\%)$ 的选择，确定采用静止电容器或调相机两种方案的补偿容量。

图 4-45　题 4-27 的电气接线图

第五章

电力系统短路电流的计算

为保证电力系统的安全、可靠运行,在电力系统设计和运行分析中,不仅要考虑系统在正常运行状态下的运行情况,还应考虑系统发生故障时的运行情况及故障产生的后果。电力系统可能发生的故障类型较多,其中常见的、对电力系统危害比较严重的有短路、断线、接地以及各种复杂的复合故障等,而短路故障是电力系统中危害最为严重的故障,因此在本章着重对短路故障进行讲解。

第一节 概 述

一、短路产生的原因及后果

电力系统的短路故障,是指系统中一切不正常的相与相之间或相与地(指中性点直接接地系统)之间形成了通路。

产生短路的原因很多,主要有以下几个方面:

1)电气设备及载流导体的绝缘被损坏,如绝缘材料自然老化,遭受机械损伤,因雷击、过电压等引起的绝缘损坏。

2)自然界原因,如架空线路因大风或导线覆冰引起的电杆倒塌,鸟兽跨接裸导体等。

3)违规操作,如运行人员带负荷拉隔离开关,线路或设备检修后未拆除接地线就加电压等。

4)因设计、安装及维护不良所致的设备缺陷引发的短路等。

发生短路故障后,由于网络的总阻抗减少,在系统中将产生巨大的短路电流,此电流的大小可以达到正常工作电流的几倍甚至几十倍,如此巨大的短路电流将造成严重的危害,主要有下列几个方面:

1)短路电流在电气设备的导体间将产生很大的电动力,可使导体和它们的支架遭到破坏。

2)短路电流加剧设备发热,若短路持续时间较长,可使设备因过热而被烧毁。

3)短路将引起系统电压的突然大幅下降,系统中的异步电动机将因转矩下降而减速或停转,造成产品报废或设备损坏。

4)短路电流将在周围空间中产生强大的电磁场,尤其是不对称短路时,不平衡电流所产生的不平衡交变磁场,对周围的通信网络、信号系统、晶闸管触发系统及自动控制系统产生不同程度的干扰。

5) 短路将引起系统功率分布的突变，可能导致并列运行的发电厂失去同步，破坏系统稳定性，造成大面积停电，这是短路所导致的最严重后果。

由于短路故障在电力系统中产生的严重后果，对系统短路的预防及计算就变得尤为重要。

二、短路的类型

三相系统中短路故障的基本类型有：三相短路、两相短路、单相接地短路和两相接地短路。表 5-1 为各种短路的示意图和代表符号。

当三相短路时，由于被短路的三相阻抗相等，因此，三相电流和电压仍是对称的，故又称为对称短路；而发生其他类型短路时，因系统的三相对称结构遭到破坏，不仅每相电路中的电压、电流数值大小不相等，而且其间的相位角也不相同，因此将这些短路统称为不对称短路。

大量的事故统计表明：电力系统各种短路故障中，单相短路占大多数，约为总短路故障数的 65%，三相短路只占 5%~10%。三相短路故障发生的概率虽然很小，但故障产生的后果最为严重，因此必须足够重视。此外，从短路计算方法上来看，一切不对称短路的计算，都可以通过对称分量法转化为对称短路的计算，因此三相短路计算是一切不对称计算的基础。

表 5-1 各种短路的示意图和代表符号

短路类型	示 意 图	代表符号
三相短路		$f^{(3)}$
两相短路		$f^{(2)}$
单相接地短路		$f^{(1)}$
两相接地短路		$f^{(1,1)}$

三、短路计算的目的和基本假设

因为短路故障可能对电力系统造成极其严重的后果，所以一方面应采取措施限制短路电流,另一方面要正确选择电气设备、载流导体和继电保护装置。这一切都离不开短路电流的计算。在电力系统和电气设备的设计和运行中,短路计算是解决一系列技术问题所不可缺少的基础计算。而计算短路电流的主要目的在于:

1) 为选择和校验各种电气设备的机械稳定性和热稳定性提供依据。计算短路冲击电流以校验设备的机械稳定性,计算若干时刻短路电流的周期分量以校验设备的热稳定性,计算指定时刻短路电流的有效值以校验开关设备的开断能力等。

2) 为设计、选择发电厂与电力系统电气主接线提供必要的数据。如比较各种不同方案的接线图时,通过短路计算确定是否需要采取限制短路电流的措施。

3) 为合理配置电力系统中各种继电保护和自动装置并正确整定其参数提供可靠的数据。

4) 进行电力系统暂态稳定计算,研究短路对用户工作的影响等,也包含有一部分短路计算的内容。

在实际工作中,对短路电流进行准确的计算是相当复杂的,而在许多情况下并不要求十分精确的计算。因此,在满足工程要求的前提下可以采取一些合理的假设条件以便于简化计算,通常采用的假设有:

1) 短路过程中,认为所有发电机感应电动势的相位均相同。
2) 负荷可看作恒定阻抗,也可略去不计,或当作某种临时的附加电源。
3) 不计系统的磁饱和与磁滞,认为网络是线性的,可应用叠加原理。
4) 认为系统中各元件参数为常数,高压电网中忽略元件的电阻和导纳,即各元件只计电抗。
5) 系统中除了不对称故障处出现局部不对称外,其余部分都是三相对称的。
6) 短路为金属性短路。

事实上,采用了上述简化假设所带来的计算误差,一般仍在工程计算的允许范围内。

第二节 标 幺 制

在电力系统正常运行和短路计算中,可将电压、电流、功率、阻抗和导纳等物理量的单位分别用 V、A、W、Ω 和 S 等表示,这种用实际有名单位表示物理量的方法称为有名单位制。除此之外,也可以采用不含单位的这些物理量的相对值表示,即用标幺制表示。在复杂的电力系统计算中,特别是电力系统短路计算中,更广泛采用的是标幺制。标幺制是相对单位制的一种,在标幺制中各物理量都用标幺值来表示。

一、标幺值

标幺值定义为物理量的实际值(有名值)与其基准值之比,即

$$标幺值 = \frac{实际有名值(任意单位)}{基准值(与有名值同单位)} \tag{5-1}$$

例如,某发电机端电压为 10.5kV,若选定 10.5kV 为电压基准值,则其标幺值为 1,若选定 10kV 为基准值,则标幺值为 1.05。由此可见,由于相比的两个数值单位相同,因此标幺值没有单位。另外,对于同一个实际有名值,由于选取的基准值不同,其标幺值也不同。

在使用标幺值时，一定要同时说明它的基准值，否则就没有明确的意义。

三相电路中每个元件的工作状态，都可以用它的电压、电流、功率、阻抗表示，也可用以该元件额定参数为基准的标幺值表示，如选定 U_B、I_B、S_B、Z_B 为各量的基准值，则其标幺值分别为

$$\begin{cases} Z_* = \dfrac{Z}{Z_B} = \dfrac{R + jX}{Z_B} = R_* + jX_* \\ U_* = \dfrac{U}{U_B} \\ I_* = \dfrac{I}{I_B} \\ S_* = \dfrac{S}{S_B} = \dfrac{P + jQ}{S_B} = P_* + jQ_* \end{cases} \quad (5\text{-}2)$$

式中，下标注 "$*$" 者，为标幺值；下标注 "B" 者，为基准值；无标注者为有名值。

二、基准值的选取

选取基准值时原则上是要满足基准值与实际有名值同单位外，可以任意选定。但为了简化计算和便于对计算结果做出分析评价，所以基准值不可任意选取。

在三相电路中，经常取线电压 U、线电流 I、三相功率 S 和一相等值阻抗 Z 这四个电气量来计算。这四个电气量之间满足

$$\begin{cases} S = \sqrt{3}\, UI \\ U = \sqrt{3}\, ZI \end{cases} \quad (5\text{-}3)$$

如果该电气量选取的基准值也满足

$$\begin{cases} S_B = \sqrt{3}\, U_B I_B \\ U_B = \sqrt{3}\, Z_B I_B \end{cases} \quad (5\text{-}4)$$

于是其标幺值间的关系为

$$\begin{cases} S_* = U_* I_* \\ U_* = Z_* I_* \end{cases} \quad (5\text{-}5)$$

可见，用标幺值表示电气量有以下特点：
1) 线电压标幺值 U_* 与相电压标幺值 U_{p*} 相等。
2) 三相功率标幺值 S_* 与单相功率标幺值 S_{p*} 相等。
3) 三相电路和单相电路的计算公式完全相同。

因此，有名单位制中单相电路的计算公式可直接用于三相电路的标幺值运算，使得三相电路的计算公式得到了简化。

由于四个电气量间有式（5-4）所示的关系，因此选取基准值时有两个物理量是可以任意选择的。习惯上选定功率基准值 S_B 和电压基准值 U_B，而通过功率关系和欧姆定律得到基准电流值 I_B 和阻抗基准值 Z_B，即

$$\begin{cases} I_B = \dfrac{S_B}{\sqrt{3}\,U_B} \\ Z_B = \dfrac{U_B}{\sqrt{3}\,I_B} = \dfrac{U_B^2}{S_B} \end{cases} \tag{5-6}$$

三、不同基准值的标幺值间的换算

在电力系统计算中，对于直接电气联系的网络，在制定标幺值的等效电路时，各元件（如发电机、变压器、线路、电抗器等）的参数必须归算到统一的基准值下。然而在手册或基本铭牌上查得的参数值，一般是以各自元件的额定容量（或额定电流）和额定电压为基准的标幺值。由于各元件的额定值可能不同，而基准值不同的标幺值之间是不能直接进行计算的。因此，在绘制等效电路进行计算之前，必须把不同基准值的标幺值换算成统一基准值的标幺值。

换算过程是：先将额定值为基准值的标幺值还原为有名值，选定基准电压 U_B 和基准功率 S_B 后，再将有名值转换为以此 U_B 和 S_B 为基准值的标幺值。下面以电抗为例说明不同基准值间标幺值的换算过程。

1) 将额定值为基准值的电抗标幺值 $x_{(N)*}$ 还原为有名值 $x_{(有名值)}$：

$$x_{(有名值)} = x_{(N)*}\dfrac{U_N}{\sqrt{3}\,I_N} = x_{(N)*}\dfrac{U_N^2}{S_N} \tag{5-7}$$

式中，S_N、U_N 和 I_N 分别为设备的额定容量、额定电压和额定电流。

2) 将 $x_{(有名值)}$ 换算为以 S_B、U_B 为基准下的标幺值 $x_{(B)*}$：

$$x_{(B)*} = x_{(有名值)}\dfrac{S_B}{U_B^2} = x_{(N)*}\dfrac{U_N^2}{S_N}\dfrac{S_B}{U_B^2} \tag{5-8}$$

式（5-8）就是将 $x_{(N)*}$ 转换为 $x_{(B)*}$ 的统一公式。

发电机铭牌参数一般给出其额定电压 U_{GN}、额定功率 S_{GN} 和以 U_{GN}、S_{GN} 为基准值的电抗标幺值。

变压器通常给出其额定电压 U_{TN}、额定功率 S_{TN} 及短路电压百分数 $U_k(\%)$ 等。$U_k(\%)$ 与以 U_{TN}、S_{TN} 为基准值的电抗标幺值 $x_{T(N)*}$ 的关系为

$$x_{T(N)*} = \dfrac{U_k(\%)}{100} \tag{5-9}$$

这样，可以根据式（5-8）来计算发电机和变压器统一基准值的电抗标幺值。

电抗器也是电力系统中一种常用的电气元件，其主要作用是限制短路电流。对电抗器一般给出额定电压 U_N、额定电流 I_N 和电抗百分数 $x_R(\%)$。$x_R(\%)$ 与以其额定值为基准的标幺值之间的关系为

$$x_{R(N)*} = \dfrac{x_R(\%)}{100} \tag{5-10}$$

电抗器在统一基准值下的电抗标幺值为

$$x_{R*} = \dfrac{x_R(\%)}{100}\dfrac{U_N}{\sqrt{3}\,I_N}\dfrac{S_B}{U_B^2} = \dfrac{x_R(\%)}{100}\dfrac{U_N I_B}{U_B I_N} \tag{5-11}$$

输电线路的电抗，通常给出每公里的电抗值，可通过下式得到统一基准值下的电抗标幺值，即

$$x_{L*} = x_L \frac{S_B}{U_B^2} \quad (5\text{-}12)$$

【**例 5-1**】 如图 5-1 所示电力系统，发电机和电抗器的参数如图，它们是以各自的额定值为基准的标幺值。试计算在 $U_B = 10.5\text{kV}$、$S_B = 100\text{MV} \cdot \text{A}$ 下的电抗标幺值，并计算各自的有名值。

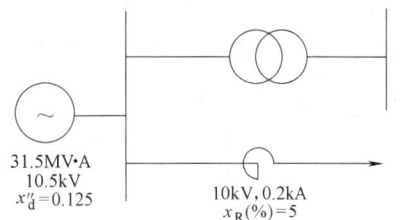

图 5-1 例题图示

解：基准值 $U_B = 10.5\text{kV}$、$S_B = 100\text{MV} \cdot \text{A}$ 时发电机的电抗标幺值为

$$X_{G*} = X_{G(N)*} \left(\frac{S_B}{S_{GN}}\right)\left(\frac{U_{GN}}{U_B}\right)^2 = 0.125 \times \left(\frac{10.5}{10.5}\right)^2 \times \left(\frac{100}{31.5}\right) = 0.397$$

发电机的电抗有名值为

$$X_G = X''_d \frac{U_{GN}^2}{S_{GN}} = 0.125 \times \frac{10.5^2}{31.5}\Omega = 0.438\Omega$$

电抗器的电抗标幺值为

$$x_{R*} = \frac{x_{R*}(\%)}{100} \frac{U_N}{\sqrt{3}I_N} \frac{S_B}{U_B^2}$$

$$= \frac{5}{100} \times \frac{10}{\sqrt{3} \times 0.2} \times \frac{100}{10.5^2} = 1.309$$

电抗器的电抗有名值为

$$x_R = \frac{x_R(\%)}{100} \times \frac{U_N}{\sqrt{3}I_N} = \frac{5}{100} \times \frac{10}{\sqrt{3} \times 0.2}\Omega = 1.433\Omega$$

四、多个电压等级电网中元件参数标幺值的计算

实际的电力系统是由多个电压等级的线路通过升、降变压器连接而成的。图 5-2a 给出了由两台变压器连接形成的含三个电压等级的输电系统。在只考虑元件电抗，并将变压器参数折算到一次侧时，得到了图 5-2b 给出的各元件电抗用实际有名值表示的等效电路。

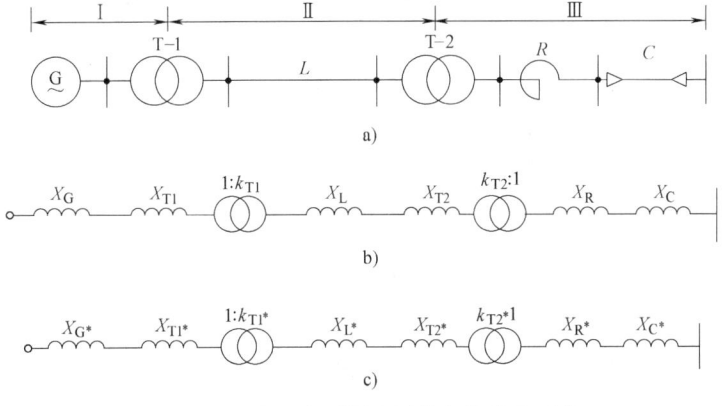

图 5-2 具有三段不同电压等级的输电系统

图中，k_{Ti}为各变压器的电压比（变压器高压侧与低压侧额定电压的比值）。

当对含多个电压等级的输电线路采用标幺值计算时，可对不同电压等级的各段线路分别取基准电压U_{BI}、U_{BII}和U_{BIII}。而对于功率，尽管各段的电压等级不同，但系统输送的功率是统一的，因此各段线路的基准功率都是S_B。根据选定功率基值S_B和各段的电压基值U_{Bi}，计算各元件电抗标幺值。用标幺值表示的等效电路如图5-2c所示，图中理想变压器的电压比也用标幺值的形式，其值为

$$k_{T*} = \frac{k_T}{k_B} = \frac{U_{TN(高压侧)}/U_{TN(低压侧)}}{U_{B(高压侧)}/U_{B(低压侧)}} \tag{5-13}$$

式中，k_B为变压器的基准电压比，或称标准电压比。

由于对基准电压值选取的不同，标幺值计算分为精确计算和近似计算。

1. 精确计算法

（1）$k_{T*}=1$法 该法基准电压确定原则是：先选定基准级的基准电压值，然后根据变压器的实际电压比，确定出其他各段的基准电压值。如在图5-2系统中，选定第Ⅰ段为基准级，其电压基准值为U_{BI}，在保证$k_{T*}=1$的前提下，得到第Ⅱ段和第Ⅲ段的电压基准值U_{BII}和U_{BIII}为

$$\begin{cases} U_{BII} = U_{BI} k_{T1} \\ U_{BIII} = U_{BII}/k_{T2} \end{cases} \tag{5-14}$$

由于理想变压器的$k_{T*}=1$，因此等效电路中可不带有理想变压器，这样计算简单。但因所取的基准电压偏离了额定电压，不易从计算结果直接看到实际电压偏离额定值的程度；同时对于环网为满足$k_{T*}=1$，会出现同一个电压等级，而基准电压不同的现象。

（2）$k_{T*} \neq 1$法 为了更清晰地分析计算结果，该法将各段线路的基准电压值取为线路的额定电压，于是$k_{T*} \neq 1$，在等效电路中将含有理想变压器。这样不便于电流、电压的计算。

2. 近似计算法

上述两种精确计算法是按照变压器的实际电压比计算的，其计算较准确，但计算过程繁琐、计算量大。针对实际工程对计算精度要求不是很高的情况，为了方便计算，多采用近似计算法。近似计算法同时兼顾了标幺值参数等效电路中不含理想变压器和基准电压与额定电压相接近的特点。

在近似计算中，各个电压等级以平均额定电压U_{av}为基准电压，同时假定变压器电压比为各电压等级的平均额定电压之比。

根据我国现有的电压等级，对不同电压等级规定的相应平均额定电压见表5-2。

表5-2 电网额定电压和平均额定电压

电网额定电压U_N/kV	3	6	10	35	110	220	330	500
平均额定电压U_{av}/kV	3.15	6.3	10.5	37	115	230	345	525

由于近似计算中，取电网的平均额定电压为各段的基准电压，因此简化了发电机、变压器的电抗标幺值计算公式，即

$$\begin{cases} x_{G(B)*} = x_{G(B)*}\dfrac{S_B}{S_{GN}} \\ x_{T(B)*} = \dfrac{U_k(\%)}{100}\dfrac{S_B}{S_N} \end{cases} \quad (5\text{-}15)$$

注意：采用近似计算法时，仍按式（5-11）和式（5-12）对电抗器和输电线路的电抗标幺值进行计算。

【例 5-2】 对图 5-2a 所示的输电系统，分别用准确计算法及近似计算法计算等值网络中各元件参数的标幺值。已知各元件参数为：

发电机，$S_N = 30\text{MV}\cdot\text{A}$，$U_N = 10.5\text{kV}$，$x'_d = 0.26$，$E = 11\text{kV}$；

变压器 T-1，$S_N = 31.5\text{MV}\cdot\text{A}$，$U_k(\%) = 10.5$，$k_T = 10.5/121$；

变压器 T-2，$S_N = 15\text{MV}\cdot\text{A}$，$U_k(\%) = 10.5$，$k_T = 110/6.6$；

电抗器，$U_N = 6\text{kV}$，$x_R(\%) = 5$，$I_N = 0.3\text{kA}$；

架空线路，$x_0 = 0.4\Omega/\text{km}$；输电线长 $l = 80\text{km}$；

电缆线路，$x_0 = 0.08\Omega/\text{km}$；输电线长 $l = 2.5\text{km}$。

解：（1）准确计算法

取基准值，基准功率 $S_B = 100\text{MV}\cdot\text{A}$，第 Ⅰ 段电路为基本段，其基准电压 $U_{B\text{Ⅰ}} = 10.5\text{kV}$，其余两段的基准电压分别为 $U_{B\text{Ⅱ}} = k_{T1}U_{B\text{Ⅰ}} = 121\text{kV}$，$U_{B\text{Ⅲ}} = U_{B\text{Ⅱ}}/k_{T2} = 7.26\text{kV}$。于是各元件的电抗标幺值为

发电机： $x_{1*} = x_{G(N)}\dfrac{U_N^2}{S_N}\dfrac{S_B}{U_{B\text{Ⅰ}}^2} = 0.26 \times \dfrac{10.5^2}{30} \times \dfrac{100}{10.5^2} = 0.87$

变压器 T-1： $x_{2*} = \dfrac{U_k(\%)}{100}\dfrac{U_N^2}{S_N}\dfrac{S_B}{U_{B\text{Ⅰ}}^2} = \dfrac{10.5}{100} \times \dfrac{10.5^2}{31.5} \times \dfrac{100}{10.5^2} = 0.33$

输电线路： $x_{3*} = x_0 l \dfrac{S_B}{U_{B\text{Ⅱ}}^2} = 0.4 \times 80 \times \dfrac{100}{121^2} = 0.22$

变压器 T-2： $x_{4*} = \dfrac{U_k(\%)}{100}\dfrac{U_N^2}{S_N}\dfrac{S_B}{U_{B\text{Ⅱ}}^2} = \dfrac{10.5}{100} \times \dfrac{110^2}{15} \times \dfrac{100}{121^2} = 0.58$

电抗器： $x_{5*} = \dfrac{x_R(\%)}{100}\dfrac{U_N}{\sqrt{3}I_N}\dfrac{S_B}{U_{B\text{Ⅲ}}^2} = \dfrac{5}{100} \times \dfrac{6}{\sqrt{3}\times 0.3} \times \dfrac{100}{7.26^2} = 1.09$

电缆线路： $x_{6*} = x_0 l \dfrac{S_B}{U_{B\text{Ⅲ}}^2} = 0.08 \times 2.5 \times \dfrac{100}{7.26^2} = 0.38$

发电机电动势： $E_* = E/U_{B\text{Ⅰ}} = 11/10.5 = 1.05$

系统各元件用各自标幺值表示的等效电路如图 5-3 所示。图中每个电抗用两个数字表示，横线上方的数字代表电抗的标号，横线下方的数字代表该电抗的标幺值。

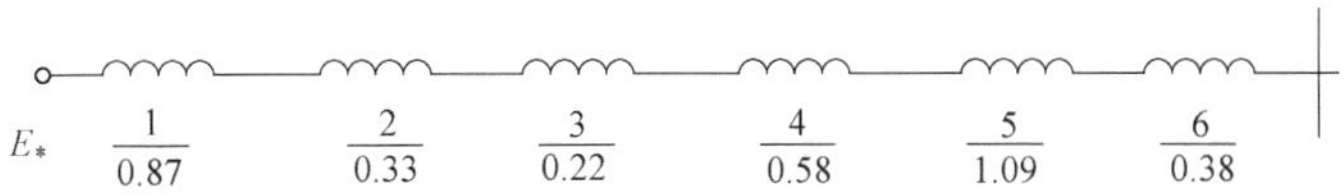

图 5-3 例 5-2 的等效电路

（2）近似计算法

取基准功率 $S_B = 100\text{MV}\cdot\text{A}$，各段的基准电压为各段的平均额定电压（$U_B = U_{av}$），即 $U_{BI} = 10.5\text{kV}$、$U_{BII} = 115\text{kV}$ 和 $U_{BIII} = 6.3\text{kV}$。各元件电抗标幺值为

发电机： $x_{1*} = x_{G(N)}\dfrac{S_B}{S_N} = 0.26 \times \dfrac{100}{30} = 0.87$

变压器 T-1： $x_{2*} = \dfrac{U_k(\%)}{100}\dfrac{S_B}{S_N} = \dfrac{10.5}{100} \times \dfrac{100}{31.5} = 0.33$

输电线路： $x_{3*} = x_0 l \dfrac{S_B}{U_{BII}^2} = 0.4 \times 80 \times \dfrac{100}{115^2} = 0.24$

变压器 T-2： $x_{4*} = \dfrac{U_k(\%)}{100}\dfrac{S_B}{S_N} = \dfrac{10.5}{100} \times \dfrac{100}{15} = 0.7$

电抗器： $x_{5*} = \dfrac{x_R(\%)}{100}\dfrac{U_N}{\sqrt{3}I_N}\dfrac{S_B}{U_{BIII}^2} = \dfrac{5}{100} \times \dfrac{6}{\sqrt{3}\times 0.3} \times \dfrac{100}{6.3^2} = 1.46$

电缆线路： $x_{6*} = x_0 l \dfrac{S_B}{U_{BIII}^2} = 0.08 \times 2.5 \times \dfrac{100}{6.3^2} = 0.504$

第三节　无限大功率电源供电网络的三相短路电流计算

无限大功率电源是指容量为无限大、内阻抗为零的电源。实际上电力系统的容量总是有限的，无限大功率电源可看作是由无限多个有限容量电源并联而成的，因而其内阻抗为零。对于这种电源，由其外电路发生短路而引起的功率改变对它来说是微不足道的，又由于内阻抗为零而不存在内部电压降，因此电源的电压和频率保持恒定。

实际应用上，往往以供电电源的内阻抗与短路回路总阻抗的相对大小来判断电源能否作为无限大功率电源。当电源内阻抗不超过短路回路总阻抗的 10% 时，就可以近似认为此电源为无限大功率电源。无限大功率电源可用 $Z = 0$（或 $X = 0$）、$U = $ 常数、$S = \infty$ 表示。

一、短路暂态过程分析

分析图 5-4 所示简单三相 RL 电路的对称短路暂态过程。短路前电路处于稳态。由于电路对称，可只写出其中一相电压和电流为

$$\left.\begin{array}{l} u = U_m \sin(\omega t + \alpha) \\ i = I_m \sin(\omega t + \alpha - \varphi') \end{array}\right\} \tag{5-16}$$

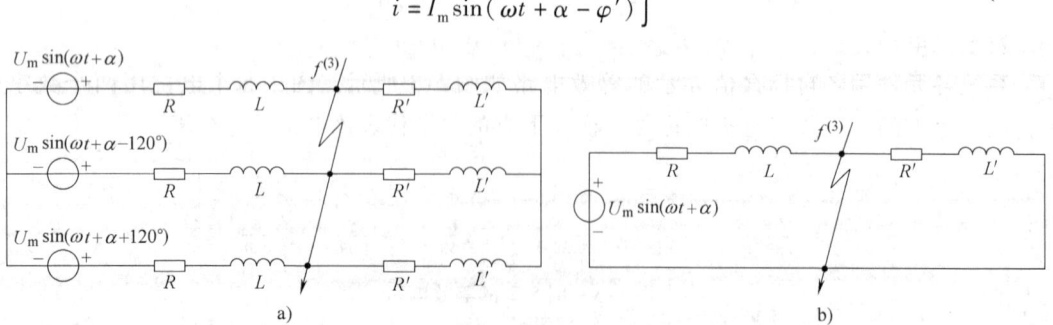

图 5-4　无限大功率电源供电的三相对称电路

式中，$I_{\mathrm{m}} = \dfrac{U_{\mathrm{m}}}{\sqrt{(R+R')^2 + \omega^2(L+L')^2}}$，$\varphi' = \arctan\dfrac{\omega(L+L')}{R+R'}$，$\alpha$ 为电源的初始相角，亦称合闸相位角。

因为在三相对称电路中发生了对称短路故障，为了简化分析，可取其中一相电路进行分析，如图 5-4b 所示。

当 f 点发生三相短路时，该电路被分成两个独立的电路，其中左边电路仍与电源相连，右边的电路则变成无源的短接电路。在与电源相连的电路中，每相阻抗由原先的 $(R+R') + j\omega(L+L')$ 减小到 $R + j\omega L$，电流必将由短路前的数值逐渐增大到由阻抗 $R + j\omega L$ 所决定的新稳态值，电压与电流之间的相位角也发生相应的变化；在短接电路中，电流将从短路发生瞬间的初始值衰减为零。主要针对左侧电路进行短路暂态过程的分析计算。

假设在 $t = 0$ 时发生了短路，左侧电路的电压方程为

$$L\frac{\mathrm{d}i}{\mathrm{d}t} + Ri = U_{\mathrm{m}}\sin(\omega t + \alpha) \tag{5-17}$$

求解该一阶常系数线性微分方程，可得短路电流瞬时值的表达式为

$$i = I_{\mathrm{pm}}\sin(\omega t + \alpha - \varphi) + A\mathrm{e}^{-\frac{t}{T_{\mathrm{a}}}} = i_{\mathrm{p}} + i_{\mathrm{ap}} \tag{5-18}$$

可见短路电流由两部分构成，其中 i_{p} 为短路电流的稳态分量，它由电源电动势的作用所产生，与电源电动势有相同的变化规律，其幅值在暂态过程中保持不变。由于此分量是周期变化的，故又称其为周期分量（或交流分量）；同时，这个分量又是外加电压在阻抗 $R + j\omega L$ 的回路内强迫产生的，因此又称为强制分量。其表达式为

$$i_{\mathrm{p}} = I_{\mathrm{pm}}\sin(\omega t + \alpha - \varphi) \tag{5-19}$$

式中，I_{pm} 为短路电流周期分量的幅值，$I_{\mathrm{pm}} = \dfrac{U_{\mathrm{m}}}{\sqrt{R^2 + (\omega L)^2}}$；$\varphi$ 为每相阻抗 $R + j\omega L$ 的阻抗角，$\varphi = \arctan\dfrac{\omega L}{R}$。

式（5-18）中的另一分量 i_{ap} 为短路电流的自由分量，其是式（5-17）所对应的齐次方程 $Ri_{\mathrm{a}} + L\dfrac{\mathrm{d}i_{\mathrm{a}}}{\mathrm{d}t} = 0$ 的通解。由于该分量与外加电源无关，是一个按指数规律衰减的直流电流，因此称之为非周期分量（或直流分量）。其表达式为

$$i_{\mathrm{ap}} = A\mathrm{e}^{-\frac{t}{T_{\mathrm{a}}}} \tag{5-20}$$

式中，A 为积分常数，其值即为非周期分量的初始值 i_{ap0}；T_{a} 为短路回路的时间常数，它反映自由分量衰减的快慢，$T_{\mathrm{a}} = L/R$。

在含有电感的电路中，由楞次定律得知，电感中的电流不能突变，短路前瞬间（用下标 [0] 表示）的电流 $i_{[0]}$ 应与短路后瞬间（用下标 0 表示）的电流 i_0 相等，即

$$I_{\mathrm{m}}\sin(\alpha - \varphi') = I_{\mathrm{pm}}\sin(\alpha - \varphi) + A \tag{5-21}$$

所以

$$A = i_{\mathrm{ap0}} = I_{\mathrm{m}}\sin(\alpha - \varphi') - I_{\mathrm{pm}}\sin(\alpha - \varphi) \tag{5-22}$$

从而得到短路电流表达式为

$$i_a = I_{pm}\sin(\omega t + \alpha - \varphi) + [I_m\sin(\alpha - \varphi') - I_{pm}\sin(\alpha - \varphi)]e^{-\frac{t}{T_a}} \qquad (5-23)$$

可以看出，短路全电流的瞬时值是周期分量与非周期分量之和，周期分量的幅值不变，而非周期分量在经过几个周期后就将衰减得很小直至为0，而当 $i_{ap}=0$ 时，短路的过渡过程结束，电路进入短路后的稳态过程，该稳态电流就是短路全电流的周期分量。

由于三相对称，只要将 $(\alpha-120°)$ 或 $(\alpha+120°)$ 代替式 (5-23) 中的 α 就可得 b 相或 c 相的短路电流。

需要指出的是，三相短路虽然是对称短路，但实际上只有短路电流的周期分量是对称的，而各相短路电流非周期分量不相等。

二、产生最大短路全电流的条件

式 (5-23) 表明，欲使短路全电流瞬时值最大，必须是非周期分量最大，即非周期分量的初始值 i_{ap0} 最大。在电源电压幅值和短路回路阻抗不变的条件下，由式 (5-22) 可知，非周期分量的起始值与电源的合闸相位角和短路前电路的电流值有关。

图 5-5 表示短路瞬间 ($t=0$) 时电源电压 $\dot{U}_m$、短路前电流 $\dot{I}_m$ 和短路电流周期分量 $\dot{I}_{pm}$ 的相量图，$i_{[0]}$ 和 i_{p0} 分别为 $\dot{I}_m$ 和 $\dot{I}_{pm}$ 在时间轴上的投影，即

$$\left. \begin{aligned} i_{[0]} &= I_m\sin(\alpha-\varphi') \\ i_{p0} &= I_{pm}\sin(\alpha-\varphi) \end{aligned} \right\} \qquad (5-24)$$

若想使 i_{ap0}（即 $i_{[0]}-i_{p0}$）最大，相量 ($\dot{I}_m - \dot{I}_{pm}$) 应与时间轴平行。从而得到产生最大短路全电

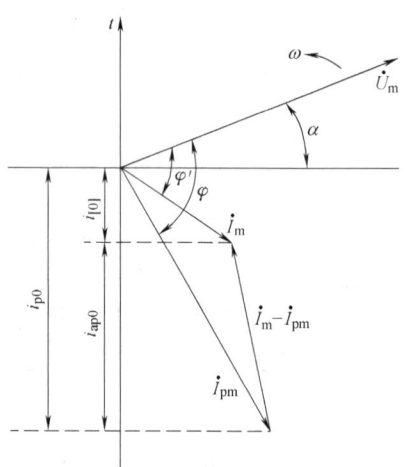

图 5-5 短路瞬间电流相量图

流的条件是：①短路前电路空载（$\dot{I}_m=0$）；②$\alpha-\varphi=-90°$，由于一般在短路回路中，感抗值远大于电阻值，即 $\omega L >> R$，因此认为 $\varphi \approx 90°$，于是进一步有 $\alpha=0°$。

三、短路冲击电流

短路电流在最严重情况下的短路电流最大瞬时值，称为短路冲击电流。将前面所述的 $\dot{I}_m=0$、$\varphi=90°$ 和 $\alpha=0°$ 代入式 (5-23) 有

$$i = -I_{pm}\cos\omega t + I_{pm}e^{-\frac{R}{L}t} \qquad (5-25)$$

电流 i 波形如图 5-6 所示。由图可见，短路电流的最大瞬时值，将在短路发生后约经过半个周期出现，当 $f=50\text{Hz}$ 时，此时间为 0.01s（即 $\omega t=\pi$）。由此可得冲击电流值 i_{im} 为

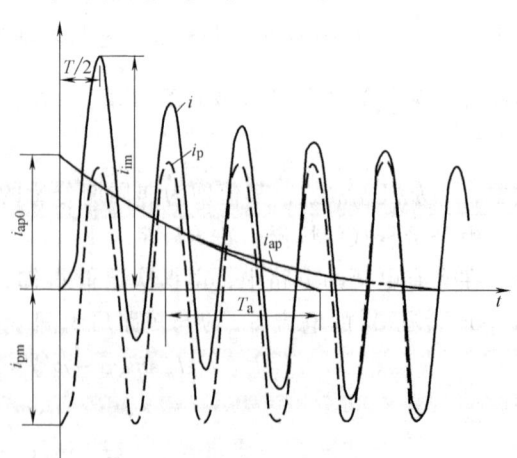

图 5-6 非周期分量最大时短路电流波形

$$i_{im} = I_{pm} + I_{pm} e^{-\frac{0.01}{T_a}} = (1 + e^{-\frac{0.01}{T_a}}) I_{pm} = K_{im} I_{pm} = \sqrt{2} K_{im} I_p \tag{5-26}$$

式中，I_p 为短路电流周期分量有效值，$I_p = I_{pm}/\sqrt{2}$；K_{im} 为短路电流的冲击系数，$K_{im} = 1 + e^{-\frac{0.01}{T_a}}$，它表示冲击电流为短路电流周期分量的倍数。很明显，冲击系数的大小与短路点到电源点的距离有关，其变化范围为 $1 \leqslant K_{im} \leqslant 2$。

在实用计算中，当短路发生在 12MW 及以上的发电机出口母线上时，取 $K_{im} = 1.9$；当短路发生在发电厂高压侧母线上时，取 $K_{im} = 1.85$；当短路发生在网络其他地方时，取 $K_{im} = 1.8$；当短路发生在一般低压配电网中时，取 $K_{im} = 1 \sim 1.3$。

短路冲击电流主要用来校验电气设备和载流导体的电动力稳定性（动稳定）。

四、短路电流全电流的最大有效值

在短路过程中，任一时刻 t 的短路电流的有效值 I_t，是以该时刻为中心的一个周期（$T = 0.02\text{s}$）内瞬时电流的方均根值，即

$$I_t = \sqrt{\frac{1}{T} \int_{t-\frac{T}{2}}^{t+\frac{T}{2}} i_t^2 dt} = \sqrt{\frac{1}{T} \int_{t-\frac{T}{2}}^{t+\frac{T}{2}} (i_{pt} + i_{apt})^2 dt} = \sqrt{I_p^2 + i_{apt}^2} \tag{5-27}$$

式中，i_t 为 t 时刻短路全电流的瞬时值；i_{pt}、i_{apt} 分别为 t 时刻短路电流周期分量和非周期分量的瞬时值。

为了简化计算，式（5-27）中假设 i_{apt} 在 t 时刻前后一周期内保持不变。

由图（5-6）可见，最大有效值电流也是发生在短路后半个周期时，其值为

$$I_{im} = \sqrt{I_p^2 + i_{ap(t=0.01)}^2} = \sqrt{I_p^2 + I_{pm}^2 (K_{im} - 1)^2} = I_p \sqrt{1 + 2(K_{im} - 1)^2} \tag{5-28}$$

当 $K_{im} = 1.9$ 时，$I_{im} = 1.62 I_p$；当 $K_{im} = 1.8$ 时，$I_{im} = 1.51 I_p$。

短路电流最大有效值常用来校验电气设备的热稳定性。

五、短路容量

在无限大系统供电的三相短路计算中，经常要用到短路容量这个概念。所谓短路容量是指某点的三相短路电流与该点短路前的平均额定电压的乘积，即

$$S_t = \sqrt{3} U_{av} I_t \tag{5-29}$$

从而短路容量的标幺值

$$S_{t*} = \frac{S_t}{S_B} = \frac{\sqrt{3} U_{av} I_t}{\sqrt{3} U_B I_B} = I_{t*} = \frac{1}{X_{\Sigma *}} \tag{5-30}$$

短路容量主要用来校验开关设备的切断能力，要求开关一方面能切断如此大的电流，另一方面，在开关断开时其触头要能承受住工作电压。在短路的实用计算中，常用短路电流周期分量的初始值来计算短路容量。

由式（5-30）可见，短路容量的大小反映了该点短路时短路电流的大小，同时也反映了该点输入阻抗的大小。短路容量反映了该点与系统联系的紧密程度。如果系统的容量越大，网络联系越紧密，则等值电抗越小，短路容量就越大。另外，由该式可以容易地求得某一点到无限大电源之间的未知电抗值。

如图 5-7 所示，当系统的电抗值未知时，若已知 A 母线的短路容量 S_{fA}，则系统的电抗

值为 $1/S_{fA}$。如果不知道短路容量，工程近似计算中可以将接在该点的断路器 QF 的额定断流容量作为该点的短路容量。因此，在选择断路器时，要保证断路器能切断流过它的短路电流，也就是断路器的额定断流容量应大于或等于在断路器后发生三相短路时的短路容量。因此，若已知断路器 QF 的断流容量，则其标幺值的倒数即为系统的电抗标幺值（$X_{\Sigma *} = 1/S_{QF *}$）。

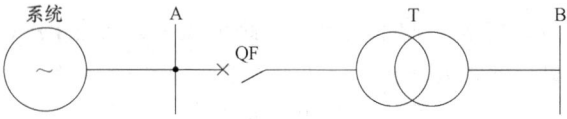

图 5-7 利用断路器额定断流容量求系统等值电抗

六、无限大功率电源供电系统的短路计算

无限大功率电源所提供的短路电流周期分量的幅值恒定且不随时间而变。虽然非周期分量按指数规律衰减，但一般情况下只考虑它对短路冲击电流的影响。所以，在大多数情况下短路计算的任务也只是计算短路电流的周期分量。在无穷大功率电源供电的网络中，短路电流周期分量的计算实质上就是短路后稳态电流的计算，该计算属于求解稳态正弦交流电路的问题。

【**例 5-3**】 如图 5-8 所示的一个无限大功率电源供电的系统，系统参数如图中所示，采用标幺制分别计算在 f_1 和 f_2 发生三相短路时的短路电流和短路功率。

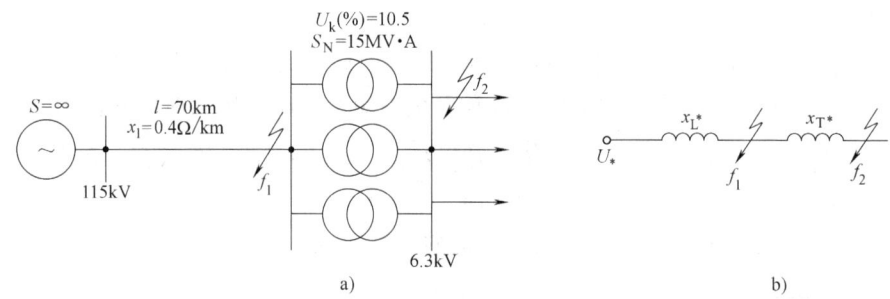

图 5-8 例 5-3 的接线图及等效电路

解：取 $S_B = 15 \text{MV} \cdot \text{A}$，$U_B = U_{av}$

画出相应的等效电路，如图 5-8b 所示，并计算各元件的电抗参数。

变压器：$x_{T*} = \dfrac{1}{3} \dfrac{U_k(\%)}{100} \dfrac{S_B}{S_N} = \dfrac{1}{3} \times \dfrac{10.5}{100} \times \dfrac{15}{15} = 0.035$

输电线路：$x_{l*} = x_0 l \dfrac{S_B}{U_B^2} = 0.4 \times 70 \times \dfrac{15}{115^2} = 0.0318$

（1）f_1 短路

电流基准值：$I_B = \dfrac{S_B}{\sqrt{3} U_B} = \dfrac{15}{\sqrt{3} \times 115} \text{kA} = 0.0753 \text{kA}$

短路电流的周期分量 $I_{p*} = U_* / x_{l*} = 1/0.0318 = 31.446$

$I_p = I_{p*} I_B = 31.446 \times 0.0753 \text{kA} = 2.37 \text{kA}$

短路冲击电流 $i_{im*} = \sqrt{2} K_{im} I_{p*} = \sqrt{2} \times 1.8 \times 31.446 = 80.048$

$i_{im} = i_{im*} I_B = 80.048 \times 0.0753 \text{kA} = 6.03 \text{kA}$

短路容量 $S_t = I_{p*} S_B = 31.446 \times 15 \text{MV} \cdot \text{A} = 471.69 \text{MV} \cdot \text{A}$

(2) f_2 短路

电流基准值 $\qquad I_B = \dfrac{S_B}{\sqrt{3}U_B} = \dfrac{15}{\sqrt{3}\times 6.3}\text{kA} = 1.375\text{kA}$

短路电流的周期分量 $I_{p*} = U_*/(x_{L*} + x_{T*}) = 1/(0.0318 + 0.035) = 14.97$

$$I_p = I_{p*}I_B = 14.97 \times 1.375\text{kA} = 20.58\text{kA}$$

短路冲击电流 $\qquad i_{im*} = \sqrt{2}K_{im}I_{p*} = \sqrt{2}\times 1.8 \times 14.97 = 38.107$

$$i_{im} = i_{im*}I_B = 38.107 \times 1.375\text{kA} = 52.398\text{kA}$$

短路容量 $\qquad S_t = I_{p*}S_B = 14.97 \times 15\text{MV}\cdot\text{A} = 224.55\text{MV}\cdot\text{A}$

第四节 有限容量电源供电网络三相短路起始次暂态和冲击电流的计算

在由无限大功率系统供电的三相短路过程分析中，由于假设系统为"无限大"功率，电源的端电压在短路过程中维持恒定，所以短路电流周期分量的幅值将保持不变，从而使计算过程比较简单。然而，在大多数情况下，系统容量总是有限的。例如，当由几个发电厂或几台发电机供电时，或短路发生在距离电源不远处，这时，电源的端电压将随着短路电流的增大而减小，不再保持恒定。因此，短路电流周期分量幅值也将随之改变，在这种情况下，计算短路电流周期分量就必须考虑发电机感应电动势和参数的变化。

同步发电机突然发生三相短路时，由于发电机结构的不对称以及遵循短路瞬间定、转子绕组内磁链守恒的原则，发电机定子绕组内的短路电流由短路电流的基频周期分量、倍频周期分量和直流分量构成，其中短路电流的倍频周期分量和直流分量会在很短的时间内衰减为零。而短路电流的基频周期分量，经历了次暂态——暂态——稳态的变化过程。因此，在电力系统短路电流的工程计算中，由于快速继电保护的应用，更多计算的是短路电流基频周期分量的初始值，即起始次暂态电流 I''。

一、起始次暂态电流 I''

计算起始次暂态电流 I'' 时，只要把系统中所有元件参数都用其次暂态参数表示，次暂态电流的计算过程就同稳态电流一样。

对于系统中的静止元件，由于在短路暂态过程中，磁通的路径没有改变，因此其次暂态参数都与其稳态参数相同，即变压器和输电线路的次暂态参数与稳态参数相同；而对于旋转元件电机（发电机和电动机）在短路的暂态过程中磁通路径发生了变化，因而，其次暂态参数不同于其稳态参数。

1. 发电机

如前所述，在突然短路瞬间，系统中所有同步电机的次暂态电动势均保持短路发生前瞬间的值（$E''_0 = E''_{[0]}$）。为了简化计算，应用图5-9所示的同步电机简化相量图，取同步发电机短路前瞬间的端电压为 $U_{[0]}$、电流为 $I_{[0]}$ 和功率因数角 $\varphi_{[0]}$，于是次暂态电动势的近似值为

$$E''_0 = E''_{[0]} \approx U_{[0]} + x''I_{[0]}\sin\varphi_{[0]} \qquad (5\text{-}31)$$

在实用计算中，汽轮发电机和有阻尼绕组的凸极同步发电机的次暂态电抗可以取 $x'' = x''_d$。

若同步发电机短路前在额定满载下运行，$U_{[0]}=1$，$I_0=1$，$\cos\varphi=0.8$，$x''=0.13\sim 0.20$，则由式（5-31）可知发电机的次暂态电动势 E'' 的值为 $1.078\sim 1.12$。

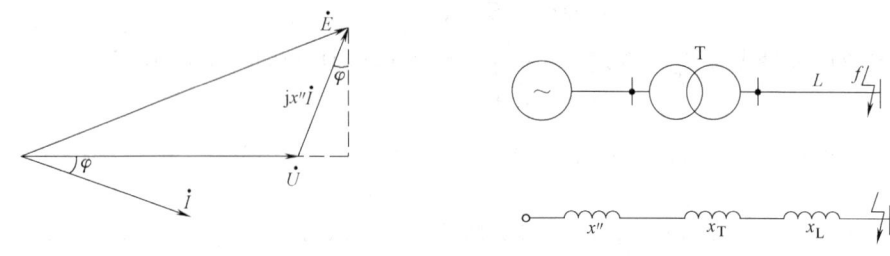

图 5-9　同步发电机简化相量图　　　图 5-10　次暂态电流计算示意图

如果不能确定同步发电机短路前的运行参数，则次暂态电动势 E'' 取 $1.05\sim 1.1$。若在空载情况下短路或不计负载影响，常取 $E''=1$。

求得发电机的次暂态电动势后，起始次暂态电流根据图 5-10 计算，即

$$I''=\frac{E''_0}{(x''+x_\Sigma)}$$

式中，x_Σ 为发电机端至短路点的组合电抗，如发电机端短路，则 $x_\Sigma=0$。

2. 异步电动机

电力系统的负荷中包含有大量的异步电动机，在正常运行情况下，异步电动机的转差率很小（$s=2\%\sim 5\%$），可以近似地当作同步速运行。而在短路时，依据转子绕组磁链守恒的原则，异步电动机也可用与其转子绕组总磁链成正比的次暂态电动势 E''_0 和与之相应的次暂态电抗 x'' 来表示。异步电动机的次暂态电抗的标幺值可通过异步电动机的起动电流（标幺值）来表示，即

$$x''=1/I_{st} \tag{5-32}$$

式中，I_{st} 是以额定电流为基准的标幺值，一般为 $4\sim 7$，所以近似地有 $x''=0.2$。

图 5-11 所示为用次暂态参数表示的异步电动机相量图，由图可得异步电动机次暂态电动势的近似值为

$$E''_0\approx U_{[0]}-x''I_{[0]}\sin\varphi_{[0]} \tag{5-33}$$

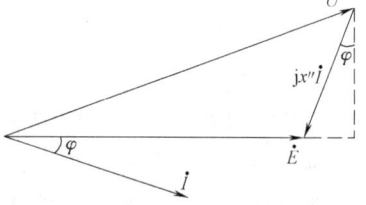

在正常运行时，异步电动机的次暂态电动势 E''_0 要低于端电压 $U_{[0]}$，异步电动机从系统中吸取功率。当系统发生短路，并且当异步电动机端的残余电压 U_0 低于异步电动机的 E''_0 时，电动机才会作为电源暂时向系统提供一部分功率。

图 5-11　异步电动机简化相量图

3. 综合负荷

由于接于配电网络的电动机数量多，短路前运行状态难以弄清，因而，在实际计算中，只考虑短路点附近的大型电动机，对其余的电动机，一般可当作综合负荷来处理。

综合负荷的参数由该地区用户的典型成分及配电网典型线路的平均参数来决定。在短路瞬间，这个综合负荷也可以近似地用一个含次暂态电动势 E'' 和次暂态电抗 x'' 的等效电路来表示。以额定运行参数为基准，综合负荷的电动势和电抗的标幺值可用 $E''=0.8$ 及 $x''=0.35$ 来表示。x'' 中包括电动机本身的次暂态电抗 0.2 和降压变压器及馈电线路的电抗 0.15。

二、冲击电流

系统中同步发电机提供的冲击电流，仍可按式（5-26）计算，只是用起始次暂态短路电流 I'' 代替式中的短路电流周期分量的有效值 I_p。

在实用计算中，负荷提供的冲击电流可表示为

$$i_{\text{im}\cdot\text{LD}} = \sqrt{2} K_{\text{im}\cdot\text{LD}} I''_{\text{LD}} \tag{5-34}$$

式中，I''_{LD} 为负荷提供的起始次暂态电流的有效值；$K_{\text{im}\cdot\text{LD}}$ 为负荷的冲击电流系数，其取值与电动机的容量有关。对于小容量电动机和综合负荷，取 $K_{\text{im}\cdot\text{LD}} = 1$；大容量的电动机，$K_{\text{im}\cdot\text{LD}} = 1.3 \sim 1.8$。

应该指出，由于异步电动机所提供的短路电流的周期分量及非周期分量衰减非常快，当 $t > 0.01\text{s}$ 时，即可认为其次暂态过程已经结束。因此，对一切异步电动机及综合负荷，只在冲击电流计算中予以考虑。

【例 5-4】 计算如图 5-12a 所示网络中 f 点发生三相短路时的冲击电流。

解法一： 发电机：取 $E''_1 = 1.08$；调相机：取 $E''_2 = 1.2$；负荷：取 $E'' = 0.8$，$x'' = 0.35$；线路：取每公里电抗 $x_0 = 0.4\Omega/\text{km}$。

取 $S_B = 100\text{MV}\cdot\text{A}$，$U_B = U_{\text{av}}$。

（1）等效电路如图 5-12b 所示。

（2）各元件电抗标幺值计算

发电机：$x_1 = 0.12 \times \dfrac{100}{60} = 0.2$；调相机：$x_2 = 0.2 \times \dfrac{100}{5} = 4$；

负荷 LD_1：$x_3 = 0.35 \times \dfrac{100}{30} = 1.17$；$\text{LD}_2$：$x_4 = 0.35 \times \dfrac{100}{18} = 1.95$；

LD_3：$x_5 = 0.35 \times \dfrac{100}{6} = 5.83$；变压器 T_1：$x_6 = 0.105 \times \dfrac{100}{31.5} = 0.33$；

变压器 T_2：$x_7 = 0.105 \times \dfrac{100}{20} = 0.53$；变压器 T_3：$x_8 = 0.105 \times \dfrac{100}{7.5} = 1.4$；

输电线 L_1：$x_9 = 0.4 \times 60 \times \dfrac{100}{115^2} = 0.18$；输电线 L_2：$x_{10} = 0.4 \times 20 \times \dfrac{100}{115^2} = 0.06$；

输电线 L_3：$x_{11} = 0.4 \times 10 \times \dfrac{100}{115^2} = 0.03$。

（3）化简等效电路，如图 5-12c、d 所示。

$$x_{12} = x_1 // x_3 + x_6 + x_9 = \dfrac{0.2 \times 1.17}{0.2 + 1.17} + 0.33 + 0.18 = 0.68$$

$$x_{13} = x_2 // x_4 + x_7 + x_{10} = \dfrac{4 \times 1.95}{4 + 1.95} + 0.53 + 0.06 = 1.9$$

$$x_{14} = x_8 + x_{11} = 1.4 + 0.03 = 1.43$$

$$x_{15} = x_{12} // x_{13} + x_{14} = \dfrac{0.68 \times 1.9}{0.68 + 1.9} + 1.43 = 1.04$$

$$E_6 = E_1 // E_3 = \dfrac{E_1 x_3 + E_3 x_1}{x_1 + x_3} = \dfrac{1.08 \times 1.17 + 0.8 \times 0.2}{0.2 + 0.17} = 1.04$$

$$E_7 = E_2 // E_4 = \frac{E_2 x_4 + E_4 x_2}{x_2 + x_4} = \frac{1.2 \times 1.95 + 0.8 \times 4}{1.95 + 4} = 0.93$$

$$E_8 = E_6 // E_7 = \frac{E_6 x_{13} + E_7 x_{12}}{x_{12} + x_{13}} = \frac{1.04 \times 1.9 + 0.93 \times 0.68}{0.68 + 1.9} = 1.01$$

(4) 起始次暂态电流计算

由变压器 T_3 方面提供的短路电流为

$$I'' = \frac{E_8}{x_{15}} = \frac{1.01}{1.93} = 0.523$$

由负荷 LD_3 方面提供的短路电流为

$$I''_{LD_3} = \frac{E_5}{x_5} = \frac{0.8}{5.83} = 0.137$$

(5) 冲击电流计算

为了判断负荷 LD_1 和 LD_2 是否有可能提供冲击电流,先对 b 点和 c 点的残余电压进行验算。

a 点的残余电压为

$$U_a = I''(x_8 + x_{11}) = 0.523 \times (1.4 + 0.03) = 0.75$$

线路 L_1 上的电流为

$$I''_{L1} = \frac{E_6 - U_a}{x_{12}} = \frac{1.04 - 0.75}{0.68} = 0.427$$

线路 L_2 上的电流为

$$I''_{L2} = I'' - I''_{L1} = 0.523 - 0.427 = 0.096$$

b 点的残余电压为

$$U_b = U_a + I''_{L1}(x_6 + x_9) = 0.75 + 0.427 \times (0.33 + 0.18) = 0.97$$

c 点的残余电压为

$$U_c = U_a + I''_{L2}(x_7 + x_{10}) = 0.75 + 0.096 \times (0.06 + 0.53) = 0.807$$

因为 $U_b > E''_{LD1}$,$U_c > E''_{LD2}$,所以负荷 LD_1 和 LD_2 是不会向短路点提供电流的。因此,由变压器 T_3 方面而来的短路电流都是发电机和调相机提供的。于是冲击电流的标幺值为

$$i_{im*} = \sqrt{2} K_{im} I'' + \sqrt{2} K_{im \cdot LD} I''_{LD} = \sqrt{2}(1.8 \times 0.523 + 1 \times 0.137) = 1.525$$

短路处的电流基准值为

$$I_B = \frac{S_B}{\sqrt{3} U_B} = \frac{100}{\sqrt{3} \times 6.3} \text{kA} = 9.16 \text{kA}$$

冲击电流的有名值为

$$i_{im} = i_{im*} I_B = 1.525 \times 9.16 \text{kA} = 13.967 \text{kA}$$

解法二:在近似计算中,由于负荷 LD_1 和 LD_2 离短路点较远,故可将它们略去不计。同时,取发电机和调相机的次暂态电动势 $E'' = 1$。

发电机与调相机的等值电动势 $E_9 = 1$,相对于短路点的转移电抗为

$$x_{16} = (x_1 + x_6 + x_9) // (x_2 + x_7 + x_{10}) + x_8 + x_{11} = 2.05$$

由变压器 T_3 方面提供的短路电流为

$$I'' = \frac{E_9}{x_{16}} = \frac{1}{2.05} = 0.49$$

短路处的冲击电流为

$$i_{\text{im}} = (\sqrt{2} \times 1.8 \times 0.49 + \sqrt{2} \times 1 \times 0.137) \times 9.16\text{kA} = 13.20\text{kA}$$

对比两种计算方法，解法二所得的冲击电流较解法一得到的小 6%，在实际计算中，满足工程的误差要求，因此，允许采用这种简化的近似计算。

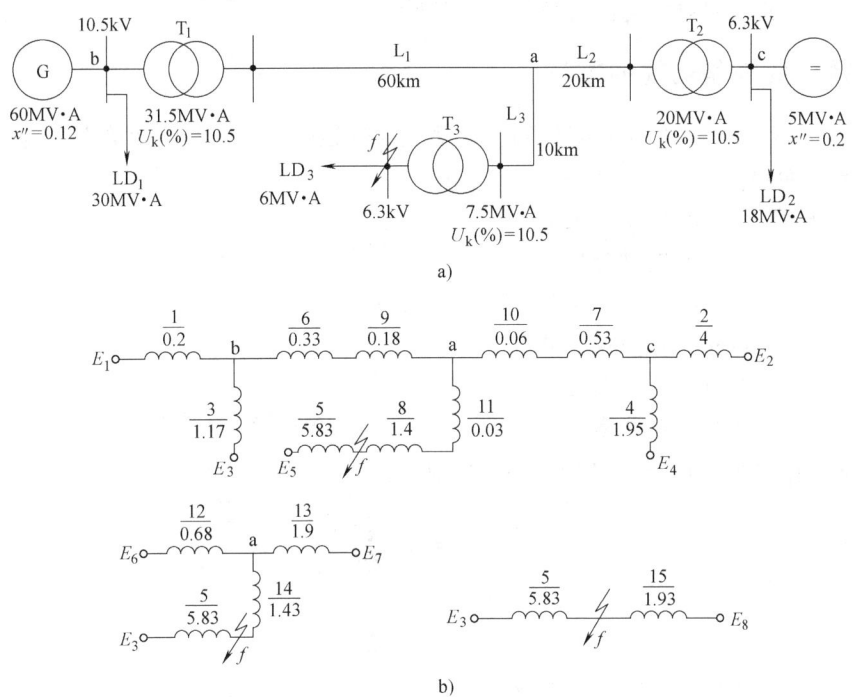

图 5-12 例 5-4 的电力系统接线及等效电路

第五节　网络的变换与化简

电力系统网络结构较为复杂，在短路电流的计算过程中，通常先将原始的等效电路进行网络变换和化简，然后再计算短路电流。

一、输入阻抗和转移阻抗的定义

把一个复杂的网络经过等效变换和化简后，得到只有一条有源支路的最简单形式，如图 5-13a 所示。将图中连接等值电源点 E_Σ 和短路点 f 之间的电抗 x_Σ 称为输入电抗。

由戴维南定理可知，E_Σ 即为短路点前节点 f 的开路电压，x_Σ 就是从 f

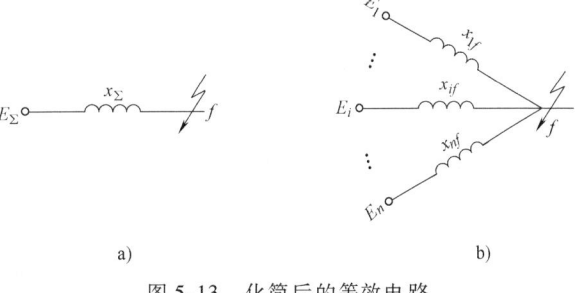

图 5-13 化简后的等效电路

点与地之间看进去的等值电抗。

在电力系统短路计算中，由于各电源特性各异，并且各电源点与短路点间的电气距离也不等。因此，网络化简时，不能将所有的电源点都合并成一个等值电源，而需要保留若干个独立电源或等值电源，如图 5-13b 所示。图中连接电源 E_i 和短路点 f 之间的电抗 x_{if} 就称为转移电抗。

网络变换和简化的主要目的，就是要求取各电源对短路点的转移阻抗或等值电源对短路点的输入阻抗，从而为短路电流的计算打下基础。

二、网络变换和化简的方法

在短路电流计算，求取输入阻抗和转移阻抗的过程中常用的网络化简方法有：

1. 等值电动势法

该种方法常用于电源合并的情况，即将系统中多个不同电动势的电源点合并成一个等值电源。图 5-14 表示将 n 条电源支路并联接在同一母线上的网络，通过等值变换，简化为只含有一条电源支路的等效电路。

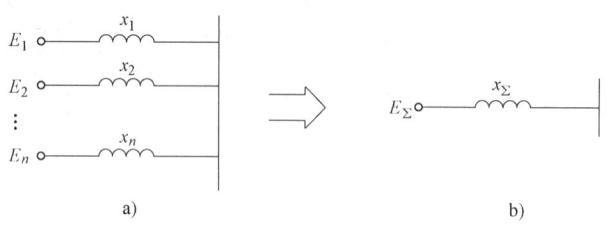

图 5-14 等值电动势法

其中的等值电动势 E_Σ 和等值电抗 x_Σ 分别为

$$\begin{cases} E_\Sigma = x_\Sigma \sum_{i=1}^{n} \dfrac{E_i}{x_i} \\ x_\Sigma = 1 \Big/ \sum_{i=1}^{n} \dfrac{1}{x_i} \end{cases} \tag{5-35}$$

这里需要指出的是：在网络化简时，电源是否合并，应根据具体情况而定。若为了求取各个电源支路的短路电流，就不需要合并电源；若为了求取短路点总的短路电流数值，电源合并则更有利于计算过程的简化。

2. 星网变换

对于复杂的网络可以通过星网变换的方法，消去网络中的多余节点，从而达到网络简化的目的。图 5-15 表示将一个以节点 n 为中心的四星形电路，变换为以节点 1~4 为顶点的网形电路，在该网形电路中，任意两个节点之间都有支路相连接。

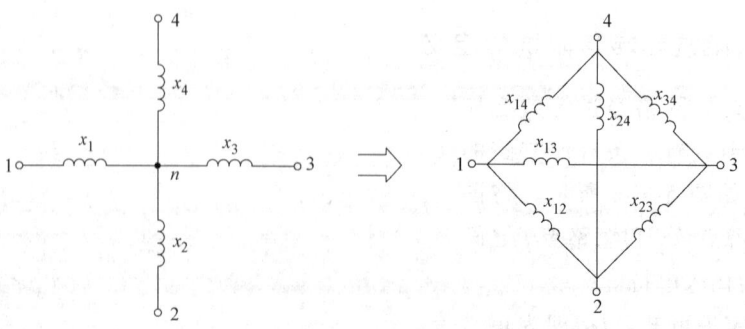

图 5-15 星网变换

如果是将以节点 n 为中心、m 条支路的星形网络转换为 m 个顶点的网形电路，那么在网形电路中节点 i、j 间的电抗 x_{ij} 表示为

$$x_{ij} = x_{in} x_{jn} \sum_{k=1}^{m} 1/x_{kn} \tag{5-36}$$

式中，x_{kn} 为星形电路中节点 k 与待消节点 n 之间的电抗。

通过星网变换方法消去了网络中除电源点和短路点以外的所有中间节点。由于电源点间的支路对于短路电流计算毫无意义，因此，不需计算电源点间的转移电抗，而只需计算电源点与短路点之间的转移电抗，从而给短路计算带来了极大的方便。

3. 利用网络对称性化简电路

在网络化简中，常会遇到相对于短路点来讲，网络是一个对称的电路。此时，利用对称关系，遵循下列原则将网络化简。①电位相等的节点，可以直接相连；②等电位点之间的电抗，短接后可除去。

在图 5-16 所示的电网中，两台发电机和变压器的参数均各自相同，当在点 $a(f_1)$ 处短路时，相对于该点电路是对称的，b、c 两点的电位相同，因此可将电抗器除去，同时将 b、c 两点短接，化简后的等效电路如图 5-16b 所示。而当在点 $b(f_2)$ 处短路时，电路不再具有对称性，此时相应的等效电路如图 5-16c 所示，该网络的化简可利用其他方法。

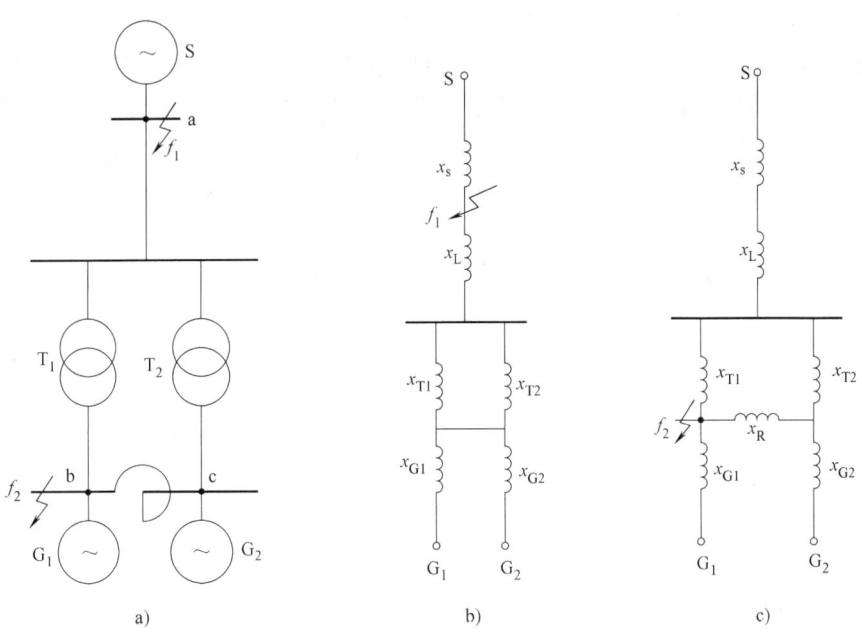

图 5-16 利用对称性化简网络

4. 分裂电源点或分裂短路点

分裂电源点就是将连接在一个电源点上的支路拆开，拆开后各支路分别连接在电动势相等的电源点上。如图 5-17a 所示的电路中，将电源 E_1 和 E_2 分裂，得到图 5-17b 所示的电路。

分裂短路点就是将接于短路点的各支路在短路点处拆开，而拆开后的各支路仍带有原来的短路点。在图 5-17b 所示的电路中，将 x_5 和 x_6 支路在短路点 f 处拆开，得到两个独立的等

效电路，如图 5-17c 所示。

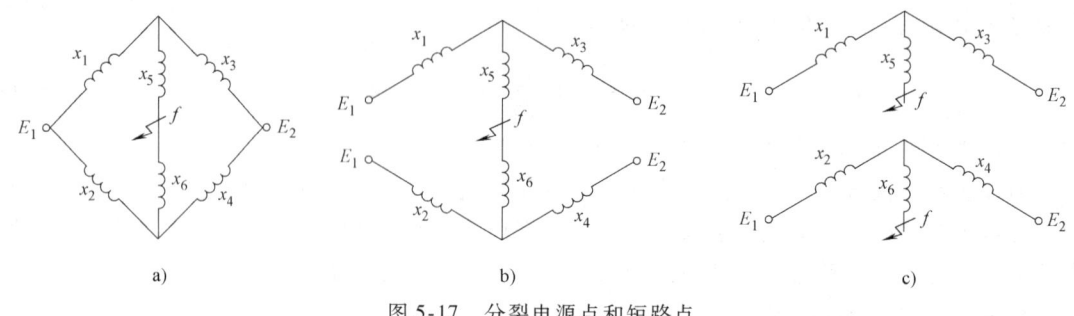

图 5-17 分裂电源点和短路点

应该指出的是，在进行网络简化时，无论网络如何进行变换和化简，其内部电路无论发生什么变换，但对网络的外部而言，仍然是等值的。

第六节 利用运算曲线计算短路电流

一、运算曲线的概念

短路电流的计算除了前面所讲计算起始次暂态短路电流、冲击电流之外，在电力系统某些工程计算中（如继电保护整定、断路器开断能力的确定）还需要知道短路发生后某一时刻短路电流周期分量值。由电机理论可知，短路电流与发电机暂态过程中的电抗、时间常数、感应电动势以及励磁系统的参数有关，计算起来十分复杂，这时在工程计算中，往往采用运算曲线来求短路后任意时刻的短路电流的周期分量，这一计算短路电流的方法就称为计算曲线法。

计算曲线就是在发电机的参数和运行初始状态确定的条件下，描述短路电流周期分量有效值随时间 t、短路点距离（用从机端到短路点的组合电抗 x_k 表示）变化的曲线。即 $I_{f*} = f(x_{js}, t)$，称 x_{js} 为计算电抗，其表示以发电机额定容量为基准值的外接电抗 x_k 与发电机暂态电抗 x''_d 之和，$x_{js} = x_k + x''_d$。为了使用方便，将曲线制成了数字表格列于附录中。

使用计算曲线计算短路电流时，需要注意的有：

1）由于发电机性质不同，计算曲线按照汽轮发电机和水轮发电机两种类型分别制作，查曲线表时按照发电机类型进行查取。

2）计算电抗 x_{js} 是以发电机的额定功率为基准功率的（以 S_N 为基准值），而一般短路计算中的电抗参数标幺值是以同一系统的 S_B 为基准值。

3）因为在计算曲线的制作过程中考虑了负荷的影响，所以查曲线时，对负荷忽略不计。

4）当 $x_{js} > 3.45$ 时，表明发电机离短路点电气距离很远，于是可近似认为该电源为功率无穷大电源，其提供短路电流的周期分量不再随时间而衰减。

二、运算曲线的应用

应用运算曲线计算短路电流的步骤如下：

1）画出等效电路：选取网络的功率和电压的基准值，并计算各元件在该基准值下的电抗标幺值，其中发电机用次暂态电抗，负荷忽略不计。

2) 化简等效电路：实际电力系统中，发电机数量众多，无法做到每台发电机都单独计算，为简化计算，就需要对电源进行合并。电源合并时主要考虑各电源提供的短路电流变化规律是否相同或相近，因此合并电源时应遵循的原则是：

① 与短路点的电气距离（即相联系的电抗值）相差不大的同类型发电机可以合并。
② 远离短路点的不同类型发电机可以合并。
③ 直接与短路点相连的发电机应单独考虑。
④ 功率为无穷大的电源由于其提供的短路电流周期分量不衰减不需查曲线，因此该类电源单独考虑。

经过网络的等值变换后求得各等值电源与短路点间的转移电抗 x_{if} 和功率无穷大电源对短路点的转移电抗 $x_{\infty f}$。

3) 归算计算电抗：由于上面求得的转移电抗 x_{if} 是以选定的 S_B 为基准值的标幺值，而查曲线表所需要的计算电抗 $x_{js \cdot i}$ 是以等值电源额定功率 S_{Ni} 为基准值，因此必须把转移电抗 x_{if} 归算到计算电抗 $x_{js \cdot i}$，即

$$x_{js \cdot i} = x_{if} \frac{S_{Ni}}{S_B} \tag{5-37}$$

4) 确定 t 时刻的短路电流周期分量标幺值：由 $x_{js \cdot i}$ 查相应的运算曲线，找出指定时刻由该等值电源提供的以 S_{Ni} 为基准值的短路电流周期分量标幺值 $I_{pt \cdot i^*}$。

对于无穷大电源，其供给的网络电流周期分量是不衰减的，计算公式为

$$I_{p\infty^*} = 1/x_{\infty f} \tag{5-38}$$

5) 计算短路电流周期分量有名值：第 i 台等值电源提供的短路电流周期分量为

$$I_{pt \cdot i} = I_{pt \cdot i^*} \frac{S_{Ni}}{\sqrt{3} U_B} \tag{5-39}$$

无穷大功率电源提供的短路电流周期分量为

$$I_{p\infty} = I_{p\infty^*} \frac{S_B}{\sqrt{3} U_B} \tag{5-40}$$

于是短路点总的短路电流有名值为

$$I_{pt} = \sum I_{pt \cdot i} + I_{p\infty} \tag{5-41}$$

【例 5-5】 图 5-18a 所示的电力系统中，发电厂（G_1、G_2）和系统都是火力发电厂，发电机母线断路器 QF 处于断开状态。试计算 f 点发生三相短路 0.2s 时的短路电流，并分别考虑以下两种情况。

(1) 发电机 G_1、G_2 及系统各用一个电源表示。
(2) 发电机 G_2 和系统合并为一个等值机。

解： 当电源 G_1、G_2 和系统各为独立电源时

取 $S_B = 100\text{MV} \cdot \text{A}$，$U_B = U_{av}$。

(1) 参数计算

发电机 G_1、G_2： $x_1 = x_2 = x''_d S_B/S_{GN} = 0.13 \times 100/31.25 = 0.416$

系统： $x_3 = x S_B/S_{SN} = 0.3 \times 100/300 = 0.1$

变压器 T_1、T_2： $x_4 = x_5 = \dfrac{U_k(\%)}{100} \dfrac{S_B}{S_{TN}} = \dfrac{10.5}{100} \times \dfrac{100}{20} = 0.525$

线路：
$$x_6 = \frac{1}{2}x_0 l \frac{S_B}{U_B^2} = \frac{1}{2} \times 0.4 \times 100 \times \frac{100}{115^2} = 0.151$$

等效电路如图 5-18b 所示。

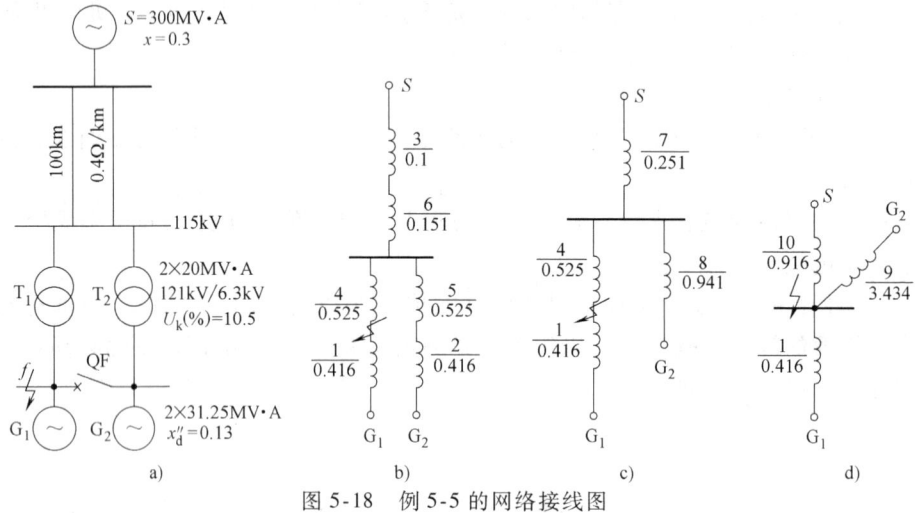

图 5-18 例 5-5 的网络接线图

（2）网络化简，求转移电抗

将图 5-18b 中的串联电抗合并可得图 5-18c。

$$x_7 = x_3 + x_6 = 0.1 + 0.151 = 0.251$$
$$x_8 = x_2 + x_5 = 0.416 + 0.525 = 0.941$$

在图 5-18c 中，进行星网变换，从而得图 5-18d。

$$x_9 = x_4 + x_8 + \frac{x_4 x_8}{x_7} = 0.251 + 0.941 + \frac{0.251 \times 0.941}{0.525} = 3.434$$

$$x_{10} = x_4 + x_7 + \frac{x_4 x_7}{x_8} = 0.251 + 0.525 + \frac{0.251 \times 0.525}{0.941} = 0.916$$

（3）求各电源的计算电抗

$$x_{js \cdot S} = x_{10} S_{NS}/S_B = 0.916 \times 300/100 = 2.748$$
$$x_{js \cdot 1} = x_1 S_{N1}/S_B = 0.416 \times 31.25/100 = 0.131$$
$$x_{js \cdot 2} = x_1 S_{N2}/S_B = 3.434 \times 31.25/100 = 1.073$$

（4）利用运算曲线，确定各电源在短路发生 0.2s 时，短路电流的标幺值

$$I_{1*} = 4.9, I_{2*} = 0.78, I_{3*} = 0.35$$

（5）求短路点的总短路电流

$$I_{0.2} = \left(4.9 \times \frac{31.25}{\sqrt{3} \times 6.3} + 0.78 \times \frac{31.25}{\sqrt{3} \times 6.3} + 0.35 \times \frac{300}{\sqrt{3} \times 6.3}\right) \text{kA} = 25.89 \text{kA}$$

当 G_2 与系统合并成一个等值电源

合并后等值电源与短路点之间的转移电抗为

$$x_{11} = (x_7 // x_8) + x_4 = (0.251 // 0.941) + 0.525 = 0.723$$

连结等值电源与短路点的计算电抗为

$$x_{js \cdot S//2} = x_{11}(S_{NS} + S_{N2})/S_B = 0.723 \times (300 + 31.25)/100 = 2.395$$

查运算曲线得短路发生 0.2s 时，等值电源提供的短路电流标幺值 $I_{s/\!/2*} = 0.4$。
于是可得短路点的总短路电流为

$$I_{0.2} = \left(4.9 \times \frac{31.25}{\sqrt{3} \times 6.3} + 0.4 \times \frac{300 + 31.25}{\sqrt{3} \times 6.3}\right) kA = 26.175 kA$$

以上两种情况短路点总短路电流相差 0.285kA（误差为 1.1%），可见当 f 点发生短路时，将 G_2 和系统合并为一个等值电源所引起的误差不大，满足工程要求。

【例 5-6】 图 5-19a 所示电力系统在 f 点发生三相短路，试求：（1）$t=0$ 和 $t=0.5s$ 的短路电流；（2）短路冲击电流及 0.5s 时的短路功率。各元件的型号和参数为：

发电机 G_1、G_2 为汽轮发电机，每台容量为 31.25MV·A，$x''_d = 0.13$；

发电机 G_3、G_4 为水轮发电机，每台容量为 62.5MV·A，$x''_d = 0.135$；

变压器 T_1、T_2 每台容量为 31.5MV·A，$U_k(\%) = 10.5$；

变压器 T_3、T_4 每台容量为 60MV·A，$U_k(\%) = 10.5$；

母线电抗器为 10kV，1.5kA，$X_R(\%) = 8$；

线路 L_1 长 50km，0.4Ω/km；线路 L_2 长 80km，0.4Ω/km；

无限大功率系统内电抗 $x = 0$。

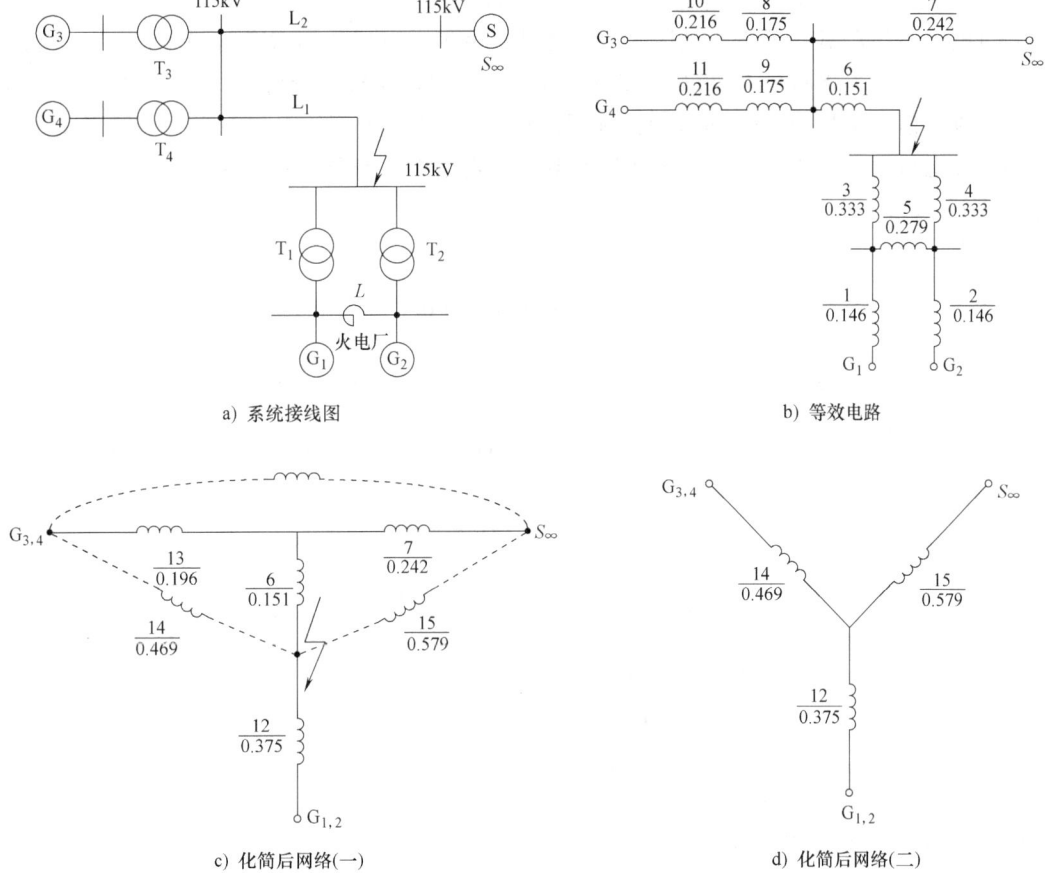

a) 系统接线图 b) 等效电路

c) 化简后网络(一) d) 化简后网络(二)

图 5-19 例 5-6 的系统图及等效电路

解：(1) 作等值网络

取 $S_B = 100\text{MV} \cdot \text{A}$，$U_B = U_{av}$，各元件电抗的标幺值为

发电机 G_1、G_2：$x_1 = x_2 = 0.13 \times \dfrac{100}{31.25} = 0.416$

变压器 T_1、T_2：$x_3 = x_4 = 0.105 \times \dfrac{100}{31.5} = 0.333$

电抗器 R：$x_5 = \dfrac{X_R(\%)}{100} \times \dfrac{U_N}{\sqrt{3}I_N} \times \dfrac{S_B}{U_B^2} = 0.08 \times \dfrac{10}{\sqrt{3} \times 1.5} \times \dfrac{100}{10.5^2} = 0.279$

线路 L_1：$x_6 = 0.4 \times 50 \times \dfrac{100}{115^2} = 0.151$

线路 L_2：$x_7 = 0.4 \times 80 \times \dfrac{100}{115^2} = 0.242$

变压器 T_3、T_4：$x_8 = x_9 = 0.105 \times \dfrac{100}{60} = 0.75$

发电机 G_3、G_4：$x_{10} = x_{11} = 0.135 \times \dfrac{100}{62.5} = 0.216$

各元件电抗的标幺值标于图 5-19b 中。

(2) 简化网络，求各电源对短路点的转移电抗

先对电力系统图做些分析。从图 5-19a 可见，由于火电厂所组成的等效电路对 f 点具有对称关系。因此，发电机组 G_1 和 G_2 机端等电位，可将其短接，并除去电抗器支路。G_1 和 G_2 可合并组成等值发电机组。G_3 和 G_4 距短路点较远，且具有相等的电气距离，可将其合并成另一等值发电机组，无限大功率系统不能与其他电源合并，只能单独处理。合并后的等值网络见图 5-19c。

在图 5-19c 中，有

$$x_{12} = \dfrac{1}{2}(x_1 + x_3) = \dfrac{1}{2} \times (0.416 + 0.333) = 0.375$$

$$x_{13} = \dfrac{1}{2}(x_8 + x_{10}) = \dfrac{1}{2} \times (0.175 + 0.216) = 0.196$$

在图 5-19c 做 Y-△ 变化，并除去电源间的转移电抗支路，最后得到图 5-19d。在图 5-19d 中，有

$$x_{14} = 0.151 + 0.196 + \dfrac{0.151 \times 0.196}{0.242} = 0.469$$

$$x_{15} = 0.151 + 0.242 + \dfrac{0.151 \times 0.242}{0.196} = 0.579$$

各等值发电机对短路点的转移电抗分别为

等值发电机 $G_{1,2}$：$x_{(1//2)f} = x_{12} = 0.375$；

等值发电机 $G_{3,4}$：$x_{(3//4)f} = x_{14} = 0.469$；

无限大功率系统：$x_{\infty f} = x_{15} = 0.579$；

(3) 求各电源的计算电抗

$$G_{1,2}: X_{js(1//2)} = 0.375 \times \dfrac{2 \times 31.25}{100} = 0.234$$

$$G_{3,4} : x_{js(3//4)} = 0.469 \times \frac{2 \times 62.5}{100} = 0.586$$

(4) 查计算曲线数字表,求短路电流周期分量的标幺值

火电厂的 G_1、G_2 应查汽轮发电机的计算曲线,水电厂的 G_3、G_4 应查水轮发电机的计算曲线。无限大功率系统所提供的短路电流即为其转移电抗的倒数 $I_\infty = 1/x_{\infty f}$。将所得各值列入表 5-3 中。

表 5-3 例 5-6 短路电流计算结果

短路计算时间/s	电流值/kA	提供短路电流的机组			短路点总电流/kA
		$G_{1,2}$ ($x_{js(1//2)}=0.234$)	$G_{3,4}$ ($x_{js(3//4)}=0.586$)	S_∞ ($x_{\infty f}=0.579$)	
0	标幺值	4.65	1.84	1.73	3.484
	有名值	1.460	1.156	0.868	
0.5	标幺值	2.93	1.795	1.73	2.915
	有名值	0.92	1.127	0.868	

(5) 计算短路电流有名值

归算至短路点电压级的各等值电源的额定电流和基准电流分别为

$$I_{N(1//2)} = I_{N1} + I_{N2} = \frac{2 \times 31.25}{\sqrt{3} \times 115} \text{kA} = 0.314 \text{kA}$$

$$I_{N(3//4)} = I_{N3} + I_{N4} = \frac{2 \times 62.5}{\sqrt{3} \times 115} \text{kA} = 0.628 \text{kA}$$

基准电流
$$I_{B(115)} = \frac{100}{\sqrt{3} \times 115} \text{kA} = 0.502 \text{kA}$$

(6) 计算短路冲击电流及 0.5s 的短路功率

由于短路点在火电厂升压变压器高压侧,$G_{1,2}$ 的冲击系数应取 $K_{im} = 1.85$,其余电源离短路点较远,均可取 $K_{im} = 1.8$,次暂态电流起始值 $I'' = I_{p(t=0)}$,因此,短路点的冲击电流为

$$i_{im} = 1.85\sqrt{2} \times 1.46 \text{kA} + 1.8\sqrt{2} \times (1.156 + 0.868) \text{kA} = 8.97 \text{kA}$$

0.5s 时的短路功率为

$$S_{0.5} = 2.93 \times (2 \times 31.25) \text{MV} \cdot \text{A} + 1.795 \times (2 \times 62.5) \text{MV} \cdot \text{A} + 1.73 \times 100 \text{MV} \cdot \text{A} = 580.5 \text{MV} \cdot \text{A}$$

第七节 对称分量法及序网络图

电力系统中三相短路对系统的危害最大,从发生的概率上看,发生更多的是单相接地故障,而对于这样的不对称短路,尽管系统除短路点外的其余部分是对称的,但由于短路点处的电压、电流不对称,因此不能取三相中的一相来分析。对于不对称的短路,需要在短路点处利用对称分量法和叠加原理,将一组三相不对称的量转化为三组三相对称的量进行分析计算。

一、对称分量法

在三相电路中,对于任意一组不对称的三相相量,可以分解为正序、负序和零序三组三

相对称的相量,如图 5-20 所示。其中图 5-20a 表示正序分量,正序分量中三个相量的大小相等,相位彼此互差 120°,且相序与系统正常运行方式下的相序相同,即 a 相超前 b 相 120°,b 相超前 c 相 120°;图 5-20b 表示负序分量,负序分量中三个相量的大小相等,相位彼此互差 120°,但相序与系统正常相序相反,即 a 相超前 c 相 120°,c 相超前 b 相 120°;图 5-20c 表示零序分量,该分量中三个相量的大小相等,相位相同;图 5-20d 表示由正序、负序和零序构成的三相相量。

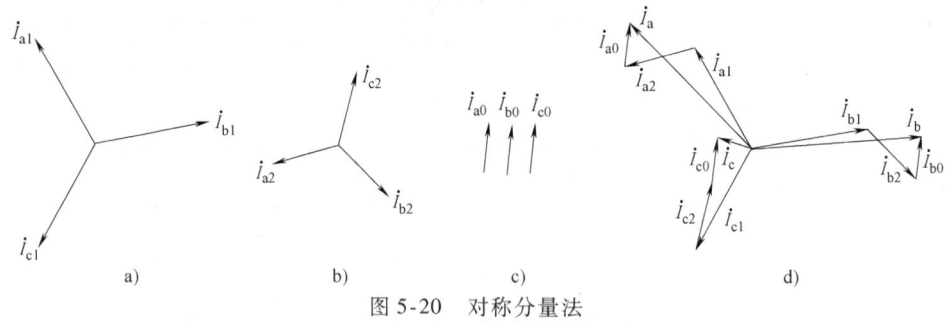

图 5-20 对称分量法

当选择 a 相作为基准相时,三相相量与其对称分量之间的关系(如电流)为

$$\begin{cases} \dot{I}_a = \dot{I}_{a1} + \dot{I}_{a2} + \dot{I}_{a0} \\ \dot{I}_b = \dot{I}_{b1} + \dot{I}_{b2} + \dot{I}_{b0} = a^2 \dot{I}_{a1} + a \dot{I}_{a2} + \dot{I}_{a0} \\ \dot{I}_c = \dot{I}_{c1} + \dot{I}_{c2} + \dot{I}_{c0} = a \dot{I}_{a1} + a^2 \dot{I}_{a2} + \dot{I}_{a0} \end{cases} \quad (5\text{-}42)$$

式中,a 称为算子,且定义为 $a = e^{j120°}$。a 的特点是:$a^3 = 1$,$a + a^2 + 1 = 0$。

用矩阵形式表示为

$$\begin{bmatrix} \dot{I}_a \\ \dot{I}_b \\ \dot{I}_c \end{bmatrix} = \begin{bmatrix} 1 & 1 & 1 \\ a^2 & a & 1 \\ a & a^2 & 1 \end{bmatrix} \begin{bmatrix} \dot{I}_{a1} \\ \dot{I}_{a2} \\ \dot{I}_{a0} \end{bmatrix} \quad (5\text{-}43)$$

可进一步简写为

$$\dot{\mathbf{I}}_{abc} = \mathbf{C}^{-1} \dot{\mathbf{I}}_{120} \quad (5\text{-}44)$$

式中,$\mathbf{C}^{-1} = \begin{bmatrix} 1 & 1 & 1 \\ a^2 & a & 1 \\ a & a^2 & 1 \end{bmatrix}$,$\dot{\mathbf{I}}_{abc} = \begin{bmatrix} \dot{I}_a & \dot{I}_b & \dot{I}_c \end{bmatrix}^T$,$\dot{\mathbf{I}}_{120} = \begin{bmatrix} \dot{I}_{a1} & \dot{I}_{a2} & \dot{I}_{a0} \end{bmatrix}^T$

由此,可将三组三相对称的分量合成一组三相不对称的相量。由式(5-44)可得

$$\dot{\mathbf{I}}_{120} = \mathbf{C} \dot{\mathbf{I}}_{abc} \quad (5\text{-}45)$$

即

$$\begin{bmatrix} \dot{I}_{a1} \\ \dot{I}_{a2} \\ \dot{I}_{a0} \end{bmatrix} = \frac{1}{3} \begin{bmatrix} 1 & a & a^2 \\ 1 & a^2 & a \\ 1 & 1 & 1 \end{bmatrix} \begin{bmatrix} \dot{I}_a \\ \dot{I}_b \\ \dot{I}_c \end{bmatrix} \quad (5\text{-}46)$$

可见，由式（5-46）可将一组三相不对称的相量分解为三组三相对称的相量。需要注意，以后凡不加说明，正序、负序、零序分量均是指 a 相的三序分量。

二、电力系统各元件的序阻抗

以三相输电线路为例来说明序阻抗的概念。如图 5-21 所示，因为元件结构对称，因此各相自阻抗相等，即 $Z_{aa} = Z_{bb} = Z_{cc} = Z_s$；相间的互阻抗为 $Z_{ab} = Z_{ba} = Z_{bc} = Z_{cb} = Z_{ac} = Z_{ca} = Z_m$。当元件通过三相不对称的电流时，在元件上产生的各相电压降为

$$\begin{bmatrix} \Delta \dot{U}_a \\ \Delta \dot{U}_b \\ \Delta \dot{U}_c \end{bmatrix} = \begin{bmatrix} Z_s & Z_m & Z_m \\ Z_m & Z_s & Z_m \\ Z_m & Z_m & Z_s \end{bmatrix} \begin{bmatrix} \dot{I}_a \\ \dot{I}_b \\ \dot{I}_c \end{bmatrix} \tag{5-47}$$

进一步可写为

$$\Delta \dot{U}_{abc} = \mathbf{Z}_{abc} \dot{I}_{abc} \tag{5-48}$$

利用式（5-44）和式（5-46）将三相变量转换为对称分量，可得

$$\Delta \dot{U}_{120} = \mathbf{CZ}_{abc}\mathbf{C}^{-1} \dot{I}_{abc} = \mathbf{Z}_{120} \dot{I}_{120} \tag{5-49}$$

其中，$\mathbf{Z}_{120}$ 为序阻抗矩阵，且

$$\mathbf{Z}_{120} = \mathbf{CZ}_{120}\mathbf{C}^{-1} = \begin{bmatrix} Z_s - Z_m & 0 & 0 \\ 0 & Z_s - Z_m & 0 \\ 0 & 0 & Z_s + 2Z_m \end{bmatrix} = \begin{bmatrix} Z_1 & 0 & 0 \\ 0 & Z_2 & 0 \\ 0 & 0 & Z_0 \end{bmatrix}$$

其中，Z_1、Z_2、Z_0 分别表示正序负序和零序阻抗。

可将式（5-49）展开，有

$$\begin{cases} \Delta \dot{U}_{a1} = Z_1 \dot{I}_{a1} \\ \Delta \dot{U}_{a2} = Z_2 \dot{I}_{a2} \\ \Delta \dot{U}_{a0} = Z_0 \dot{I}_{a0} \end{cases} \tag{5-50}$$

式（5-50）说明，对于一个三相对称的元件，当在该元件中通过正序电流时，则在元件上只产生正序的电压降，负序、零序也是如此。反之，在元件上施加正序电压时，则在元件中只流过正序的电流，负序、零序亦然。

这里定义元件的序阻抗指的就是元件上施加的某相序电压（基频分量）与元件中流过的该相序电流（基频分量）之比。对于电力系统中的静止元件（如变压器和输电线路），因为正、负序电流相序的变化并没有改变相间的互感或者说磁通路径没有发生改变，因此正序和负序阻抗总是相等的。而对于旋转元件（如发电机

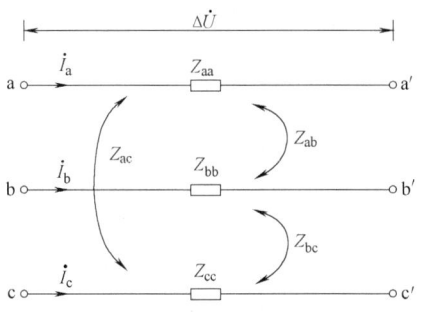

图 5-21 三相输电线路元件上的电压降

和电动机），各序电流通过时将引起不同的电磁过程，磁通路径也发生了显著的改变，因此三序阻抗总是不同的。下面分别简述电力系统各元件序阻抗。

1. 同步发电机的各序电抗

同步发电机正常对称运行时，只有正序电动势和正序电流，此时的电机参数就是正序参数。稳态运行时的同步电抗 x_d、x_q，暂态过程中的 x'_d、x''_d 和 x''_q 都属于正序电抗。

当发电机定子绕组中通过负序电流时，将产生与转子旋转方向相反的旋转磁场，该磁场相对于转子2倍频率旋转，且随着转子位置的不同，对应不同磁通路径，其磁阻也就不同，因此负序电抗随之改变。同步发电机的负序电抗一般由制造厂商提供，也可按下式进行估算。

汽轮发电机及有阻尼绕组的水轮发电机：

$$x_2 = (x''_d + x''_q)/2 \approx (1 \sim 1.22)x''_d \tag{5-51}$$

无阻尼绕组的水轮发电机：

$$x_2 = \sqrt{x'_d x_q} \approx 1.45 x'_d \tag{5-52}$$

定子绕组中通过零序电流时，在三相绕组中将产生大小相等、相位相同的脉动磁场，由于定子绕组在空间对称，不能在空间形成一个合成的零序磁场，而只是形成了各相绕组的漏磁场，所以零序电抗就是发电机的漏电抗。

在工程计算中，同步发电机零序电抗的变化范围为

$$x_0 = (0.15 \sim 0.6) x''_d \tag{5-53}$$

如果发电机中性点不接地，不能构成零序电流的通路，此时其零序电抗为无限大。

由以上分析可见：发电机的正序电抗 x_1、负序电抗 x_2 和零序电抗 x_0 各不相等，即 $x_1 \neq x_2 \neq x_0$。

2. 异步电动机的各序电抗

电力系统的负荷中，异步电动机所占的比例很大，因此异步电动机的电抗就代表了系统负荷的电抗。

异步电动机与同步发电机一样都是旋转性的元件，因此异步电动机的正序电抗、负序电抗和零序电抗也各不相同。一般取异步电动机的正序电抗 $x_{LD1} = 1.2$，负序电抗 $x_{LD2} = 0.35$，由于异步电动机的三相绕组通常采用三角形联结或不接地的星形联结，零序电流不能在定子绕组内流通，因此认为 $x_{LD0} = \infty$。

3. 变压器的各序电抗

变压器属于静止性元件，其各相绕组彼此间相对静止。当正序电流通过变压器时磁场经过的路径与负序电流通过变压器时的磁通路径相同，因此其正序电抗和负序电抗相等，重点来看变压器的零序电抗。

一般来说，变压器的零序电抗与变压器的结构（主要是磁路系统的结构）、绕组连接方式以及类型（是普通变压器还是自耦变压器）有关。

（1）变压器结构对零序电抗的影响　由电机学知识可知，两绕组变压器的电抗由绕组漏电抗 x_{T1}、x_{T2} 和励磁电抗 x_m 构成，其中变压器漏磁通的路径与所通电流的相序无关。因此，正序、负序和零序的漏电抗相等。

励磁电抗的大小取决于主磁通路径的磁导。当三相变压器中通过正序、负序电流时，由于三相磁动势相位互差120°，主磁通在变压器铁心内闭合，因而磁阻很小，使得正、负序

下的励磁电抗可看作无限大（$x_m = \infty$）。于是，可忽略励磁电流，将励磁支路断开。当变压器通以零序电流时，三相零序磁动势大小相等、相位相同，此时零序磁通路径与变压器的结构密切相关。

对于由三个单相变压器构成的三相变压器，各相磁路独立，零序磁通与正序磁通相同，都在变压器铁心内部闭合（图5-22a），$x_{m0} = x_{m1}$。因此，变压器零序电抗等于正序电抗，即 $x_0 = x_1$。

对于三相五柱式或三相四柱式变压器，零序磁通仍可以通过没有绕组的铁心在铁心内部形成闭合的回路（图5-22b），对这种变压器仍满足 $x_0 = x_1$。

对于三相三柱式的变压器，由于各相磁动势大小、相位均相同，使得磁通只能经过绝缘介质及箱壁闭合（图5-22c），此时磁阻很大，励磁电抗不再是无限大值，一般 $x_{m0} = 0.3 \sim 1.0$。可见该结构的变压器零序电抗不等于正序电抗，即 $x_0 \neq x_1$。

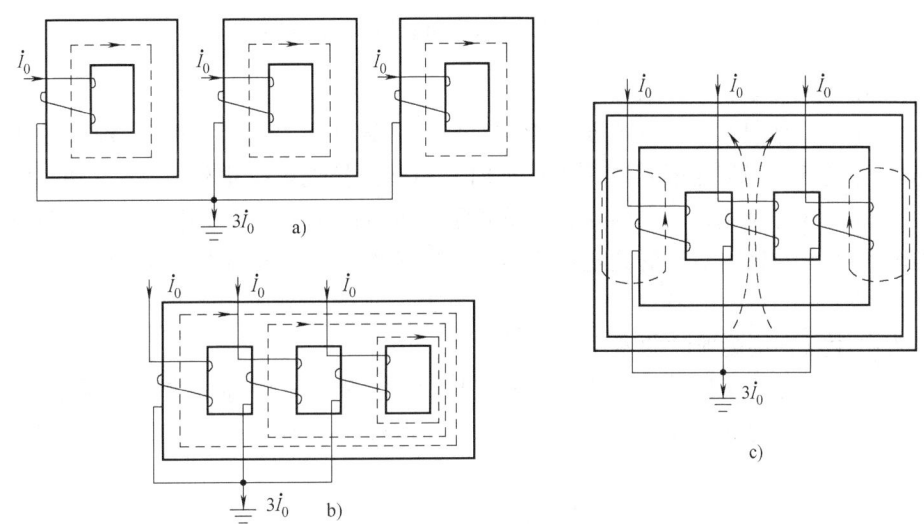

图 5-22 零序主磁通的磁路

（2）变压器三相绕组连接方式对零序电抗的影响　变压器三相绕组的接线方式主要有星形（Y）、中性点接地的星形（Y_0）和三角形接线（△）三种。当外加电路向 Y 接或 △ 接的一次侧三相绕组施加零序电压时，无论另一侧采用何种接线方式，都不能在该侧绕组中有零序电流流通，此时变压器该侧绕组与外电路断开，即 $x_0 = \infty$。而当外加电路向一次侧 Y_0 接的三相绕组施加零序电压时，大小相等、相位相同的零序电流通过三相绕组接地的中性点流入大地形成了回路（图5-22），因此该侧绕组与外电路接通。

同时零序电流在二次侧（对于三绕组变压器是另外两个绕组侧）三相绕组上产生了感应电动势，如果该感应电动势能施加到外电路上去，并能提供零序电流的通路，则这侧绕组与外电路接通，否则与外电路断开。很显然，只有 Y_0/Y_0 接线的变压器才与外电路接通，至于能否进一步在外电路产生零序电流，则取决于外电路中的元件是否能提供零序电流的通路。

对于采用 $Y_0/\triangle$ 接线的两绕组变压器，三角形侧各相绕组上的感应电动势虽然不能加到外电路上去，但能在三相绕组中形成零序环流，并且电流不能流到外电路中。此时，感应电动势以电压降的形式完全降落于该侧的漏电抗中,绕组两端的电压为零,相当于该侧绕组短路。

对于 Y_0/Y 接线的两绕组变压器,尽管星形 (Y) 侧三相绕组上有零序感应电动势,但由于中性点不接地,零序电流没有通路,因此 Y 侧没有零序电流,相当于该侧绕组空载。

综合以上内容,变压器零序等效电路与外电路的连接情况,可用图 5-23 来表示。

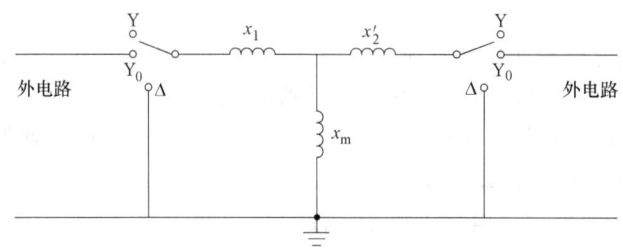

图 5-23 变压器零序等效电路与外电路的连接

上述理论同样适用于三绕组变压器。

(3) 中性点接地阻抗对零序电抗的影响 对于普通变压器,绕组采用 Y_0 联结并且中性点经过电抗 x_n 接地,当绕组通过零序电流 I_0 时,中性点接地电抗中将流过三倍的零序电流,从而使得中性点电位为 $3x_n I_0$。因此,在单相零序等效电路中,应将中性点接地阻抗扩大三倍,并同它所接入的该侧绕组的漏电抗相串联,即折算到一次侧的零序电抗为

$$x_0' = x_0 + 3x_n \tag{5-54}$$

式中,x_0 为中性点直接接地时的零序电抗。

对于自耦变压器,接地阻抗中流过的电流是两个自耦绕组零序电流实际值之差的三倍。对于 Y_0/Y_0 联结的两绕组自耦变压器,当中性点经电抗 x_n 接地时,其折算到一次侧的零序电抗为

$$x_0' = x_0 + 3x_n(1-k)^2 \tag{5-55}$$

式中,$k = U_{1N}/U_{2N}$;U_{1N}、U_{2N} 分别为变压器一次绕组和二次绕组的额定电压。

对于 $Y_0/Y_0/D$ 联结的三绕组自耦变压器,中性点经电抗 x_n 接地,其各绕组折算到一次侧的零序漏电抗为

$$\begin{cases} x_{10}' = x_{10} + 3x_n(1-k) \\ x_{20}' = x_{20} + 3x_n(k^2-k) \\ x_{30}' = x_{30} + 3x_n k \end{cases} \tag{5-56}$$

式中,$k = U_{1N}/U_{2N}$;U_{1N}、U_{2N} 分别为自耦变压器高压绕组和中压绕组的额定电压;x_{10}、x_{20} 和 x_{30} 分别为中性点直接接地时的各绕组折算到一次侧时的漏电抗。

4. 输电线路的各序电抗

输电线路属于静止元件,当线路通过正序(负序)电流时,各相间的互感磁通相互削弱,其正序和负序电抗及等效电路完全相同。在短路电流实用计算中,可取 $x_1 = x_2 = 0.4\Omega/\text{km}$。

而通过零序电流时,由于三相零序电流大小相等、相位相同,各相间的互感磁通互相加强。因此,输电线的零序电抗大于正(负)序电抗 ($x_0 > x_1$)。由于零序电流借助架空地线

和大地形成回路，所以架空输电线的零序阻抗与架空线路的结构（单回路或双回路）、架空地线的材质等有关。在短路电流实用计算中，输电线路的零序电抗（每回）通常可近似采用下列数值：

无架空地线的单回线路，$x_0 = 3.5x_1$；
无架空地线的双回线路，$x_0 = 5.5x_1$；
有钢质架空地线的单回线路，$x_0 = 3x_1$；
有钢质架空地线的双回线路，$x_0 = 4.7x_1$；
有良导体架空地线的单回线路，$x_0 = 2x_1$；
有良导体架空地线的双回线路，$x_0 = 3x_1$。

三、利用对称分量法分析不对称短路

一般电力系统的正常运行是三相对称的运行，这时只有正序电压和正序电流的存在，同时对应的系统各个元件也是正序的参数。当系统中某点发生不对称短路时，三相电路的对称条件被破坏，此时的三相电路不再满足对称的关系。但是，除短路点处具有不对称的关系外，系统其余部分仍然是对称的。我们就是从系统这一不对称点处入手来研究电力系统的不对称短路。

以图 5-24 所示的简单电力系统发生单相接地短路为例来说明如何利用对称分量法分析不对称短路。

图 5-24 中一台中性点经阻抗 z_n 接地的同步发电机与空载输电线路直接相连。若在线路上某点发生单相（例如 a 相）接地短路，从而使故障点出现了不对称的情况。从三相对地阻抗上看：短路相阻抗 $z_a = 0$，其余两相对地阻抗 $z_b \neq 0$、$z_c \neq 0$；从三相对地电压上看：短路相对地电压 $U_a = 0$，其余两相对地电压 $U_b \neq 0$、$U_c \neq 0$，如图 5-25a 所示。同时，短路点外系统其余部分的参数仍然是对称的。因此，分析计算不对称短路时，就依据短路点处电气量参数不对称的特点，利用对称分量法将短路点处的不对称量转换为对称量，于是原来三相不对称的电路变为了三相对称的电路，从而可以取三相中的一相电路来进行分析与计算。

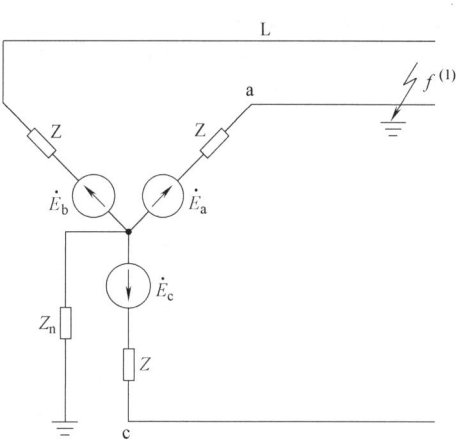

图 5-24 简单系统的单相短路

如图 5-25b 所示，在短路点利用一组三相不对称的电动势源来代替短路点的不对称电压，即电动势源各相电动势与短路点处各相不对称电压大小相等、方向相反。显然，这种情况与发生不对称短路是等效的。

利用对称分量法将这组不对称的电动势分解为正序、负序和零序三组对称的电动势，如图 5-25c 所示。由于各序的独立性和电路的线性，可利用叠加原理，将图 5-25c 所示的电路分解成图 5-25d、e 和 f 所示的三个电路。

图 5-25d 所示的电路称为正序网络，其中只有正序电动势起作用，正序电动势包括了发

电机的电动势和故障点的正序分量电动势,网络中只有正序电流,各元件呈现的阻抗就是正序阻抗。图 5-25e 和图 5-25f 所示的是负序网络和零序网络,因为发电机只产生正序电动势,没有负序和零序电动势。所以,在负序网络和零序网络中,只有故障点的负序和零序分量电动势在作用,网络中也只有相应的同一相序的电流,元件也只呈现同一相序的阻抗。由此可见,不对称短路时的负序和零序电流可看作是短路点经对称分量法分解出的负序和零序电动势作用的结果。

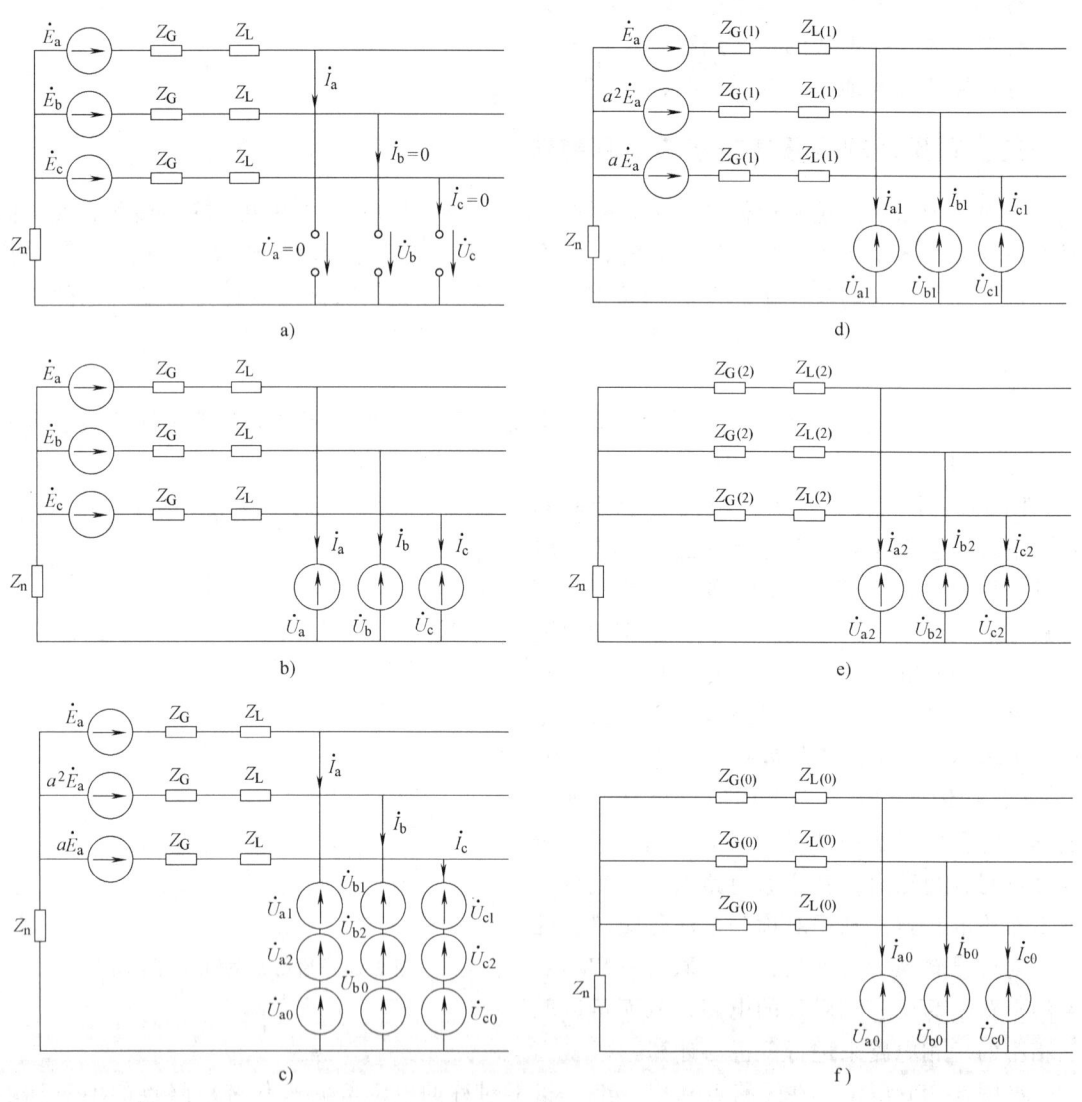

图 5-25 应用对称分量法分析不对称短路

由于每一相序网络均是三相对称的,因此可取其中一相进行分析和计算。往往取 a 相为基准相,得到 a 相正序、负序和零序网络。在 a 相正序、负序网络中,因为三相电流对称,流过中性线上的电流为零,中性点接地阻抗 z_n 上的电压降为零,因此在正序、负序网络中不包含中性点接地电抗,如图 5-26a、b 所示。而在零序网络中,因为三相零序电流同大小、同相位,流过中性线的电流为三倍的零序电流,所以在单相的零序网络利用 $3z_n$ 来描述中性点接地阻抗产生的电压降，如图 5-26c所示。

综合以上的分析可知，正序网络包括：电源电动势、短路点处的正序分量电压、所有元件（中性点接地阻抗除外）的正序阻抗；负序网络包括：短路点处的负序分量电压、所有元件（中性点接地阻抗除外）的负序阻抗。零序网络包括：短路点处的零序分量电压、零序阻抗。

尽管实际电力系统接线复杂，发电机数量众多，但通过网络化简，可以获得图 5-26d、e、f 所示的最简等效电路。与这个等效电路相对应的电压方程为：

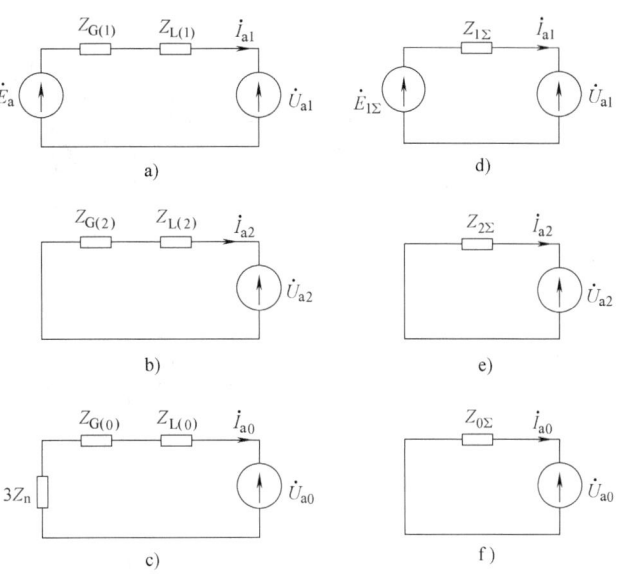

图 5-26 a相正序、负序和零序等值网络

$$\begin{cases} \dot{E}_{1\Sigma} - Z_{1\Sigma} \dot{I}_{a1} = \dot{U}_{a1} \\ -Z_{2\Sigma} \dot{I}_{a2} = \dot{U}_{a2} \\ -Z_{0\Sigma} \dot{I}_{a0} = \dot{U}_{a0} \end{cases} \qquad (5\text{-}57)$$

式中，$\dot{E}_{1\Sigma}$ 为正序网络中等值电动势；$Z_{1\Sigma}$、$Z_{2\Sigma}$ 和 $Z_{0\Sigma}$ 分别为正序、负序和零序网络中对短路点的等值电抗；$\dot{I}_{a1}$、$\dot{I}_{a2}$ 和 $\dot{I}_{a0}$ 分别为短路点电流的正序、负序和零序分量；$\dot{U}_{a1}$、$\dot{U}_{a2}$ 和 $\dot{U}_{a0}$ 分别为短路点电压的正序、负序和零序分量。

式（5-57）又称为序网方程，它反映了发生不对称短路时各序电流和同一相序电压之间的相互关系，该方程适用于各种不对称短路。而方程式（5-57）提供了各序电流和电压之间的三个关系式。另外，根据不对称短路的类型可以得到三个说明不对称短路特性的故障条件（边界条件）。联立这两大组六个方程，可确定短路点电压和电流的各相序对称分量。

四、电力系统各序网络

通过前面的分析可知，应用对称分量法分析计算不对称短路时，首先需要做出电力系统的各序网络。做各序网络图时，应根据电力系统的接线图、中性点接地情况等原始资料，首先在短路点分别添加各序电动势，然后从短路点开始，逐步将序电流能流通的元件包含在该序网络中，并且该元件用相应的序参数和等效电路表示。下面以图 5-27 为例来说明如何建立各序网络。

1. 正序网络

正序网络与计算三相短路时的等值网络完全相同。除中性点接地阻抗、空载线路（不计对地导纳）和空载变压器（不计励磁电流）外，电力系统各元件均应包括在正序网络中。

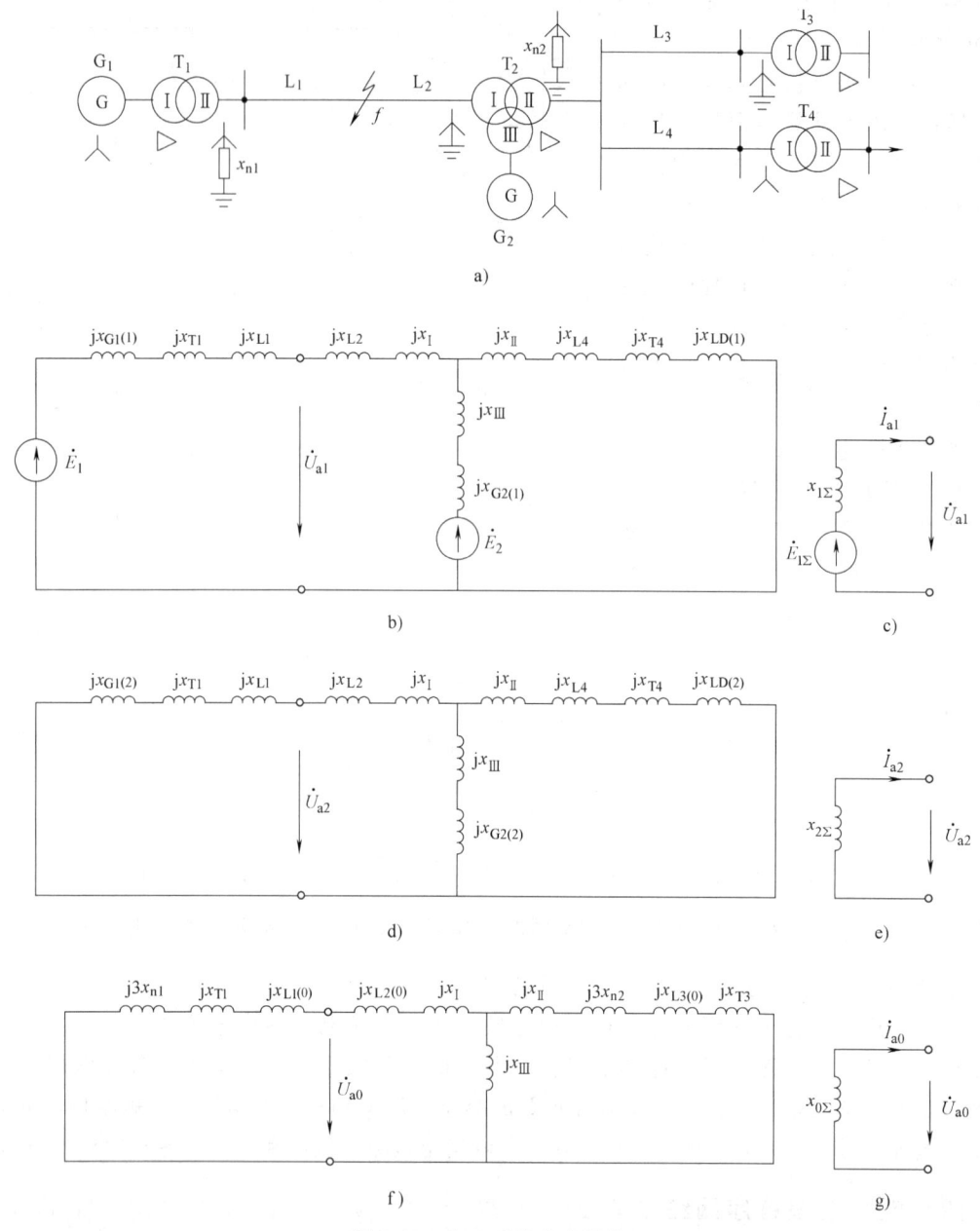

图 5-27 电力系统的序网络

但不能像三相短路那样短路点电压为零,而应加入代替故障边界条件不对称电压的正序分量,如图 5-27b 所示。

需强调指出的是:对于综合负荷除个别的情况需要用等值电源支路的模型外,其他情况都用恒定阻抗的模型。

2. 负序网络

负序电流能流通的元件与正序电流相同,但所有电源的负序电动势为零。因此,将正序网络中各元件的参数均用负序参数代替,同时令所有电源电动势为零,并在短路点加入代替故障边界条件不对称电压的负序分量，如图 5-27d 所示。

3. 零序网络

零序网络与正负序网络有很大差别，不仅元件的参数有可能不同，而且元件组成也可能不同。在短路点加入代替故障边界条件的零序电压，由于三相零序电流同大小、同相位，它们只能通过大地或与地连接的其他导体才能构成通路。所以，零序电流的流通情况，与变压器中性点的接地情况及变压器的接法密切相关。

由于零序电流是短路点处零序电压作用的直接结果。因此，绘制零序网络时应先从短路点处开始，由近及远，依次将零序电流通过的元件接入到零序网络中，在绘图时特别注意变压器绕组的接线方式以及中性点接地阻抗。图 5-27f 给出了与图 5-27a 系统接线相应的零序网络。

第八节　电力系统简单不对称短路的计算

简单不对称短路是指在电力系统某处只发生了一种短路的情况。包括：单相接地短路、两相短路和两相接地短路。下面逐个针对各种简单不对称短路进行分析和计算。

一、单相接地短路

如图 5-28 所示，a 相发生了单相接地短路，短路点的故障边界条件为

$$\begin{cases} \dot{U}_a = 0 \\ \dot{I}_b = 0 \\ \dot{I}_c = 0 \end{cases} \tag{5-58}$$

式（5-58）用对称分量表示为

$$\begin{cases} \dot{U}_a = \dot{U}_{a1} + \dot{U}_{a2} + \dot{U}_{a0} = 0 \\ \dot{I}_b = a^2 \dot{I}_{a1} + a \dot{I}_{a2} + \dot{I}_{a0} = 0 \\ \dot{I}_c = a \dot{I}_{a1} + a^2 \dot{I}_{a2} + \dot{I}_{a0} = 0 \end{cases} \tag{5-59}$$

经过整理可得到用各序电压和电流表示的故障条件为

$$\begin{cases} \dot{U}_{a1} + \dot{U}_{a2} + \dot{U}_{a0} = 0 \\ \dot{I}_{a1} = \dot{I}_{a2} = \dot{I}_{a0} \end{cases} \tag{5-60}$$

联立求解，即得短路点电流的正序分量为

$$\dot{I}_{a1} = \frac{\dot{E}_{1\Sigma}}{j(x_{1\Sigma} + x_{2\Sigma} + x_{0\Sigma})} \tag{5-61}$$

另外，从电路的角度出发，利用故障处各序量之间的关系式（5-60），将正序、负序和零序网络联立起来构成一个统一的网络，将这一网络称为复合序网。图 5-29 即为 a 相发生

单相接地短路的复合序网。可见，单相接地短路的复合序网是由正序、负序和零序网络串联而成的。依据此复合序网不难得到正序分量电流的表达式（5-61）。

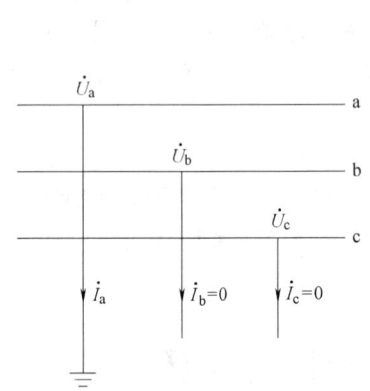

图 5-28 单相接地短路

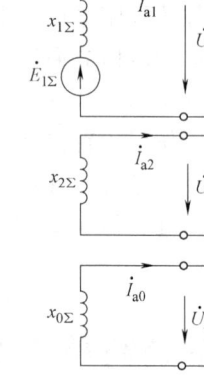

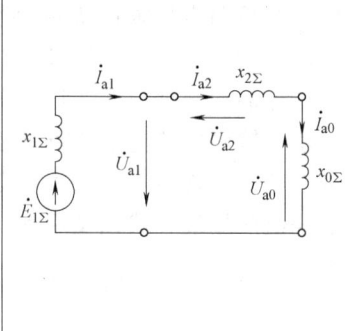

图 5-29 单相接地短路的复合序网

将正序分量电流得到后，代入式（5-59）的故障条件和序网络方程式（5-57），从而得到短路点电流和电压的各序分量为

$$\begin{cases} \dot{I}_{a1} = \dot{I}_{a2} = \dot{I}_{a0} \\ \dot{U}_{a1} = \dot{E}_{1\Sigma} - jx_{1\Sigma}\dot{I}_{a1} = j(x_{2\Sigma} + x_{0\Sigma})\dot{I}_{a1} \\ \dot{U}_{a2} = -jx_{2\Sigma}\dot{I}_{a1} \\ \dot{U}_{a0} = -jx_{0\Sigma}\dot{I}_{a0} \end{cases} \quad (5\text{-}62)$$

同样，利用复合序网也可得到相同的结果。

利用式（5-62）得到短路点故障相电流的大小为

$$I_f = 3I_{a1} \quad (5\text{-}63)$$

以及短路点非故障相的对地电压为

$$\begin{cases} \dot{U}_b = a^2\dot{U}_{a1} + a\dot{U}_{a2} + \dot{U}_{a0} = j[(a^2-a)x_{2\Sigma} + (a^2-1)x_{0\Sigma}]\dot{I}_{a1} \\ \dot{U}_b = a\dot{U}_{a1} + a^2\dot{U}_{a2} + \dot{U}_{a0} = j[(a-a^2)x_{2\Sigma} + (a-1)x_{0\Sigma}]\dot{I}_{a1} \end{cases} \quad (5\text{-}64)$$

二、两相短路

如图 5-30 所示，b、c 两相短路的情况，短路点的故障边界条件为

$$\left.\begin{matrix} \dot{I}_a = 0 \\ \dot{I}_b + \dot{I}_c = 0 \\ \dot{U}_b = \dot{U}_c \end{matrix}\right\} \quad (5\text{-}65)$$

对称分量法表示为

$$\begin{cases} \dot{I}_{a1} + \dot{I}_{a2} + \dot{I}_{a0} = 0 \\ a^2 \dot{I}_{a1} + a \dot{I}_{a2} + \dot{I}_{a0} = -(a \dot{I}_{a1} + a^2 \dot{I}_{a2} + \dot{I}_{a0}) \\ a^2 \dot{U}_{a1} + a \dot{U}_{a2} + \dot{U}_{a0} = a \dot{U}_{a1} + a^2 \dot{U}_{a2} + \dot{U}_{a0} \end{cases} \quad (5\text{-}66)$$

整理后得到

$$\begin{cases} \dot{I}_{a1} + \dot{I}_{a2} = 0 \\ \dot{I}_{a0} = 0 \\ \dot{U}_{a1} = \dot{U}_{a2} \end{cases} \quad (5\text{-}67)$$

利用式（5-67）表示的各序分量关系，将序网络联立，从而得到如图 5-31 所表示的复合序网。可见，两相短路时的复合序网图是由正序和负序网络并联而构成的。

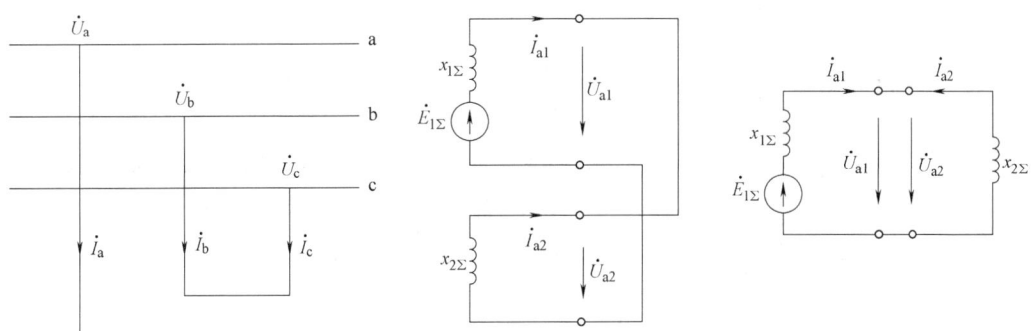

图 5-30 两相短路　　图 5-31 两相短路的复合序网

于是，求解方程或由复合序网可得到短路点的正序分量电流，即

$$\dot{I}_{a1} = \frac{\dot{E}_{1\Sigma}}{j(x_{1\Sigma} + x_{2\Sigma})} \quad (5\text{-}68)$$

继而，得到短路点故障相电流的大小为

$$I_f = \sqrt{3} I_{a1} \quad (5\text{-}69)$$

以及短路点各相对地电压为

$$\begin{cases} \dot{U}_a = j2x_{2\Sigma} \dot{I}_{a1} \\ \dot{U}_b = \dot{U}_c = -\frac{1}{2} \dot{U}_a \end{cases} \quad (5\text{-}70)$$

三、两相接地短路

如图 5-32 所示，b、c 两相接地短路，短路点的故障边界条件为

$$\begin{cases} \dot{I}_a = 0 \\ \dot{U}_b = \dot{U}_c = 0 \end{cases} \quad (5\text{-}71)$$

对称分量形式为

$$\begin{cases} \dot{I}_{a1} + \dot{I}_{a2} + \dot{I}_{a0} = 0 \\ a^2 \dot{U}_{a1} + a \dot{U}_{a2} + \dot{U}_{a0} = 0 \\ a \dot{U}_{a1} + a^2 \dot{U}_{a2} + \dot{U}_{a0} = 0 \end{cases} \tag{5-72}$$

整理后得到

$$\begin{cases} \dot{I}_{a1} + \dot{I}_{a2} + \dot{I}_{a0} = 0 \\ \dot{U}_{a1} = \dot{U}_{a2} = \dot{U}_{a0} \end{cases} \tag{5-73}$$

于是得到图 5-33 所示的由正序、负序和零序网络并联构成的两相接地短路的复合序网。

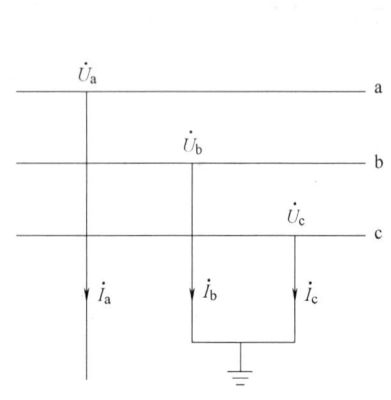

图 5-32 两相接地短路

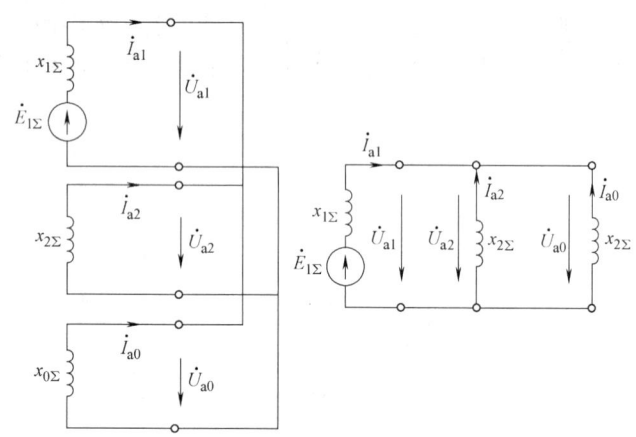

图 5-33 两相接地短路的复合序网

短路点正序分量电流为

$$\dot{I}_{a1} = \frac{\dot{E}_{1\Sigma}}{j(x_{1\Sigma} + x_{2\Sigma} // x_{0\Sigma})} \tag{5-74}$$

进一步可得到，短路点故障相的短路电流大小为

$$I_f = \sqrt{3}\sqrt{1 - \frac{x_{2\Sigma} x_{0\Sigma}}{(x_{2\Sigma} + x_{0\Sigma})^2}} I_{a1} \tag{5-75}$$

非故障相电压为

$$\dot{U}_a = j3\frac{x_{2\Sigma} x_{0\Sigma}}{x_{2\Sigma} + x_{0\Sigma}} \dot{I}_{a1} \tag{5-76}$$

四、正序等效定则

观察前面三种不对称短路正序电流的表达式，即（5-61）、式（5-68）和式（5-74），不难发现，它们可以用一个通式来表示为

$$I_{a1}^{(n)} = \frac{E_{1\Sigma}}{x_{1\Sigma} + x_{\Delta}^{(n)}} \tag{5-77}$$

式中，n 表示短路类型；$x_\Delta^{(n)}$ 为附加电抗，其数值因短路类型而异。

式 (5-77) 表明，在简单不对称短路的情况下，短路处的正序电流与在短路点的每一相中加入附加电抗 $x_\Delta^{(n)}$ 后所产生的三相短路电流相等，这就是正序等效定则。这一概念可通过图 5-34 来表明。

由式 (5-62)、式 (5-68) 和式 (5-75) 还可得到，故障相短路电流大小的统一表达式为

$$I_f^{(n)} = m^{(n)} I_{a1}^{(n)} \tag{5-78}$$

式中，$m^{(n)}$ 为比例常数，其值因短路类型而异。

表 5-4 给出了对应于各种短路时的附加电抗 $x_\Delta^{(n)}$ 和比例系数 $m^{(n)}$ 值。

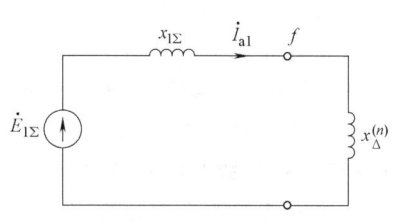

图 5-34 计算正序电流的等效电路

表 5-4 各种短路时附加电抗 $x_\Delta^{(n)}$ 和比例系数 $m^{(n)}$ 值

短路类型	附加电抗 $x_\Delta^{(n)}$	比例系数 $m^{(n)}$
三相短路 $f^{(3)}$	0	1
两相短路 $f^{(2)}$	$x_{2\Sigma}$	$\sqrt{3}$
单相接地短路 $f^{(1)}$	$x_{2\Sigma} + x_{0\Sigma}$	3
两相接地短路 $f^{(1,1)}$	$x_{2\Sigma} // x_{0\Sigma}$	$\sqrt{3}\sqrt{1 - \dfrac{x_{2\Sigma} x_{0\Sigma}}{(x_{2\Sigma} + x_{0\Sigma})^2}}$

综上所述，各种简单不对称短路的计算过程可分为以下几个步骤：

1) 根据实际电力系统接线，制定各序网络，继而得到对短路点的各序等值电抗 $x_{1\Sigma}$、$x_{2\Sigma}$ 和 $x_{0\Sigma}$。

2) 依据不同的短路类型，求出附加电抗 $x_\Delta^{(n)}$，并将其接入短路点，利用正序等效定则，仿照计算三相短路电流那样计算短路点的正序电流。

3) 以短路点正序电流为基本，计算出短路点的各序电压和电流。

4) 利用对称分量法，得到各相的电压和电流。

需要注意的是：在不对称短路电流的计算中，通过正序等效定则可将不对称的短路计算近似转换为三相短路电流的计算。因此，前面讲过的三相短路电流的各种计算方法同样也适用于不对称短路电流的计算。

【例 5-7】 如图 5-35a 所示的电力系统，计算 f 点发生不对称短路时的短路电

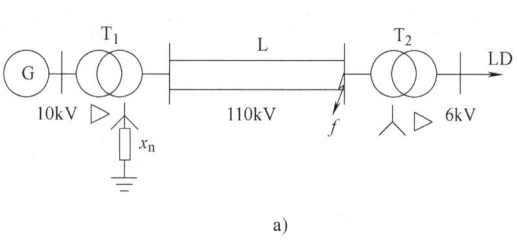

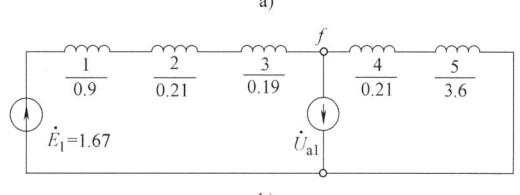

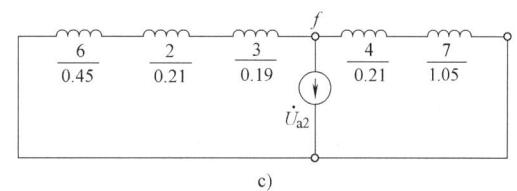

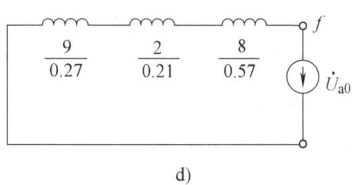

图 5-35 例 5-7 电力系统接线图

流。其中系统的参数如下：

发电机：$S_N = 120 \text{MV} \cdot \text{A}$，$U_N = 10.5 \text{kV}$，$E_1 = 1.67$，$x_{(1)} = 0.9$，$x_{(2)} = 0.45$；

变压器 T_1、T_2：$S_N = 60 \text{MV} \cdot \text{A}$，$U_k\% = 10.5$；

输电线每回路：$l = 105 \text{km}$，$x_{(1)} = 0.4 \Omega/\text{km}$，$x_{(0)} = 3x_{(1)}$；

负荷 LD：$S_N = 40 \text{MV} \cdot \text{A}$，$x_{(1)} = 1.2$，$x_{(2)} = 0.35$；

接地电抗 $x_n = 10\Omega$。

解：取 $S_B = 120 \text{MV} \cdot \text{A}$，$U_B = U_{av}$。

（1）参数计算及绘制各序等效电路

1) 正序参数及等效电路。

正序网络如图 5-35b 所示，在该图中各元件电抗的标幺值为

发电机：$x_1 = x_{G(1)} \dfrac{S_B}{S_{GN}} = 0.9 \times \dfrac{120}{120} = 0.9$

变压器：$x_2 = x_4 = \dfrac{U_k(\%)}{100} \dfrac{S_B}{S_{TN}} = \dfrac{10.5}{100} \times \dfrac{120}{60} = 0.21$

输电线路：$x_3 = \dfrac{1}{2} x_{(1)} l \dfrac{S_B}{U_B^2} = \dfrac{1}{2} \times 0.4 \times 105 \times \dfrac{120}{115^2} = 0.19$

负荷 LD：$x_5 = x_{LD(1)} \dfrac{S_B}{S_{LDN}} = 1.2 \times \dfrac{120}{40} = 3.6$

2) 负序参数及等效电路。

负序网络如图 5-35c 所示，在该图中各元件电抗的标幺值为

发电机：$x_6 = x_{G(2)} \dfrac{S_B}{S_{GN}} = 0.45 \times \dfrac{120}{120} = 0.45$

负荷 LD：$x_7 = x_{LD(2)} \dfrac{S_B}{S_{LDN}} = 0.35 \times \dfrac{120}{40} = 1.05$

3) 零序参数及等效电路

零序网络如图 5-35d 所示，在该图中各元件电抗的标幺值为

输电线路：$x_8 = 3x_{L(1)} = 3 \times 0.19 = 0.57$

接地电抗：$x_9 = 3 \times x_n \dfrac{S_B}{U_B^2} = 3 \times 10 \times \dfrac{120}{115^2} = 0.27$

（2）化简网络，求出各序网络的等值电抗

$$E_{1\Sigma} = \dfrac{E_1(x_4 + x_5)}{x_1 + x_2 + x_3 + x_4 + x_5} = \dfrac{1.67 \times (0.21 + 3.6)}{0.9 + 0.21 + 0.19 + 0.21 + 3.6} = 1.25$$

$$x_{1\Sigma} = (x_1 + x_2 + x_3) /\!/ (x_4 + x_5) = (0.9 + 0.21 + 0.19) /\!/ (0.21 + 3.6) = 0.97$$

$$x_{2\Sigma} = (x_6 + x_2 + x_3) /\!/ (x_4 + x_7) = (0.45 + 0.21 + 0.19) /\!/ (0.21 + 1.05) = 0.51$$

$$x_{0\Sigma} = x_2 + x_8 + 3x_9 = 0.21 + 0.57 + 0.27 = 1.05$$

（3）计算各种不对称短路时的短路电流

1) 单相接地短路：

$$I_{a1}^{(1)} = \dfrac{E_{1\Sigma}}{x_{1\Sigma} + x_{2\Sigma} + x_{0\Sigma}} \dfrac{S_B}{\sqrt{3} U_B} = \dfrac{1.25}{0.97 + 0.51 + 1.05} \times \dfrac{120}{\sqrt{3} \times 115} \text{kA} = 0.494 \times 0.6 \text{kA} = 0.30 \text{kA}$$

$$I_f^{(1)} = 3 I_{a1}^{(1)} = 3 \times 0.30 \text{kA} = 0.90 \text{kA}$$

2）两相短路：

$$I_{a1}^{(2)} = \frac{E_{1\Sigma}}{x_{1\Sigma}+x_{2\Sigma}} \frac{S_B}{\sqrt{3}U_B} = \frac{1.25}{0.97+0.51} \times \frac{120}{\sqrt{3}\times 115}\text{kA} = 0.845 \times 0.6\text{kA} = 0.51\text{kA}$$

$$I_f^{(2)} = \sqrt{3}I_{a1}^{(2)} = \sqrt{3} \times 0.51\text{kA} = 0.88\text{kA}$$

3）两相接地短路：

$$I_{a1}^{(1,1)} = \frac{E_{1\Sigma}}{x_{1\Sigma}+x_{2\Sigma}//x_{0\Sigma}} \frac{S_B}{\sqrt{3}U_B} = \frac{1.25}{0.97+0.51//1.05} \times \frac{120}{\sqrt{3}\times 115}\text{kA} = 0.952 \times 0.6\text{kA} = 0.57\text{kA}$$

$$I_f^{(1,1)} = \sqrt{3}\sqrt{1-\frac{x_{2\Sigma}x_{0\Sigma}}{x_{2\Sigma}+x_{0\Sigma}}}I_{a1}^{(1,1)} = \sqrt{3} \times 0.81 \times 0.57\text{kA} = 0.8\text{kA}$$

第九节 电力系统非全相的计算简介

电力系统在运行中，除了可能产生上述各种类型的短路故障外，还可能出现非全相运行状态，即三相电路中的一相或两相断开。造成非全相运行的原因很多，如某一线路单相接地后故障相断路器跳闸；导线的一相或两相断线；分相检修线路或开关设备以及开关合闸过程中三相触头不同时接通等。发生短路时故障点 f 与零电位点形成故障端口，因此，通常将短路称为横向故障；而非全相运行时相邻点 f 和 f' 两个非零点之间形成故障端口，因此该故障称为纵向故障。

这里主要讨论图 5-36 所示的单相或两相断线的非全相运行状态。非全相运行状态下，在 f 和 f' 故障端口处三相电压和电流均出现了不对称。为了方便分析，假定除了故障端口 f 和 f' 间的三相阻抗是不对称的，而系统其余部分的阻抗仍是三相对称的。根据对称分量法，在端口处所出现的不对称电压，可以分解为正序、负序和零序三组对称的分量，如图 5-37a 所示。再依据叠加原理，分别做出各序的等值网络，如图 5-37b 所示。与不对称短路时一样，可以写出各序网络故障端口的电压方程为

$$\begin{cases} \Delta \dot{U}_{a1} = \dot{U}_{ff'}^{(0)} - Z_{1\Sigma}\dot{I}_{a1} \\ \Delta \dot{U}_{a2} = -Z_{2\Sigma}\dot{I}_{a2} \\ \Delta \dot{U}_{a0} = -Z_{0\Sigma}\dot{I}_{a0} \end{cases} \quad (5-79)$$

式中，$\dot{U}_{ff'}^{(0)}$ 为故障端口 ff' 的开路电压，即当 f 和 f' 两点间三相断开时，网络内电源在端口 ff' 产生的电压；$Z_{1\Sigma}$、$Z_{2\Sigma}$ 和 $Z_{0\Sigma}$ 分别为正序网络、负序网络和零序网络从故障端口 ff' 看进去的等值阻抗。

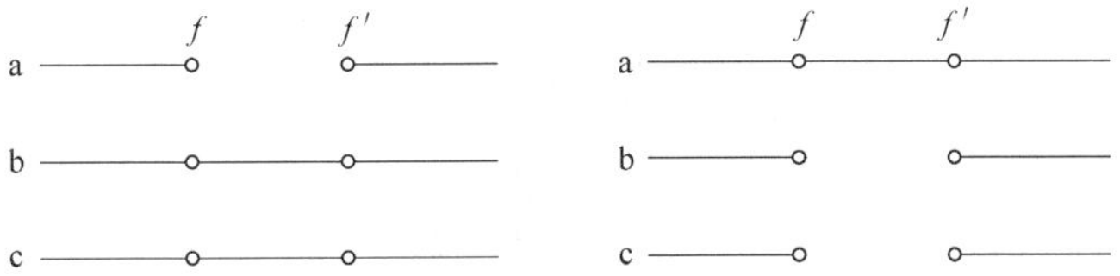

a) 单相断开　　　　　　　　　b) 两相断开

图 5-36 非全相断线

式（5-79）提供了各序电流、电压六个变量之间的三个关系式。还需根据非全相断线的具体故障边界条件列出另外三个方程，从而确定故障处电压和电流的各序对称分量。

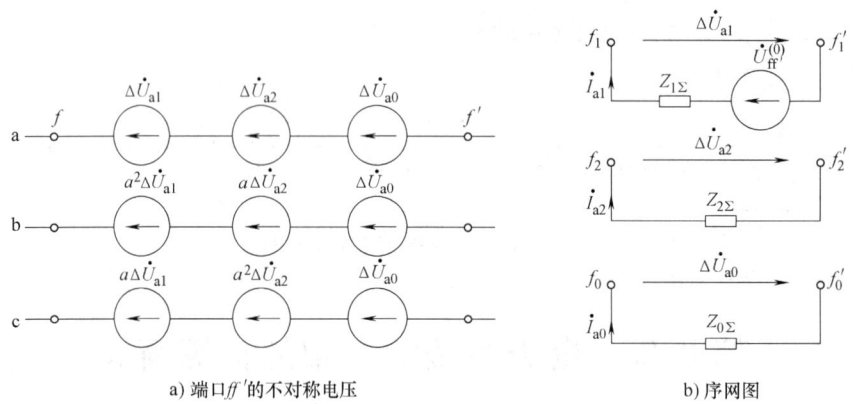

图 5-37　用对称分量法分析非全相运行

一、单相（a 相）断线

当 a 相发生单相断线故障时（图 5-36a），故障处的边界条件为

$$\begin{cases} \dot{I}_a = 0 \\ \Delta \dot{U}_b = \Delta \dot{U}_c = 0 \end{cases} \tag{5-80}$$

用对称分量表示为

$$\begin{cases} \dot{I}_a = \dot{I}_{a1} + \dot{I}_{a2} + \dot{I}_{a0} = 0 \\ \Delta \dot{U}_b = a^2 \Delta \dot{U}_{a1} + a \Delta \dot{U}_{a2} + \Delta \dot{U}_{a0} = 0 \\ \Delta \dot{U}_c = a \Delta \dot{U}_{a1} + a^2 \Delta \dot{U}_{a2} + \Delta \dot{U}_{a0} = 0 \end{cases} \tag{5-81}$$

对式（5-81）的 $\Delta \dot{U}_b$ 和 $\Delta \dot{U}_c$ 经过整理可得到

$$\Delta \dot{U}_{a1} = \Delta \dot{U}_{a2} = \Delta \dot{U}_{a0} \tag{5-82}$$

由式（5-82）各序电压、电流表示的故障条件，可得到复合序网图如图 5-38a 所示。

根据复合序网图可得到各序电流为

$$\begin{cases} \dot{I}_{a1} = \dfrac{\dot{U}_{ff'}^{(0)}}{Z_{1\Sigma} + Z_{2\Sigma} // Z_{0\Sigma}} \\ \dot{I}_{a2} = \dfrac{Z_{0\Sigma}}{Z_{2\Sigma} + Z_{0\Sigma}} \dot{I}_{a1} \\ \dot{I}_{a0} = \dfrac{Z_{2\Sigma}}{Z_{2\Sigma} + Z_{0\Sigma}} \dot{I}_{a1} \end{cases} \tag{5-83}$$

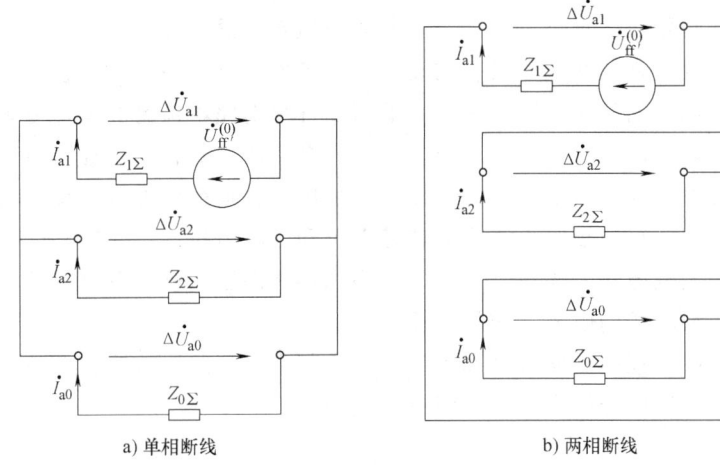

图 5-38 复合序网图

同时，可得故障处的各序电压为

$$\Delta \dot{U}_{a1} = \Delta \dot{U}_{a2} = \Delta \dot{U}_{a0} = \frac{Z_{2\Sigma} Z_{0\Sigma}}{Z_{2\Sigma} + Z_{0\Sigma}} \dot{I}_{a1} \tag{5-84}$$

通过分析，可发现单相断线与两相短路接地故障的边界条件相似。

二、两相（b 相和 c 相）断线

当 b 相和 c 相发生两相断线故障时（图 5-36b），故障处的边界条件为

$$\left.\begin{array}{l}\dot{I}_b = \dot{I}_c = 0 \\ \Delta \dot{U}_a = 0\end{array}\right\} \tag{5-85}$$

式（5-85）用对称分量表示为

$$\left.\begin{array}{l}\dot{I}_{a1} = \dot{I}_{a2} = \dot{I}_{a0} \\ \Delta \dot{U}_{a1} + \Delta \dot{U}_{a2} + \Delta \dot{U}_{a0} = 0\end{array}\right\} \tag{5-86}$$

满足这样边界条件的复合序网图如图 5-38b 所示。通过复合序网图，可得故障处各序电流为

$$\dot{I}_{a1} = \dot{I}_{a2} = \dot{I}_{a0} = \frac{\dot{U}_{ff'}^{(0)}}{Z_{1\Sigma} + Z_{2\Sigma} + Z_{0\Sigma}} \tag{5-87}$$

既而由式（5-79）得到故障处的各序电压。

两相断线与单相接地故障的故障边界条件及复合序网图相类似。

本 章 小 结

本章阐述了电力系统短路的一些基本知识、标幺制下近似计算的过程以及短路计算中等效电路的化简方法，着重分析了无限大功率电源和有限功率电源供电网中的三相短路电流，利用对称分量法论述了发生不对称短路时短路电流的计算过程。

无限大功率电源供电网络发生三相短路时，短路电流由周期分量 i_p 和非周期分量 i_{ap} 构成，周期分量 I_p 是短路后的稳态电流值并且其幅值恒定。通过短路冲击电流、最大有效值电流以及短路容量的计算来校验电气设备的动、热稳定性和开关设备的断流能力。

对于实际供电网络的三相短路电流，一般需要计算短路电流基频交流分量的初始值，即起始次暂态电流 I'' 以及任意时刻该周期分量电流的有效值。前者的计算可仿照 I_p，而后者可以使用短路电流计算曲线来求取，计算时应用叠加原理并遵循电源合并原则对复杂网络进行等值化简获取等值电源点与短路点之间的转移电抗和计算电抗。

发生不对称短路故障时，先建立正序、负序和零序网图，确定各序等值电抗，再依据正序等效定则，求出故障相的电流和非故障相电压。

电力系统的故障，包括短路故障和断线故障，其中短路故障称为横向故障，断线故障称为纵向故障。断线故障的分析方法与短路故障相同。

复习思考题

5-1 电力系统中短路故障的基本类型有哪些？其中发生概率最多的、对系统危害最严重的短路类型各是什么？

5-2 短路对电气设备及系统运行的主要危害是什么？进行短路电流计算的目的是什么？

5-3 在短路计算中的基本假设是什么？

5-4 采用标幺制时基准值的选取应遵循什么原则？

5-5 导纳的基准值如何确定？同一元件的导纳标幺值和阻抗标幺值之间有何关系？

5-6 何谓无限大功率电源？

5-7 在由无限大功率电源供电的电网中发生三相短路，短路电流由几部分分量构成？我们经常计算的是哪部分分量？

5-8 简述产生短路冲击电流的条件。冲击系数的取值与何相关？

5-9 计算短路冲击电流、短路最大有效值电流和短路容量的目的何在？

5-10 等效电路的归并和化简的基本方法有哪几种？

5-11 在有限容量电源供电的电网中发生三相短路，短路电流由几部分分量构成？

5-12 何谓起始次暂态电流？

5-13 在短路电流的近似计算中，何种情况下需要考虑负荷对短路冲击电流的影响？

5-14 在使用短路电流计算曲线进行短路计算时，电源点合并原则是什么？

5-15 计算短路电流时计算阻抗和转移阻抗的区别是什么？

5-16 静止性元件和旋转性元件的各序阻抗之间有何关系？

5-17 系统发生单相接地、两相短路、两相接地短路时的复合序网图是如何构成的？

5-18 简述正序等效定则的内容。

5-19 何谓纵向故障？何谓横向故障？

习　　题

5-20 两台同步发电机的次暂态电抗标幺值均为 $x''=0.125$，试求下列情况下两台发电机电抗有名值的比值：

（1）两台发电机容量相同，但其额定电压为 6.3kV 和 10.5kV；

(2) 两台发电机额定电压相同，但其额定容量各为 31.5MV·A 和 62.5MV·A；

(3) 两台发电机的额定值分别为 31.5MV·A，6.3kV 和 62.5MV·A，10.5kV。

5-21 试用最简单的方法计算图中各电源点对短路点 f 的转移电抗。各元件电抗的标幺值已在图 5-39 上标明。

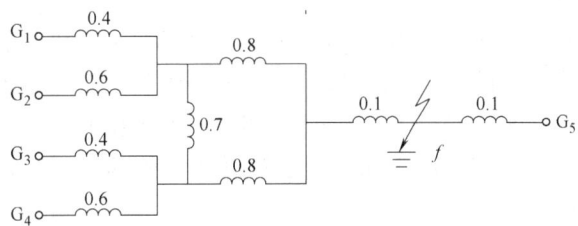

图 5-39 习题 5-21 的电气接线图

5-22 如图 5-40 所示的网络中，系统参数：

变压器 T_1，$S_N = 20\text{MV·A}$，$U_k(\%) = 10.5$，电压比 $k = 10.5/38.5$；

变压器 T_2，$S_N = 10\text{MV·A}$，$U_k(\%) = 8$，电压比 $k = 35/6.3$；

输电线 L，$l = 20\text{km}$，$x_0 = 0.4\Omega/\text{km}$；

电抗器 R，$U_N = 6\text{kV}$，$I_N = 0.3\text{kV}$，$x_R(\%) = 6$。

试用近似计算的方法分别按下列两种情况计算：

(1) 电源为功率无穷大的电源；

(2) 电源 $S_N = 30\text{MV·A}$，$U_N = 10.5\text{kV}$，$x_d'' = 0.13$，$E'' = 1.03$。

f 点发生三相短路时，短路点的短路电流、冲击电流以及 M 点残余电压的有名值。

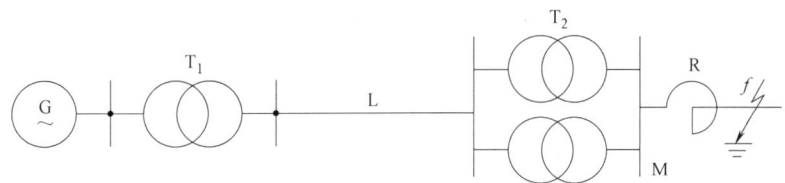

图 5-40 习题 5-22 的电气接线图

5-23 如图 5-41 所示的网络中，各元件电抗的标幺值（以发电机额定容量和额定电压为基准值）分别为：

无穷大功率电源 S：电抗 $x_S = 0$；

发电机 G_1 和 G_2：$x_d'' = 0.14$，$E'' = 1.0$；

输电线路 L：$x_L = 0.05$；

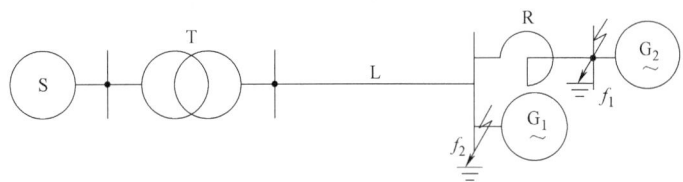

图 5-41 习题 5-23 的电气接线图

变压器 T：$x_T = 0.2$；

电抗器 R：$x_R = 0.12$。

试计算 f_1、f_2 点分别发生三相短路时，短路点的起始次暂态电流值及短路冲击电流值（标幺值）。

5-24 如图 5-42 所示网络，系统参数为：

G_1 和 G_2 为汽轮发电机：$S_N = 60 \text{MV} \cdot \text{A}$，$U_N = 10.5 \text{kV}$，$x_d'' = 0.13$；

S_C（系统）为汽轮发电机：$S_C = 300 \text{MV} \cdot \text{A}$，$x_C = 0.6$（以 $S_C = 300 \text{MV} \cdot \text{A}$ 为基准值）；

T_1 和 T_2 变压器：$S_N = 60 \text{MV} \cdot \text{A}$，$U_k(\%) = 10.5$，电压比 $k = 121/10.5$。

试求，当 f 点发生三相短路时 I''，$I_{0.2}$，I_∞ 的值（$t = 4\text{s}$ 时，可认为已趋稳态），分别按下列两种情况进行计算：

（1）G_1、G_2 和 S_C 分别计算；

（2）G_1 和 S_C 合并为一台等值机，G_2 单独计算。

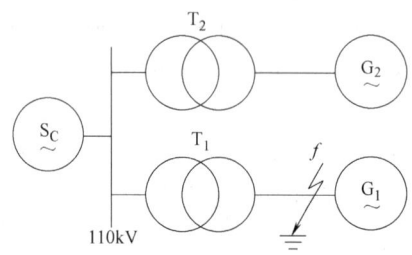

图 5-42 习题 5-24 的电气接线图

5-25 在图 5-43 的网络中，当 f 点发生接地短路时，试绘制其零序网图。（所有变压器均为非三相柱式）

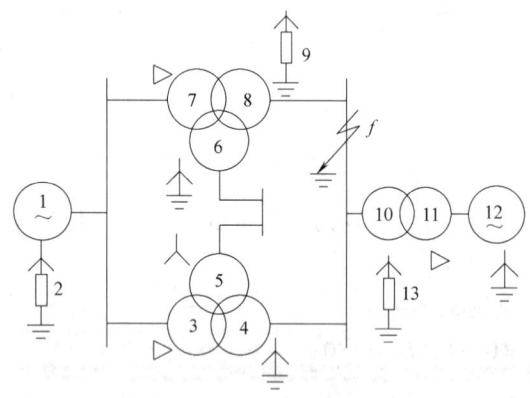

图 5-43 习题 5-25 的电气接线图

第六章

电力系统运行的稳定性

第一节 概 述

一、电力系统稳定性的概念

随着电力的发展，电力系统的规模日趋扩大，输电距离越来越远，跨省、区的大型电网相继出现，经济效益和供电可靠性得到了提高。同时也带来了一系列复杂的技术问题，电力系统运行的稳定性问题就是其中的一个突出问题。

在电力系统中，所有的同步发电机是并联运行。使并联的所有发电机保持同步是电力系统正常运行的基本条件之一，所谓的同步是指所有并联运行的发电机都保持相同的电角度。在同步运行状态下，表征运行状态的参数具有接近于不变的数值，通常将此情况称为稳定运行状态。

同步发电机的频率或电角度与它的转速有着密切的关系，而转速的变化取决于作用在发电机转轴上的转矩。作用于发电机转轴上的转矩主要由两部分组成：即起驱动作用的由原动机提供的机械转矩和起制动作用的发电机产生的电磁转矩。正常运行时，驱动的机械转矩与制动的电磁转矩是平衡的，此时发电机转子转速不变，角加速度为零。但是，转矩的这种平衡状态只是相对的、暂时的。由于电力系统的负荷时时都在改变，因而，发电机的电磁转矩也随之变化。在惯性的作用下，原动机的机械转矩不能瞬时适应这一变化。因此，这种平衡状态将不断地被打破，从而引起发电机转速、频率的变化。一般情况下，由于各发电机组功率不平衡程度的不同，发电机组转速变化的规律也不同，有的变化较大，有的变化较小，甚至导致一部分发电机组因输出功率减小而加速时，而另一部分发电机组因输出功率增加而减速，从而使原来保持同步运行的各发电机组的转子之间产生相对运动。如果各发电机组在经历一段相对运动过程后能重新恢复到原来的平衡状态，或者在某一新的平衡状态下同步运行，则称这样的电力系统是稳定的。反之，如果在受到扰动后各发电机组间产生很剧烈的振荡，最后导致机组之间失去同步运行，则称这样的系统是不稳定的。

因此，所谓电力系统的稳定性，就是指在受到外界干扰的情况下发电机组间维持同步运行的能力。研究电力系统稳定性，就是分析当系统受到扰动后同步发电机转子间相对运动状态的变化规律，从而判断系统是否具有稳定性，以及如何提高系统的稳定性。

当电力系统失去稳定时，系统内的同步发电机失步，系统发生振荡，结果会使并列的系统解列,可能造成大面积的用户停电。因此,失去稳定性是电力系统最严重的故障。

电力系统的稳定性与系统的发展密切相关。对于早期孤立运行的发电厂,发电机并列运行在公共母线上,并列运行的稳定性问题并不严重。但随着系统容量和供电范围的扩大,许多发电厂并联运行在同一电力系统时,并列运行稳定性问题日益严重。特别是在现代电力系统中,稳定性问题成为制约交流远距离输电的决定性因素。

二、电力系统稳定性的分类

电力系统稳定性问题,是一个机械运动过程和电磁暂态过程交织在一起的复杂问题,属于电力系统机电暂态过程的范畴。根据扰动量的大小,通常将电力系统稳定性分为静态稳定性和暂态稳定性两类。

1. 静态稳定性

电力系统在运行中时刻受到小的扰动,例如负荷的随机变化、汽轮机蒸汽压力的波动、发电机端电压发生小的偏移等。在小扰动作用下,系统将会偏离平衡点,如果这种偏离很小,当小扰动消失后,系统能够自动地重新恢复到原来的平衡状态,则称系统具有静态稳定性。如果偏离不断扩大,不能重新恢复原来的平衡状态,则系统不具有静态稳定性。

2. 暂态稳定性

电力系统在运行时有时还受到大的扰动,例如,个别元件突然投入或切除、输电线路发生短路故障等。在大扰动作用下,如果系统运行状态的偏离是有限的,且在大扰动结束后又达到一个新的平衡状态,则系统具有暂态稳定性。如果偏离不断扩大,不能过渡到一个新的平衡状态,则系统不具有暂态稳定性。

为了深入研究电力系统稳定性,首先要了解电力系统的功率特性。

第二节 电力系统的功率特性

在图 6-1a 所示的简单电力系统中,发电机通过升压变压器、输电线路、降压变压器与受端系统的母线相连接。假定受端系统容量相对于发电机来说足够大,以致可以认为在发电机输出功率变化时,受端母线电压的幅值和频率均保持不变,或者说受端可看成是功率无限大系统,这种简单电力系统称为"单机-无限大"系统。相对于复杂电力系统来说,这种系统的稳定问题的分析和计算都比较简单。

图 6-1b 给出了该简单电力系统的简化等效电路。在图中不计各元件的电阻及线路导纳支路,此时系统的总电抗 $x_{d\Sigma}$ 为

$$x_{d\Sigma} = x_d + x_{T1} + x_l/2 + x_{T2} = x_d + x_{TL} \quad (6-1)$$

式中,x_{TL} 为变压器和输电线的总电抗,$x_{TL} = x_{T1} + x_l/2 + x_{T2}$。

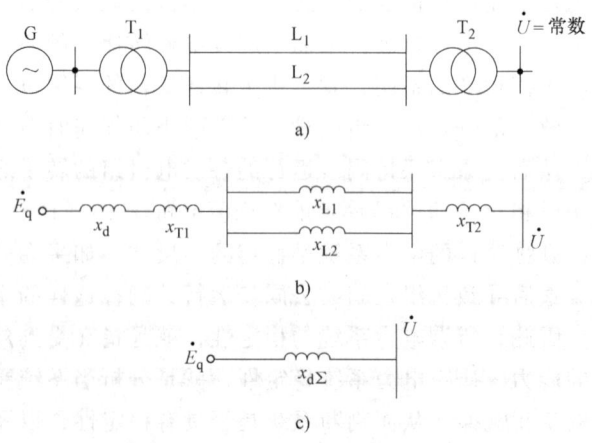

图 6-1 简单电力系统及其等效电路

1. 隐极机的功率特性

如发电机为隐极机，则其纵轴与横轴的同步电抗相等，即 $x_d = x_q$，这时由图 6-1c 可得该简单电力系统的电压方程为

$$\dot{E}_q = \dot{U} + j\dot{I}x_{d\Sigma} \quad (6-2)$$

得到相应相量图如图 6-2 所示。

分析此相量图，可得

$$E_q \sin\delta = Ix_{d\Sigma}\cos\varphi$$

所以，发电机输送到受端系统母线的功率为

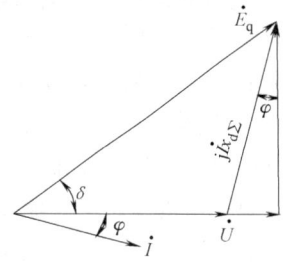

图 6-2 隐极机的相量图

$$P_{Eq} = UI\cos\varphi = \frac{E_q U}{x_{d\Sigma}}\sin\delta = P_{Eq_m}\sin\delta \quad (6-3)$$

式中，P_{Eq_m} 称为功率极限，$P_{Eq_m} = E_q U / x_{d\Sigma}$。

从式 (6-3) 可见，当发电机的电动势 E_q 和受端电压 U 均为恒定时，传输功率 P_{Eq} 是角度 δ 的正弦函数。这里，角度 δ 是电动势 $\dot{E}_q$ 与电压 $\dot{U}$ 之间的夹角。因为传输功率 P_{Eq} 的大小与角 δ 密切相关，因此称 δ 为功率角，通常简称为功角。传输功率与功角的关系 $P_{Eq} = f(\delta)$，称为功角特性或功率特性。图 6-3 表示隐极机的功角特性，由图可见功率极限出现在 $\delta = 90°$ 处。

功角 δ 在电力系统稳定性问题的研究中占有重要的地位。它除了表示电动势 $\dot{E}_q$ 与电压 $\dot{U}$ 之间的相位差（图 6-2），即表征系统的电磁关系之外，还表明了各发电机转

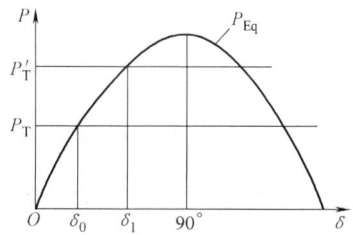

图 6-3 隐极机的功角特性

子之间的相对空间位置（如果设想将送端发电机和受端系统等值发电机的转子移到同一处，则功角 δ 就是两转子轴线间用电角度表示的相对空间位置角，因此 δ 也称位置角），如图 6-4 所示。

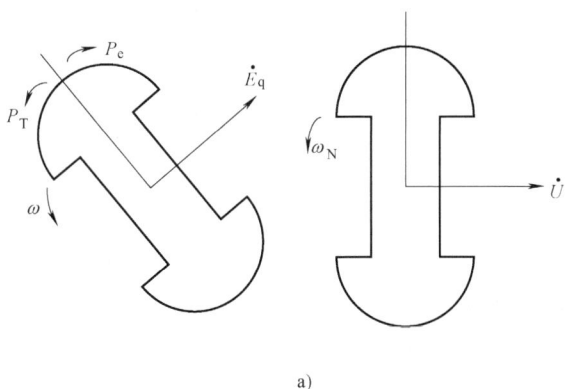
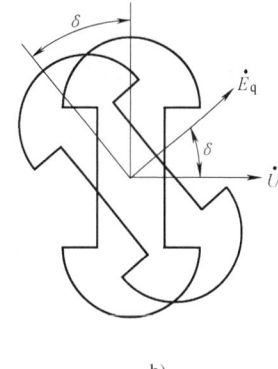

图 6-4 空间位置角 δ

δ 角随时间的变化反应了各发电机转子间的相对运动，如果两台发电机的电气角速度相同，即 $\omega = \omega_N$，则 δ 角保持不变。而发电机电气角速度的变化取决于作用在发电机转轴上的力矩（或者功率）的改变。为此我们来简单分析功角 δ 随功率变化的情况。

在不计摩擦等因素时，在送端发电机转子上有两个转矩作用：一个是原动机的输入转矩

M_T(与其相对应的是输入功率 P_T),它推动转子旋转,是驱动转矩;另一个是阻碍转子旋转的电磁转矩 M_e(与其相对应的是电磁功率 P_e),它是制动转矩。当送端发电机的原动机功率 P_T 与发电机输出功率 P_0(忽略发电机内的电气损耗,输出功率 P_0 等于电磁功率 P_e)相等,即 $P_T = P_e = P_0$ 时,如图6-3可见,此时发电机以功角 δ_0 运行。如果增大送端发电机的原动机功率为 P_T',而发电机输出功率 P_0 保持不变,即 $P_T' > P_0$,则由于送端发电机转子上的转矩平衡遭到破坏,驱动转矩大于制动转矩,发电机转子加速,此时送端发电机转子转速 ω 大于受端发电机转子转速 ω_N,从而发电机转子间的相对空间位置便要发生变化,功角 δ 增大。从图6-3的功角特性可知,当 δ 增大时,发电机输出的电磁功率也增大,直到 $P_e = P_T'$ 为止。此时,送端发电机转子上的转矩再次达到平衡,送端发电机与受端系统在新的功角 δ_1 下保持同步稳定运行。

2. 凸极式发电机的功率特性

对于凸极式发电机,其纵轴和横轴同步电抗不相等,即 $x_d \neq x_q$。令 $x_{d\Sigma} = x_d + x_{TL}$,$x_{q\Sigma} = x_q + x_{TL}$,由《电机学》内知识可知,含凸极式发电机简单系统的电压方程为

$$\dot{E}_q = \dot{U} + jx_{d\Sigma}\dot{I}_d + jx_{q\Sigma}\dot{I}_q \tag{6-4}$$

上式也可表示为

$$\dot{E}_q = \dot{E}_Q + j\dot{I}_d(x_{d\Sigma} - x_{q\Sigma}) \tag{6-5}$$

式中,$\dot{E}_Q$ 为计算方便引入的一个虚构电动势,$\dot{E}_Q = \dot{U} + jx_{q\Sigma}\dot{I}$。

该系统相应的相量图,如图6-5所示。

不难看出虚构电动势 $\dot{E}_Q$ 与空载电动势 $\dot{E}_q$ 同相位,也在 q 轴方向上。于是依据等值隐极电机法,可得到用 E_Q 表示的含有凸极机的简单系统的功率方程为

$$P_{E_Q} = \frac{E_Q U}{x_{q\Sigma}}\sin\delta \tag{6-6}$$

给定系统的运行状态时,可由已知发电机输出功率 P 和 Q,利用相量图6-5得到

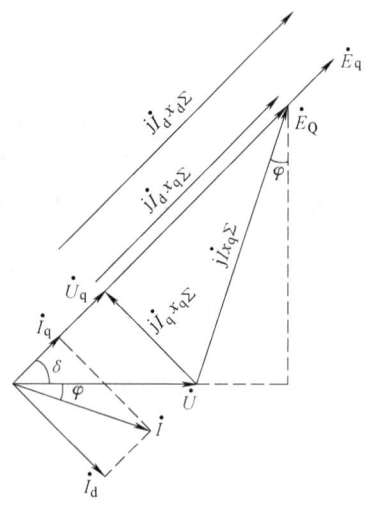

图6-5 凸极式发电机的相量图

$$\begin{cases} E_Q = \sqrt{(U + Qx_{q\Sigma}/U)^2 + (Px_{q\Sigma}/U)^2} \\ \delta = \arctan[(Px_{q\Sigma}/U)/(U + Qx_{q\Sigma}/U)] \end{cases} \tag{6-7}$$

这里,用 E_Q 表示的凸极机功率特性虽为正弦曲线,但 E_Q 纯属为了计算方便而引入,并没有实际物理意义,并且它将随系统运行情况而变化(即随发电机输出功率 P 和 Q 而变化)。可是 E_q 为空载电动势,其与发电机励磁电流成正比,不受系统运行情况的影响。当发电机励磁电流不变时,E_q 值不随系统运行情况变化。因此,当发电机励磁电流不变时,E_q 为定值,以 E_q 表示的功率特性使发电机输出功率仅为功角 δ 的函数。而由于 E_Q 随运行状态而变化,因此用它来计算功率并不方便。在计算凸极机的功率特性时,首先根据给定的受端系统电压 U_0 和功率 P_0、Q_0,按式(6-7)计算出 E_Q 和 δ。再由相量图6-5可知

$$I_d = \frac{E_q - U\cos\delta}{x_{d\Sigma}} = \frac{E_Q - U\cos\delta}{x_{q\Sigma}} \tag{6-8}$$

最后得到 E_Q 与 E_q 的关系

$$E_Q = E_q \frac{x_{q\Sigma}}{x_{d\Sigma}} + \left(1 - \frac{x_{q\Sigma}}{x_{d\Sigma}}\right) U\cos\delta \quad (6-9)$$

将式（6-9）的 E_Q 表达式代入式（6-6），得到含有凸极机简单系统的功率方程为

$$P_{Eq} = \frac{E_q U}{x_{d\Sigma}}\sin\delta + \frac{U^2}{2}\left(\frac{1}{x_{q\Sigma}} - \frac{1}{x_{d\Sigma}}\right)\sin2\delta \quad (6-10)$$

当发电机电动势 E_q 与发电机端电压 U 不变时，含凸极机的简单电力系统的功角特性如图6-6所示。由图可知，与隐极机比较，凸极机的功角特性多了一项与发电机电动势 E_q（即与励磁）无关的二次谐波项，该项是由于发电机纵、横轴磁阻不等而引起的，因此将其称为磁阻功率。磁阻功率的出现，使功率与功角 δ 成非正弦关系，并且在 $\delta < 90°$ 时功率达到最大值。

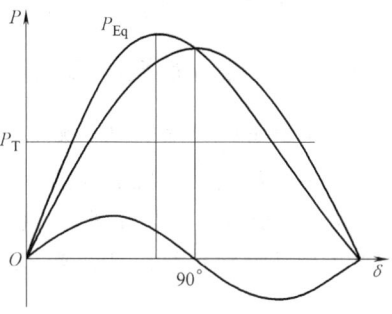

图6-6 凸极机的功角特性

3. 自动励磁调节器对功率特性的影响

从隐极发电机的等效电路可以看出，对于不带自动励磁调节器的发电机，当输出功率增加时，由于励磁电流和与之相应的电动势 E_q 保持不变，负荷电流的增大使得在发电机电抗 x_d 上的电压降增大，从而引起发电机端电压下降。为维持系统电压的稳定，一般发电机都装有自动励磁调节器。当发电机输出功率增加、端电压下降时，励磁调节器增大励磁电流，使发电机电动势 E_q 增大，直到端电压恢复或接近恢复到整定值 U_{G0} 为止。这时，从发电机功率特性可以看出，励磁调节器使 E_q 随功角 δ 增大而增大。用不同的 E_q 值，可以做出一组正弦功率特性曲线族，它们的幅值与 E_q 成正比，如图6-7所示。当发电机由某一给定的运行条件开始增加输出功率时，随着功角 δ 的增大，电动势 E_q 也增大，发电机的工作点从 E_q 较小的功率曲线过渡到 E_q 较大的功率曲线上，于是在励磁调节器的作用下得到一条保持发电机端电压 U_{G0} 不变的功率特性曲线，如图6-7所示。显然，有励磁调节器作用时，发电机的功率特性曲线明显高于无励磁调节器的功率特性曲线。而且，在 $\delta > 90°$ 的某一范围内，

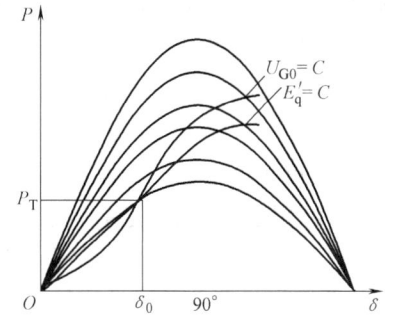

图6-7 自动励磁调节器对功率特性的影响

功率特性曲线仍然具有上升的性质。这是因为在 $\delta > 90°$ 附近，当 δ 增大时，E_q 的增大使 P_e 上升的作用要超过 $\sin\delta$ 的减小所起的作用。

实际上，一般的励磁调节器并不能完全保持发电机端电压不变，发电机端电压将随功率 P 及功角 δ 的增大而有所下降，E_q 则随 P 及 δ 的增大而增大。而应用较多的带有电压校正器的复式励磁调节器可使暂态电抗 x'_d 后的暂态电动势 E'_q 保持不变，即 E_q 则随 P 及 δ 的增大而增大，而暂态电动势 E'_q 保持不变。图6-7给出了保持暂态电动势 E'_q 不变、发电机端电压 U_{G0} 不变以及空载电动势 E_q 不变的功率特性曲线。从图可以看出不同性能的励磁机其功率极限值以及功率极限值对应的功角 δ 均不同。

第三节　简单电力系统的静态稳定性

电力系统的静态稳定性，是指系统在受到小扰动的情况下能自动恢复到原来运行状态的能力。电力系统具有静态稳定性是系统保持正常运行的基本前提。

一、简单电力系统静态稳定的实用判据

图 6-1 所示的简单电力系统稳定运行时，发电厂原动机输出的机械功率为 P_T，在不计发电机功率损耗情况下发电机输出功率 P_0 与 P_T 相等。与此相应，系统在功角特性曲线的 a、b 两个功率平衡点运行，如图 6-8 所示。此时，所对应的功角分别为 δ_a 和 δ_b。发电机是否能在这两点维持稳定运行，可以通过以下分析予以说明。

假设发电机在 a 点运行，若此时发电机受到一个小的扰动，使功角 δ_a 获得一个正的增量 $\Delta\delta$。发电机的输出功率相应地从与 a 点对应的值增加到与 a' 点对应的值。而原动机向发电机输入的机械功率 P_T 保持不变。这样，发电机的输出功率（忽略发电机损耗时，发电机输出功率等于电磁功率）大于原动机的输入功率，机组的功率平衡遭到破坏，发电机转子将减速，功角 δ 减小。当 δ 减小到 δ_a 时，虽然原动机转矩与电磁转矩相平衡，但由于转子惯性作用，功角 δ 继续减小，直至到 a'' 点时才能停止减小。而在 a'' 点，原动机

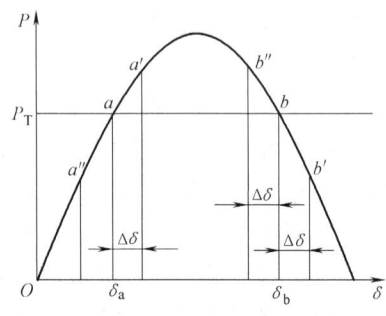

图 6-8　静态稳定判据

的机械转矩大于发电机的电磁转矩，转子受到一个加速的不平衡转矩而开始加速，使功角 δ 增大。由于阻尼、摩擦的作用，运行点达不到 a' 点，功角 δ 又开始减小，经过一系列衰减的振荡后，发电机又恢复在 a 点运行，即恢复了原来的运行状态。反之，如果发电机受到一个负的角度扰动量，这时发电机的输入功率将大于输出功率，机组在加速的不平衡转矩作用下开始加速，功角相应增加。同样，经过一系列振荡过程又恢复到 a 点运行。由以上分析可以得出结论，发电机在 a 点运行是稳定的。

发电机运行在 b 点的情况则完全不同。当在 b 点运行时受到一个小扰动作用，使功角增加 $\Delta\delta$ 后，发电机输出功率不是增加而是减小。此时原动机提供的机械转矩大于发电机的电磁转矩，发电机的转速继续增加，功角 δ 不断增大再也回不到 b 点，这表明发电机与系统之间失去了同步。如果发电机初始受到的扰动使功角 δ 减小 $\Delta\delta$，则运行点将由 b 点逐步过渡到 a 点而不能恢复到原来的运行状态，由此看出，发电机在 b 点是不能稳定运行的。

观察发电机在 a 点和 b 点的运行状况可见，在功角特性曲线的上升部分，发电机电磁功率的增量 ΔP 与功角增量 $\Delta\delta$ 具有相同的符号，即 $\Delta P/\Delta\delta > 0$，在功角特性曲线的下降部分，$\Delta P$ 与 $\Delta\delta$ 总具有相反的符号，即 $\Delta P/\Delta\delta < 0$，故可以用比值 $\Delta P/\Delta\delta$ 的符号来判断系统是否具有静态稳定性。将 $\Delta P/\Delta\delta$ 取极限形式，用微分表示，即得到判断简单电力系统具有静态稳定性的实用判据为

$$\frac{\mathrm{d}P}{\mathrm{d}\delta} > 0 \tag{6-11}$$

二、比整步功率与静态稳定储备系数

通常把 $dP/d\delta$ 称为比整步功率（又称为同步功率或同步化力），对隐极式发电机有

$$\frac{dP}{d\delta} = \frac{E_q U}{x_{d\Sigma}}\cos\delta \tag{6-12}$$

当 $\delta < 90°$ 时，比整步功率为正值，在这个范围内发电机的运行是稳定的，但当 δ 接近 $90°$ 时，比整步功率就越小，稳定的程度就越低；当 $\delta = 90°$ 时，$dP/d\delta = 0$，这是稳定与不稳定的分界点，在这一点达到了功率极限 $P_{E_{qm}}$，如图 6-3 所示。可见，比整步功率的大小代表在外干扰作用下同步发电机恢复同步运行的能力。

从电力系统运行可靠性要求出发，电力系统运行点应远离稳定功率极限，即保持一定的稳定储备，以保证运行情况稍有变动时，系统不会失去静态稳定。通常稳定储备的大小用稳定储备系数来表示，静态稳定储备系数的百分值为

$$K_P = \frac{P_{E_{qm}} - P_0}{P_0} \times 100\% \tag{6-13}$$

式中，P_0 为发电机的输出功率；$P_{E_{qm}}$ 为系统的功率极限。

K_P 的大小表示了电力系统由功率特性所确定的静态稳定度。K_P 越大，系统稳定的程度越高，但输送的功率却受到了限制。反之，K_P 过小，则稳定度太低，降低了系统运行的可靠性。目前，为了保证电力系统运行的可靠性，在正常运行时，要求 $K_P \geq 15\% \sim 20\%$，事故后运行方式下，要求 $K_P \geq 10\%$。所谓事故运行方式，是指电力系统事故消除之后，在恢复到正常运行方式之前，系统所出现的短时稳态运行方式。

【例 6-1】 简单电力系统如图 6-9 所示，发电机经升压变压器和双回输电线路向无限大功率系统送电。输送功率和电压的标幺值为 $P_0 = 1.0$，$Q_0 = 0.2$，$U_0 = 1.0$，试计算发电机不带励磁调节器时发电机的功率特性、功率极限及静态稳定储备系数（假定发电机为隐极机）。

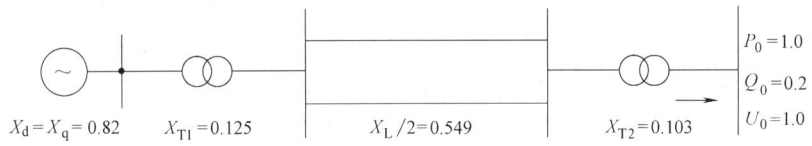

图 6-9 例 6-1 的简单电力系统

解： 发电机与无限大功率系统间的电抗为

$$x_{d\Sigma} = x_{q\Sigma} = x_d + x_{T1} + x_L/2 + x_{T2} = 0.82 + 0.125 + 0.549 + 0.103 = 1.597$$

由图 6-2 可见，空载电动势 E_q 为

$$E_q = \sqrt{\left(U_0 + \frac{Q_0 x_{q\Sigma}}{U_0}\right)^2 + \left(\frac{P_0 x_{q\Sigma}}{U_0}\right)^2} = \sqrt{(1 + 0.2 \times 1.597)^2 + 1.597^2} = 1.967$$

$$P_{E_{qm}} = \frac{E_q U_0}{x_{d\Sigma}} = \frac{1.967 \times 1}{1.597} = 1.23, \quad P_{E_q} = P_{E_{qm}}\sin\delta = 1.23\sin\delta$$

静态稳定储备系数为

$$K_P = (P_{E_{qm}} - P_0)/P_0 = (1.23 - 1)/1 = 23\%$$

三、提高电力系统静态稳定性的措施

随着电力系统的发展和扩大，电力系统运行的稳定性问题显得更加突出。从前面的分析中，不难掌握电力系统稳定分析计算的基本方法。应用此方法，可以判断电力系统的运行是否具有稳定性，但更为重要的是，当在电力系统进行规划设计或运行分析时，对于稳定储备不足的系统，采取何种有效措施，以改进和提高系统的稳定性。

从静态稳定的分析可以看出，提高电力系统的静态稳定性，应着力于提高电力系统的功率极限。从电力系统功率极限的简单表达式 $P_{E_q} = E_q U / x_{d\Sigma}$，可以看出，提高电力系统的功率极限应从提高发电机的电动势 E、减小系统总电抗 x、提高和稳定系统电压 U 等方面着手。

1. 提高发电机电动势 E

提高发电机电动势是提高电力系统的功率极限最有效的措施，它主要依靠采用自动励磁调节器并改善励磁调节器的性能来实现。在现代电力系统中，几乎所有的发电机都装有自动励磁调节装置（AVR）。从图 6-7 分析可见，自动励磁调节器明显地提高了功率极限。当发电机装有比例积分式励磁调节器时，在静态稳定分析中发电机所呈现的电抗由同步电抗 x_d 减少到暂态电抗 x'_d，并近似维持暂态电动势 E'_q 为常数。当采用强力式励磁调节器时，相当于把发电机电抗减小到接近于零，即近似当作发电机端电压维持恒定，这就大大地提高了发电机的功率极限，对提高静态稳定性极为有利。

自动励磁调节器在整个发电机投资中所占的比重很小，所以，在各种提高稳定性的措施中，总是优先考虑使用或改善自动励磁调节装置。

2. 减少系统的总电抗 x

从简单电力系统的功率极限表达式可以看出，输电系统的功率极限与系统总电抗成反比，系统电抗越小，功率极限就越大，系统稳定性也就越高。

输电系统的总电抗由发电机、变压器和输电线路的电抗组成。发电机和变压器的电抗与它们的结构尺寸有关，一般在发电机和变压器设计时，已考虑在投资和材料相同的条件下，力求使它们的电抗减小一些。当发电机装有自动励磁调节器时，发电机的实际电抗已由 x_d 补偿为 x'_d 或更小，且 x'_d 主要是漏电抗。因此，从发电机结构方面去减小电抗来提高稳定性失去了实际意义。对于变压器而言，其短路阻抗直接影响到制造成本和运行性能，也不宜改变。自耦变压器除具有损耗小、体积小、价格便宜的优点外，它的电抗也较小，对提高稳定性有利，故在超高压电力系统中得到了广泛的应用。

相对而言，设法减小输电线的电抗，则是一个可循的途径。主要方法之一是采用分裂导线，这可以使线路电抗减小约 20%，而且还能减少或避免因电晕所引起的有功功率损耗。减少输电线电抗的另一方法是采用串联电容进行补偿，以大幅度地减小线路电抗。串联电容的容抗与线路的感抗之比称为补偿度。一般来说，补偿度越大，对系统稳定越有利，但过大的补偿度将使发电机在轻载时引起发电机自励磁，给线路继电保护带来困难，还给串联的电容本身带来过电压，对系统正常运行不利。目前，补偿度一般控制在 25%~60%。实践证明，采用串联电容补偿对提高稳定性有明显的好处。

此外，在超高压远距离输电线路中，如输电功率受稳定性限制，也可采用增加输电回路

数，减小电抗，以达到提高输电功率的目的。

3. 提高和稳定系统电压

要提高系统运行电压水平，最主要的是系统中应装设充足的无功电源。在远距离输电线的中途或在负荷中心装设同步调相机，将有助于提高和稳定系统的运行电压水平，从而提高系统运行的稳定性。

合理地选用高等级的电压，除了降低网络损耗、增加输电容量等作用外，还将提高电力系统的功率极限，这在设计新线路或改造旧线路时常作为一个措施来考虑。这是因为对于同一结构的输电线路，采用的额定电压越高，线路电抗的标幺值就越小，功率极限也就越高。

第四节 电力系统的暂态稳定性

电力系统的暂态稳定性，是指系统在受到大扰动的情况下，系统中各发电机组能否继续保持同步运行的问题。这里所说的大扰动，主要是指系统元件的切除或投入，大负荷的突然变化，系统发生短路故障等，其中尤以短路故障对系统暂态稳定的影响最为严重。

当电力系统受到大的扰动时引起的电力系统暂态过程，是一个电磁暂态过程和发电机转子间机械运动暂态过程交织在一起的复杂过程。精准地确定所有电磁参数和机械运动参数在暂态过程中的变化是困难的，通常在暂态稳定计算中采取如下假设：

1）考虑到发电机定子非周期分量电流衰减时间常数相对很小，且产生的磁场在空间上是静止不动的，故在暂态过程中忽略发电机定子电流的非周期分量和与它相对应的转子电流的周期分量。这就意味着发电机定、转子绕组的电流，系统的电压及发电机的电磁功率在大扰动的瞬间均可以突变。

2）在发生不对称故障时，不计零序和负序电流对转子运动的影响，从而在发生不对称故障时可以应用正序等效定则和复合序网。故障时确定正序分量的等效电路与正常运行时的等效电路的不同之处，仅在于故障处的接地阻抗 Z_Δ（不同故障类型确定的附加阻抗）。

3）对发电机电动势，近似考虑发电机电磁暂态过程和自动励磁调节器的作用，认为发电机保持暂态电动势 $E' = C$（常数），即用发电机经典模型。

4）不考虑原动机调速器的作用，假定原动机输出功率保持恒定。

一、分析电力系统暂态稳定时的等效电路和功率特性

当系统遭受大扰动后，系统的各种运行参数（电压、电流和功率等）都将发生急剧的变化。但是，原动机的输出功率却由于机组惯性影响而不能随发电机电磁功率的瞬时变化而及时调整，因而各发电机输出功率同原动机提供的输入功率之间的平衡就要受到严重破坏。机组转轴上相应出现不平衡转矩，使转子的转速以及转子间的相对角度发生变化。这一变化，又影响到电流、电压以及各发电机输出功率的变化。因此，在严重的情况下，可能导致发电机失去同步。

图 6-10 所示为单机对无限大功率系统各种运行情况下的等效电路，下面以该系统中双回线路因短路故障，切除一回线路后为例，做系统的暂态稳定性分析。

正常运行时如图 6-10a 所示，系统的总电抗为

$$x_{\mathrm{I}} = x_\mathrm{d}' + x_{\mathrm{T1}} + x_{\mathrm{L}}/2 + x_{\mathrm{T2}} \tag{6-14}$$

发电机的功率特性为

$$P_{\mathrm{I}} = \frac{EU}{x_{\mathrm{I}}}\sin\delta = P_{\mathrm{Im}}\sin\delta \tag{6-15}$$

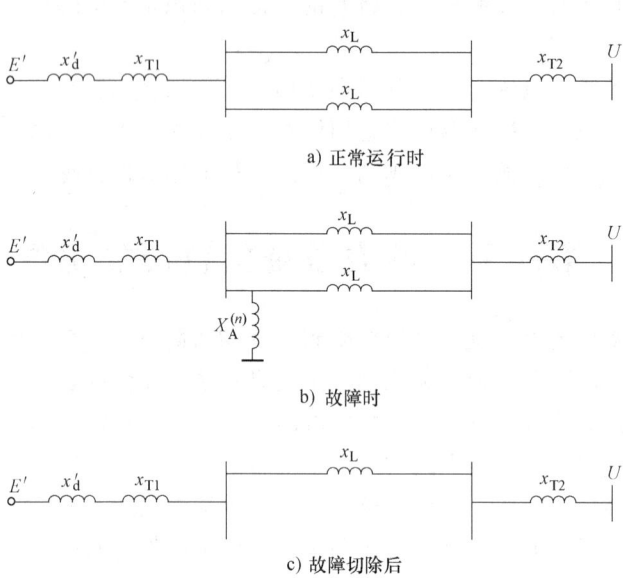

图 6-10 简单电力系统在各种运行情况下的等效电路

设一回线路始端发生某种类型的短路故障，根据正序等效定则，短路时系统的等效电路相当于正常情况下的等效电路，在短路点接入附加电抗 $x_\Delta^{(n)}$，如图 6-10b 所示。这里 n 表示不同的短路类型，从电力系统不对称短路分析得知

对单相短路 $x_\Delta^{(1)} = x_{2\Sigma} + x_{0\Sigma}$；

对两相短路 $x_\Delta^{(2)} = x_{2\Sigma}$；

对两相接地短路 $x_\Delta^{(1,1)} = x_{2\Sigma} // x_{0\Sigma}$；

对三相短路 $x_\Delta^{(3)} = 0$。

在系统短路过程中，从送端发电机到受端系统之间的转移电抗为

$$x_{\mathrm{II}} = x_\mathrm{d}' + x_{\mathrm{T1}} + x_{\mathrm{L}}/2 + x_{\mathrm{T2}} + \frac{(x_\mathrm{d}' + x_{\mathrm{T1}})(x_{\mathrm{L}}/2 + x_{\mathrm{T2}})}{x_\Delta^{(n)}} = x_{\mathrm{I}} + \frac{(x_\mathrm{d}' + x_{\mathrm{T1}})(x_{\mathrm{L}}/2 + x_{\mathrm{T2}})}{x_\Delta^{(n)}}$$

$$\tag{6-16}$$

发电机的功率特性为

$$P_{\mathrm{II}} = \frac{EU}{x_{\mathrm{II}}}\sin\delta = P_{\mathrm{II m}}\sin\delta \tag{6-17}$$

显然，$x_\Delta^{(n)}$ 越小，则 x_{II} 越大，从而 $P_{\mathrm{II m}}$ 越小，比较各种短路故障时的附加电抗可以看出，当系统发生三相短路时，$x_\Delta^{(3)} = 0$，则 $x_{\mathrm{II}} = \infty$，所以，$P_{\mathrm{II m}} = 0$，对系统暂态稳定性的威胁最为严重。

故障线路切除后，系统成单回线路运行，如图 6-10c 所示，系统的总电抗为

$$x_{\mathrm{III}} = x_\mathrm{d}' + x_{\mathrm{T1}} + x_{\mathrm{L}} + x_{\mathrm{T2}} \tag{6-18}$$

发电机的功率特性为

$$P_{\text{III}} = \frac{EU}{x_{\text{III}}}\sin\delta = P_{\text{III m}}\sin\delta \tag{6-19}$$

一般情况下，由于 $x_{\text{I}} < x_{\text{III}} < x_{\text{II}}$，因此，$P_{\text{I m}} > P_{\text{III m}} > P_{\text{II m}}$。以上三种状态下发电机的功率特性曲线如图 6-11 所示。

二、大扰动后发电机转子的相对运动

由式（6-15）、式（6-17）和式（6-19）可以做出在大扰动的各种运行状态下的功率特性曲线如图 6-11 所示。其中，曲线 Ⅰ、Ⅱ、Ⅲ 分别为正常运行、故障存在期间、一回线路故障切除后的功率特性曲线。在正常运行情况下，若原动机输入功率为 $P_T = P_0$，发电机工作在 a 点，对应功角为 δ_a。短路故障发生后，发电机工作点转移到短路时的功率特性 P_{II} 上（对应 b 点）。由于转子具有惯性，功率保持 P_0 不变，发电机组出现过剩功率 $\Delta P =$

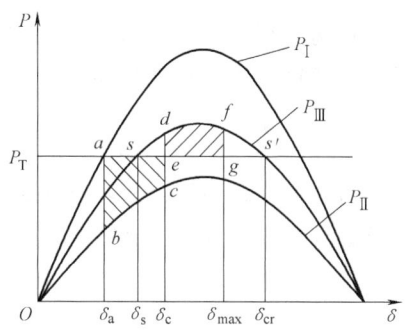

图 6-11 功率特性曲线

$P_0 - P_e > 0$，引起机组加速，$\Delta\omega = \omega - \omega_N > 0$，功角 δ 逐渐增大。如果到 c 点，故障线路被切除，发电机的工作点转移到 P_{III} 上对应于 δ_c 的 d 点，这时 $\Delta P = P_0 - P_e < 0$，机组开始减速，从而把加速过程中转子所增加的动能，在减速过程中不断地释放出来。在机组开始减速时，由于相对速度 $\Delta\omega$ 不可能突变，仍大于零，故功角将继续增大。如果发电机到达 f 点时，在加速过程中转子增加的动能已全部消耗完毕，则发电机的转速又恢复到同步速度，即 $\Delta\omega = 0$，这时功角 δ 达到它的最大值 $\delta_{\max}$。虽然机组在 f 点恢复到同步速度，但在这一点发电机输出功率仍大于 P_0，因此，转子转速将继续减小，使 $\Delta\omega < 0$，于是功角 δ 开始减小。考虑到实际过程中由于阻尼、摩擦等的作用将损耗能量，系统经一系列减幅振荡后，最后在 s 点稳定运行。因此，系统在上述大扰动下仍将保持暂态稳定。图 6-12 表明了暂态稳定的振荡过程中，功角 δ 和相对速度 $\Delta\omega$ 随时间 t 的变化曲线。

电力系统在受到大扰动的情况下，也可能产生另一种结果。如果故障的切除较迟缓，这时因发电机加速过程长，储存的动能较多，转速在达到运行点 s'（图 6-12 中原动机输入功率 P_0 与功率特性曲线 P_{III} 的交点）前仍未减至同步速度。这样，当越过点 s' 后，过剩转矩又变成加速性的，角加速度变为正值，从而使转子继续加速。随着 δ 角的增大，加速性的转矩不断增大，迫使转子不断加速，于是发电机便与系统失去了同步。

三、等面积定则

下面进一步研究，如何通过定量计算来判断系统的暂态稳定性。

图 6-11 中，在转子的角度从 δ_a 摇摆至 δ_c 的过程中，由于过剩功率的存在，使转子动能增加，它在数值上等

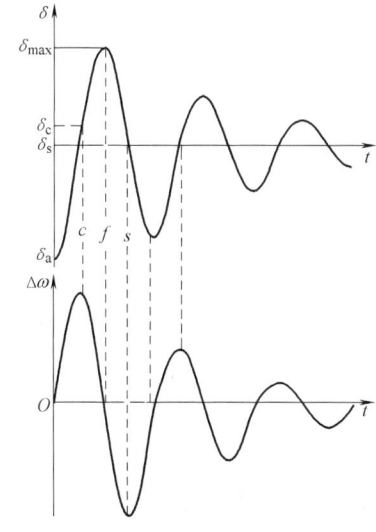

图 6-12 发电机转子摇摆曲线

于过剩功率对功角的积分,即图 6-11 中由 a、b、c、e 所围成的面积,通常称为"加速面积",它既代表转子在加速过程中储存的动能,又等于过剩转矩对转子所做的功,并以 W_+ 表示,则有

$$W_+ = \int_{\delta_a}^{\delta_c} (P_T - P_{\mathrm{II}m}\sin\delta)\mathrm{d}\delta \tag{6-20}$$

与加速面积对应,在图 6-11 中由 d、e、f、g 围成的面积称为"减速面积",它既代表转子在减速过程中所消耗的动能,又等于减速性的过剩转矩所做的功,并以 W_- 表示,则有

$$W_- = \int_{\delta_c}^{\delta_{\max}} (P_T - P_{\mathrm{III}m}\sin\delta)\mathrm{d}\delta \tag{6-21}$$

在减速期间,当发电机转子耗尽了它在加速期间所储存的全部动能增量时,$\Delta\omega=0$,它的功角达到最大值 $\delta_{\max}$。显然,$\delta_{\max}$ 可由下式决定,即:

$$W_+ + W_- = 0$$

即

$$\int_{\delta_a}^{\delta_c}(P_T - P_{\mathrm{II}m}\sin\delta)\mathrm{d}\delta + \int_{\delta_c}^{\delta_{\max}}(P_T - P_{\mathrm{III}m}\sin\delta)\mathrm{d}\delta = 0 \tag{6-22}$$

在图 6-11 中,最大可能减速面积显然等于由 d、e、s' 所围成的面积。如果最大可能减速面积小于加速面积,则系统必定失去稳定。所以,根据最大可能减速面积必须大于加速面积的原则,可以判断电力系统是否具有暂态稳定性。从图 6-11 还可以看出,故障切除角 δ_c 越小,加速面积就越小,最大可能减速面积就越大,保持系统稳定的可能性也就越大。反之,故障切除角 δ_c 越大,加速面积就越大,最大可能减速面积便越小,保持暂态稳定就越困难。因此,总可以找到一个切除角,当在此角度下切除短路故障时,恰好使最大可能减速面积同加速面积相等,这时系统将处于稳定的极限情况,通常称此切除角为极限切除角,并记作 δ_{clim},该角可以根据面积定则确定,即

$$\int_{\delta_a}^{\delta_{\mathrm{clim}}}(P_T - P_{\mathrm{II}m}\sin\delta)\mathrm{d}\delta + \int_{\delta_{\mathrm{clim}}}^{\delta_{\mathrm{cr}}}(P_T - P_{\mathrm{III}m}\sin\delta)\mathrm{d}\delta = 0$$

解得

$$\delta_{\mathrm{clim}} = \arccos\frac{P_T(\delta_{\mathrm{cr}} - \delta_0) + P_{\mathrm{III}m}\cos\delta_{\mathrm{cr}} - P_{\mathrm{II}m}\cos\delta_0}{P_{\mathrm{III}m} - P_{\mathrm{II}m}} \tag{6-23}$$

这里,δ_{cr} 为临界角,有

$$\delta_{\mathrm{cr}} = 180° - \arcsin\frac{P_T}{P_{\mathrm{III}m}} \tag{6-24}$$

按式(6-23)求得对继电保护切除角 δ_{clim} 后,还需进一步找出与极限切除角 δ_{clim} 相对应的极限切除时间 t_{clim},从而可以对继电保护和断路器切除故障时间提出要求。从稳定性的角度看,希望故障切除时间 t_c 尽可能短。故障切除角与对应的故障切除时间 t_c 的关系,原则上应通过发电机转子运动方程求解,但转子运动方程是非线性微分方程,一般采用数值解法,限于篇幅,不一一介绍。

例 6-2 某电力系统的接线如图 6-13 所示,受端为无限大容量系统,系统各元件负序阻抗与正序阻抗相同。当输电线某一回路始端发生两相短路时,试确定保证系统暂态稳定的极限切除角 δ_{clim}。

解:(1)正常运行时的功率特性

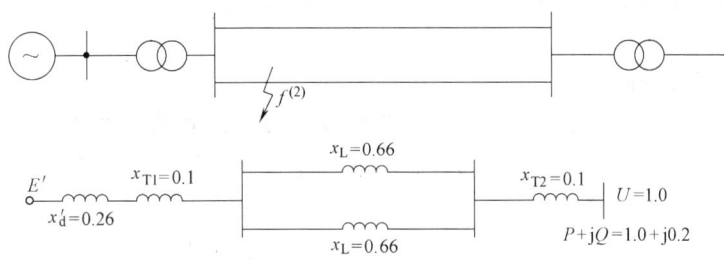

图 6-13 例 6-2 电力系统接线及等效电路

$$x_{\mathrm{I}} = x'_{\mathrm{d}} + x_{\mathrm{T1}} + x_{\mathrm{L}}/2 + x_{\mathrm{T2}} = 0.26 + 0.1 + 0.66/2 + 0.1 = 0.79$$

$$E' = \sqrt{(1 + 0.2 \times 0.79)^2 + (0.79)^2} = 1.402$$

$$\delta_0 = \arctan \frac{0.79}{1 + 0.2 \times 0.79} = 34.3°, \quad P_{\mathrm{I m}} = \frac{E'U}{x_{\mathrm{I}}} = \frac{1.402 \times 1}{0.79} = 1.775$$

（2）故障运行的功率特性

$$x_2 = \frac{(x'_{\mathrm{d}} + x_{\mathrm{T1}})(x_{\mathrm{L}}/2 + x_{\mathrm{T2}})}{x'_{\mathrm{d}} + x_{\mathrm{T1}} + x_{\mathrm{L}}/2 + x_{\mathrm{T2}}} = \frac{(0.26 + 0.1)(0.33 + 0.1)}{0.79} = 0.196$$

$$x_{\Delta}^{(2)} = x_2 = 0.196$$

$$x_{\mathrm{II}} = x_{\mathrm{I}} + \frac{(x'_{\mathrm{d}} + x_{\mathrm{T1}})(x_{\mathrm{L}}/2 + x_{\mathrm{T2}})}{x_{\Delta}^{(n)}} = 1.58, \quad P_{\mathrm{II m}} = \frac{E'U}{x_{\mathrm{II}}} = \frac{1.402 \times 1}{1.58} = 0.887$$

（3）故障切除后的功率特性

$$x_{\mathrm{I}} = x'_{\mathrm{d}} + x_{\mathrm{T1}} + x_{\mathrm{L}} + x_{\mathrm{T2}} = 0.26 + 0.1 + 0.66 + 0.1 = 1.12, \quad P_{\mathrm{III m}} = \frac{E'U}{x_{\mathrm{III}}} = \frac{1.402 \times 1}{1.12} = 1.252$$

（4）利用等面积定则，确定极限切除角 δ_{clim}

$$\delta_{\mathrm{cr}} = 180° - \arcsin \frac{P_{\mathrm{T}}}{P_{\mathrm{III m}}} = 180° - \arcsin\left(\frac{1}{1.252}\right) = 127°$$

$$\delta_{\mathrm{clim}} = \arccos \frac{P_{\mathrm{T}}(\delta_{\mathrm{cr}} - \delta_0) + P_{\mathrm{III m}} \cos\delta_{\mathrm{cr}} - P_{\mathrm{II m}} \cos\delta_0}{P_{\mathrm{III m}} - P_{\mathrm{II m}}}$$

$$= \arccos\left[\frac{1 \times \pi(127° - 34.3°)/180° + 1.252\cos 127° - 0.887\cos 34.3°}{1.252 - 0.887}\right] = \arccos 0.359$$

从而得到：$\delta_{\mathrm{clim}} = 69°$

四、提高暂态稳定性的措施

一般说来，提高电力系统静态稳定的措施也有助于提高暂态稳定性，即第二节中有关提高静态稳定的措施都适合于提高暂态稳定性。从图 6-11 可以看出，如果提高了故障时和故障切除后的功率极限值，这显然增加了最大可能的减速面积，减小了加速面积，从而有利于系统保持暂态稳定性。此外，从暂态稳定分析来看，除提高系统的功率极限外，还可以采取一些相应的措施，减少发电机转子相对运动的振荡幅度，从而提高系统的暂态稳定性。

1. 快速切除故障

利用快速继电保护装置和快速动作的断路器尽快切除故障是提高暂态稳定性的重要措

施。从图 6-11 可以看出，缩短故障切除时间，可以使故障切除角 δ_c 减小，从而减小加速面积，相应地增大减速面积。

2. 实行快速强行励磁

发电机实行快速强行励磁时，在系统发生短路故障时，能迅速提高发电机的电动势，提高故障时和故障切除后发电机的功率特性，将有利于提高系统的暂态稳定性。

3. 采用自动重合闸装置

高压输电线的短路故障，绝大多数是瞬时性的。当故障跳闸后，如能重新进行合闸，在许多情况下都可以恢复正常供电。为了提高供电可靠性，目前高压线路上都设有自动重合闸装置。通过图 6-14 来说明自动重合闸装置如何提高暂态稳定性。

图 6-10 所示的简单电力系统，发电机组在功率特性曲线 I 上 a 点运行时，一回线路发生故障，则运行点变为 b 点，按功率特性曲线 II 运行，且由于原动机输出功率 P_T 大于机组输出功率 P_e，功角 δ 逐渐增大。当运行到 c 点时继电保护装置起动断路器将故障线路切除，此时系统运行点为功率特性曲线 III 上的 d 点，尽管此时原动机输出功率 P_T 小于机组输出功率 P_e，但由于转子在加速过程中储存的动能没有释放完，因此功角 δ 仍继续增大。运行到 e 点时自动重合闸装置动作将被切断的线路重新投入运行，使系统恢复双回线路供电，于是发电机组重新回到功率特性曲线 I 上的 f 点。当运行到 g 点时转子储存的动能全部释放完。

从图 6-14 可见，采用自动重合闸后增大了减速面积，且提高了系统的功率极限，有利于保持系统暂态稳定，同时也提高了系统供电的可靠性。

4. 改善原动机的调节特性

电力系统受到大扰动后，由于发电机输出的电磁功率突然变化，而原动机的功率由于惯性及调速器的时滞等原因，功率不可能及时相应变化，从而造成了发电机轴上功率的不平衡，引起发电机产生剧烈的相对运动，甚至破坏系统的稳定性。如果原动机调速系统能实行快速调节，使它的功率变化能基本跟上电磁功率的变化，则机组轴上

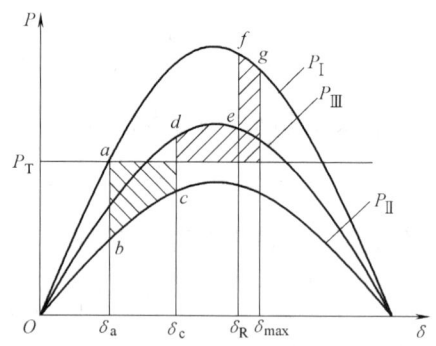

图 6-14 自动重合闸的作用

的不平衡功率便可减小，从而防止暂态性的破坏。图 6-15 表示的是汽轮机的汽门快速动作对暂态稳定性的影响。当发生短路故障时，保护装置或专门的检测控制装置使汽门快速动作，原动机的功率迅速下降，从而减小加速面积，增大了可能的减速面积，提高了系统的暂态稳定性。

此外，对于并联运行的发电机组，也可在故障发生后切除部分发电机组以减少过剩功率，或采用机械制动的方法来消耗掉一部分原动机的机械功率。

5. 采用电气制动

所谓的"电气制动"就是在送端发电机附近装设一电阻性负载，如图 6-16 所示。系统正常运行时断路器 QF 处于断开状态，而当系统发生短路故障，引起发电机产生过剩功率时，QF 快速闭合将这一电

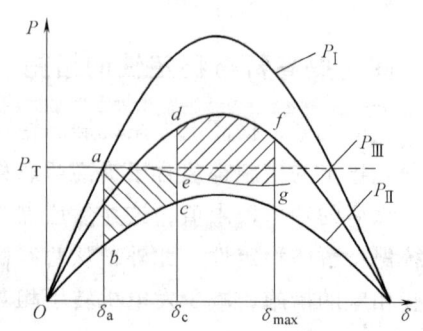

图 6-15 快速调节汽门的作用

阻负荷投入系统中以吸收过剩功率，抑制发动机的加速，从而提高了电力系统的暂态稳定性。

图 6-17 表示的是电气制动对暂态稳定性的影响。当发生短路故障时，保护装置将断路器 QF 闭合，电阻 R 接入到系统中。由于电阻消耗了一部分发电机输出功率，减少了发电机向系统输送的功率，从而使得加速面积由原来的 $S_{ab'c'e}$ 变为 S_{abce}，减小了加速面积，提高了系统的暂态稳定性。

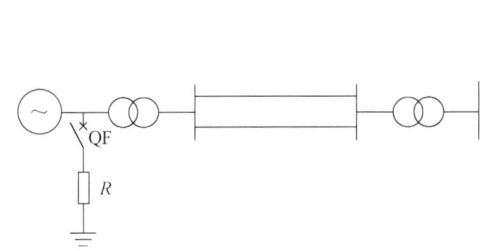

图 6-16　电气制动的接线图

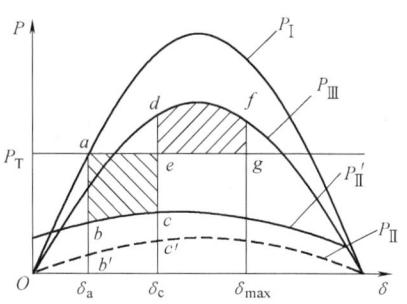

图 6-17　电气制动的作用

本 章 小 结

本章首先给出了电力系统运行稳定性的概念。以简单电力系统为例，求出了隐极式同步发电机和凸极式同步发电机的功率特性曲线（功角特性）。隐极机的功角特性为一正弦曲线，$\delta = 90°$ 时达到了功率极限；凸极机的功角特性增加了磁阻功率部分，从而使得功率极限点出现在 $\delta < 90°$ 时。除此之外，分析了励磁调节器对发电机功角特性的影响。

接着对发电机功角特性曲线上原动机提供的机械功率与发电机电磁功率的平衡点进行了分析。得出：当电力系统受到微小干扰后，扰动去除后仍能自动回到原来平衡状态，则称系统具有静态稳定性；反之，则不稳定。可以利用实用稳定判据 $\dfrac{\mathrm{d}P}{\mathrm{d}\delta} > 0$ 来判别系统是否具有静态稳定性。同时介绍了提高静态稳定性的措施。

以线路发生短路故障后切除故障线路为例，分析了系统暂态稳定性得出：当系统受到较大干扰后，能够建立一个新平衡状态的，则称系统具有暂态稳定性。由能量守恒定律和功、能转换关系导出的等面积定则可以判断系统是否具有暂态稳定性，并基于此定则寻求提高暂态稳定性的措施，如快速切除故障、采用强行励磁、采用自动重合闸等。

复习思考题

6-1　何谓电力系统的静态稳定性？何谓电力系统的暂态稳定性？

6-2　隐极式发电机和凸极式发电机的功率特性有何不同？发电机输出功率达到它的极限功率时，发电机是否具有静态稳定特性？

6-3　何谓电力系统静态稳定性的实用判据？其物理意义如何？

6-4　何谓静态稳定储备系数？一般该系数应保持在什么范围？该系数过大或过小有哪些不利影响？

6-5 发电机功率极限越高，对系统运行稳定性是否越有利？
6-6 励磁自动调节器对发电机的功角特性有何影响。
6-7 试画图说明快速切除故障对提高系统暂态稳定性的作用。
6-8 试画图说明自动重合闸对提高系统暂态稳定性的作用。
6-9 试画图说明改善原动机调节特性对提高系统暂态稳定性的作用。

电力系统保护与控制

第一节 概　　述

一、电力系统的运行状态

电力系统是由发电机、变压器、输配电线路和用电设备按一定方式连接组成的整体。在运行过程中发电、输电、配电和用电同时完成。因此，为了向用户连续提供质量合格的电能，电力系统各发电机发出的有功和无功功率应时刻与随机变化的电力系统负荷消耗的有功功率和无功功率（包括系统损耗）相等。同时，发电机发出的有功功率和无功功率、线路上的功率潮流（视在功率）和系统各级电压应在安全运行的允许范围之内。为保证电力系统的这种正常运行状态，必须满足两点基本要求：

1) 电力系统中所有电气设备处于正常状态，能满足各种工况的需要。
2) 电力系统中所有发电机以同一频率保持同步运行。

现代电力系统的特点是大机组、高电压、大电网、交直流远距离输电、电网互联，因而其结构复杂，覆盖不同环境的辽阔地域。这样，在实际运行中，自然灾害的作用、设备缺陷和人为因素等都会造成电气设备故障及运行条件变化，从而导致电力系统还会出现其他非正常运行的状态。

电力系统的运行状态可分为三种：正常状态、事故状态和事故后状态。

1. 正常状态

在正常运行状态下，电力系统中有功功率和无功功率的供需达到平衡、电力系统的各母线电压和频率均在正常运行允许的偏差范围内、各电源设备及输配电设备均在规定的功率限额内。并且，电力系统有足够的旋转备用、紧急备用以及必要的调节手段，使系统能够承受正常的干扰，如无故障开断一台发电机或一条线路，而系统中不会发生各设备过载，或电压和频率偏差超出允许范围的现象。同时，在正常运行状态下，电力系统对负荷的变化也能通过调节手段，从一个正常运行状态连续变化到另一个正常运行状态。另外，在正常运行状态下，还能在保证安全运行条件下，实现电力系统的经济运行。

2. 事故状态

电力系统遭受严重的故障（或事故），其正常运行状态将被破坏从而进入事故状态。电力系统的严重故障主要有：各类的短路故障、突然跳开大容量发电机或大的负荷，从而引起电力系统的有功功率和无功功率严重不平衡、发电机失步,即不能保持同步运行。在事故状态下,如不及时采取相应的控制措施或措施不够有效,则电力系统将会失去稳定性。而电力系统稳定性的破坏对电力系统安全运行将产生严重后果,甚至可能导致全系统崩溃,造成大面积停电事故。

电力系统进入事故状态后,应及时通过继电保护和安全自动装置有选择地、快速地切除故障,采取提高安全稳定性措施,避免事故的进一步扩大和发生系统瓦解性质的联锁故障。

3. 事故后状态

在事故状态后,借助继电保护装置、自动装置或人工干预,将故障部分从电力系统中切除,从而使电力系统非故障部分可以继续稳定运行。这时,部分发电机或线路(变压器),仍处于断开状态,部分用户仍然停电。严重情况下电力系统可能被分解成几个独立部分。当电力系统进入事故后状态时,要采取一系列操作和措施恢复电力系统出力和送电能力,尽快恢复对用户的供电,使系统恢复到正常运行状态。

二、电力系统安全控制

电力系统安全控制的目的是采取各种措施使系统尽可能运行在正常运行状态。在正常运行状态下,通过制定运行计划和运用计算机监控系统(SCADA 或 EMS)实时进行电力系统运行信息的收集和处理,在线进行安全监视和安全分析等,使系统处于最优的正常运行状态。同时,在正常运行时,确定各项预防性控制,以应对可能出现的紧急状态,提高处理能力。这些控制内容包括:调整发电机出力、切换网络和负荷、调整潮流、改变保护整定值、切换变压器分接开关等。

当电力系统一旦出现故障进入事故状态后,则靠紧急控制来处理。这些控制措施包括继电保护装置正确快速动作和各种稳定控制装置。通过紧急控制将系统恢复到正常状态或事故后状态。当系统处于事故后状态时,还需要用恢复控制手段,使其重新进入正常运行状态。表 7-1 列出了各种系统状态下的控制内容和控制效果。

表 7-1 各种系统状态下的控制内容和控制效果

系统状态	控制内容	控制效果
正常状态: 系统额定工况运行	调整发电机有功、无功,切换系统的负荷,改变继电保护整定值和变压器分接头,更改系统解列点	使系统运行在最佳状态,在系统发生事故时有较高的安全水平
事故状态: 系统发生故障, 正常运行遭到破坏	继电保护动作切除故障,启动各种控制措施:电气制动、快关汽门、快速励磁、直流调制、低频减载、解列系统、限制负荷和出力、启动备用等	切除故障,防止事故扩大、平衡有功和无功,使系统趋于稳定
事故后状态: 系统已脱离事故状态, 但尚未恢复到正常状态	人工(或自动)操作,恢复正常运行,调整发电机出力、系统并列、切换负荷,向用户供电	系统恢复到正常

第二节 电力系统继电保护的一般问题

当电力系统中的电力元件(如发电机、变压器、线路)或电力系统本身发生了故障或危及其安全运行的事件时,继电保护装置会自动向运行值班人员及时发出警告信号,或者直接向所控制的断路器发出跳闸命令,以终止这些事件进一步发展。电力系统继电保护是电力系统的重要组成部分,也是电力系统中的一种反事故技术和措施。

一、电力系统继电保护的作用

在电力系统运行中,系统发生故障和不正常运行状态都会危及电力系统的安全稳定运行,其中最常见同时也是最危险的故障就是发生各种形式的短路,如三相短路、两相短路、两相接地短路和单相接地短路。当电力系统发生短路故障时,可能引起以下严重后果:

1) 故障点通过很大的短路电流将燃起电弧,烧毁故障设备,造成系统部分用户停电。

2) 短路电流通过非故障设备,由于发热和电动力的作用,致使其绝缘遭受损毁或使其使用寿命缩短。

3) 电力系统中部分地区的电压、频率下降,影响用户的正常生产。

4) 破坏电力系统并列运行的稳定性,使事故扩大,引起系统振荡,甚至造成整个系统瓦解。

电力系统中最常见的不正常运行状态是过负荷。由于过负荷,流过电气设备的负荷电流超过其额定值,使载流设备和绝缘材料的温度升高,从而加速绝缘老化或使设备遭受损坏,甚至会发展成故障。此外,电力系统中有功功率短缺而引起的频率降低、发电机突然甩负荷引起的过电压以及电力系统振荡等均属于不正常运行状态。

电力系统中发生故障或出现不正常运行状态时,会破坏系统的稳定运行,使得电能质量下降,以致造成停电或减少供电,甚至毁坏设备。系统中的故障除了由自然环境因素(如风雨雷电等造成的系统短路等故障)引发外,还由一些人为因素(如工作人员的误操作,带负荷切断刀开关等)造成。为避免或减少事故的发生,提高电力系统运行的可靠性,可通过改进设备的设计工艺及加工,保证设计安装质量,加强对设备的维护和检修,提高运行管理水平,采取积极预防事故等措施,尽一切可能减少事故发生的概率。

由于电力系统各级设备之间都有电或磁的联系,当故障发生时,会在瞬间波及整个电力系统。因此必须快速而有选择地切除故障设备,以确保电力系统非故障部分继续安全运行,避免事故扩大,缩小事故的范围和影响。继电保护就是保证电力系统安全运行和提高电能质量的重要工具。继电保护装置就是能反应电力系统中电气设备发生故障或不正常运行状态,并作用于断路器跳闸或发出信号的自动装置。它的基本任务包括:

1) 系统发生故障时,自动、迅速、有选择地将故障设备从电力系统中切除,以保证系统中非故障部分迅速恢复正常运行,并使故障设备免于继续遭受破坏。

2) 反应电气设备发生不正常运行状态。根据不正常运行状态的种类和设备运行维护条件(如有无经常值班人员)发出信号,由值班人员进行处理和调整,实现减负荷或将那些继续运行会引起事故的电气设备予以切除。反应不正常运行状态的继电保护装置允许带有一定延时动作。

继电保护的作用就是通过预防事故或缩小事故范围来提高电力系统运行的可靠性,最大限度地保证向用户安全持续供电,是电力系统安全可靠运行不可或缺的技术措施。

二、继电保护的基本原理、分类和保护装置的构成

1. 继电保护的基本原理

电力系统发生故障时,总会伴随出现电流增大、电压降低以及电流电压间的相位角变化或其他物理现象。因此利用这些物理量的变化,就能正确地区分电力系统是正常运行、发生故障或处于不正常运行状态,从而实现保护。

依据上述反应的物理量的不同,构成了各种原理的继电保护。如反应电流变化的过电流保护;反应电压改变的低电压保护;既反应电流又反应电流电压间相位角变化的方向过电流保护;反应电压电流比值的距离保护等。此外也可根据电气设备的特点实现反应非电量变化的保护,如反应变压器油箱内部故障的气体保护,反应设备温度升高的热力保护等。

以上各种原理的保护,可以由一个或若干个继电器按照一定的性能和要求连接在一起。因此继电器是构成继电保护的基本元件,是一种自动元件,它的基本原理是当输入量(激励量)的变化达到规定值时,在输出电路中被控量就会发生预定的阶跃变化。以电磁型电流继电器的动作为例(图7-1),来说明继电保护的基本工作原理。

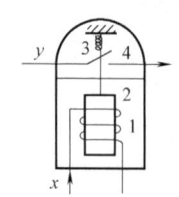

图 7-1 电磁型电流继电器的构成
1—线圈 2—衔铁 3—弹簧 4—触点

在正常工作时,继电器线圈 1 的输入量(电流)x 较小,其在衔铁 2 上产生的电磁吸引力小于弹簧 3 的拉力,触点 4 打开,继电器无输出。当输入量的变化产生的电磁吸力大于弹簧的反作用力时,触点接通,从而使被控量 y 通过闭合的触点向外输出,即继电器动作。

2. 继电保护的分类

电力系统的继电保护可以按照以下几种方法进行分类:

1) 按被保护的对象:输电线路保护、发电机保护、变压器保护、电动机保护、母线保护等。
2) 按保护原理:电流保护、电压保护、距离保护、差动保护、方向保护、零序保护等。
3) 按保护所反应故障类型:相间短路保护、接地故障保护、匝间短路保护、断线保护、失步保护、失磁保护及过励磁保护等。
4) 按继电保护装置的实现技术:机电型保护(如电磁型保护和感应型保护)、整流型保护、晶体管型保护、集成电路型保护及微机型保护等。
5) 按保护所起的作用:主保护、后备保护、辅助保护等。

主保护是为了满足系统稳定和设备安全要求,能以最快速度有选择地切除被保护设备和线路故障的保护。

后备保护是主保护或断路器拒动时用来切除故障的保护。它又分为远后备保护和近后备保护两种:远后备保护,是当主保护或断路器拒动时,由相邻电力设备或线路的保护来实现的后备保护;近后备保护,是当主保护拒动时,由本电力设备或线路的另一套保护来实现的后备保护。当断路器拒动时,由断路器失灵保护来实现后备保护。

辅助保护:为补充主保护和后备保护的性能或当主保护和后备保护退出运行而增设的简单保护。

3. 继电保护装置的构成

继电保护装置一般由测量元件、逻辑元件和执行元件三部分组成，继电保护组成框图如图 7-2 所示。

1）测量元件：测量从被保护对象输入的有关物理量（如电流、电压、阻抗、功率方向等），并与已给定的整定值进行比较，根据比较结果给出"是""非""大于""不大于"等具有"0"或"1"性质的一组逻辑信号，从而判断保护是否应该启动。

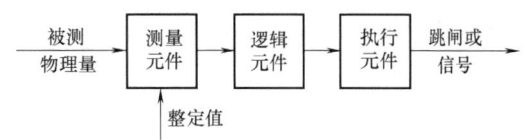

图 7-2　继电保护组成框图

2）逻辑元件：根据测量部分输出量的大小、性质、输出的逻辑状态、出现的顺序或它们的组合，使保护装置按一定的布尔逻辑及时序逻辑工作，最后确定是否应跳闸或发信号，并将有关命令传给执行元件。

逻辑回路主要有：或、与、非、延时启动、延时返回、记忆等。

3）执行元件：根据逻辑元件传送的信号，最后完成保护装置所担负的任务。如：故障时跳闸、不正常运行时发报警信号、正常运行时不动作。

三、对电力系统继电保护的基本要求

对动作于跳闸的继电保护，在技术上一般应满足四个基本要求：选择性、速动性、灵敏性、可靠性。动作于发信号的继电保护在速动性上的要求可以适当降低。

1. 选择性

选择性是指电力系统发生故障时，保护装置仅将故障元件切除，而使非故障元件仍能正常运行，以尽量缩小停电范围。

例如，在图 7-3 所示的电网接线中，当在 f 点短路时，应该由断路器 QF_3 和 QF_4 动作将故障线路切除。但是，在 f 点短路时，断路器 QF_1、QF_2 和 QF_3 所在处的电流互感器中流过的短路电流大小相等，因此，这三个断路器对应安装的继电保护装置应具有判断故障发生在 f 点所在线路上的能力，并且最后只有 QF_3 和 QF_4 断开，切除故障线路，而非故障部分继续运行。

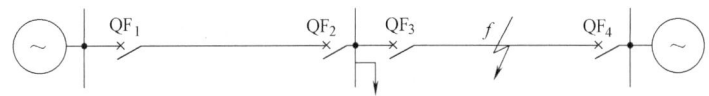

图 7-3　选择性切除故障示意图

2. 速动性

为了保证电力系统运行的稳定性和提高供电的可靠性，以及避免或减轻电气设备所遭受的损害，应力求系统出现故障后能快速切除故障。

一方面由于动作既快、选择性又好的保护装置往往比较复杂，价格较贵。另一方面，由于继电保护装置判断故障发生后，需要把小信号放大为大信号，而且断路器在接到跳闸信号到断路器触头分离、电弧熄灭也需要一定的时间。因此，对继电保护速动的要求，应根据电力系统的接线及被保护元件的具体情况来确定。一般对 220～500kV 的电网，要求动作时间为 0.04～0.1s；对 110kV 的电网，要求动作时间为 0.1～0.7s；对 35kV 及以下的电网，要求动作时间为 0.5～1.0s。

仅动作于信号的保护，例如过负荷保护，一般不要求快速动作，为了保证选择性，应带有若干秒的延时。

3. 灵敏性

指在规定的保护范围内，对故障情况的反应能力。满足灵敏性要求的保护装置应在保护区内发生故障时，不论短路点的位置与短路的类型如何，都能灵敏地正确地反应出来。它常用灵敏系数 k_{1m} 来衡量。

1）反映故障时数值增加而动作的保护装置，其灵敏系数为

$$k_{1m} = \frac{保护区末端金属性短路时故障参数的最小计算值}{保护装置的动作值} \tag{7-1}$$

2）反映故障时数值减小而动作的保护装置，其灵敏系数为

$$k_{1m} = \frac{保护装置的动作值}{保护区末端金属性短路时故障参数的最大计算值} \tag{7-2}$$

要求 $k_{1m} > 1$（一般为 1.2～2.0）。

4. 可靠性

指在保护范围内发生了属于它应该动作的故障，它就应可靠动作，即不发生拒绝动作（简称拒动）；而在不该动作时，它应可靠不动作，即不发生错误动作（简称误动）。一般来说，保护装置中组成元件的质量越高，接线越简单，回路中继电器接点的数量越少，保护装置工作就越可靠。同时，正确的整定计算和调整式样以及良好的运行维护和丰富的运行经验等，对于保护的可靠性也具有重要的作用。

上述四个基本要求是分析和研究继电保护性能的基础，在它们之间既有矛盾的一面，又有在一定条件下统一的一面。

第三节　电力设备的继电保护

一、输电线路的继电保护

由第五章的短路计算可知，当输电线路上发生短路故障时，故障线路上的电流增大、电压降低。对于双侧电源供电网或环网还会出现功率方向改变的现象，对于接地短路故障（两相短路接地和单相接地）还会有零序电流和零序电压出现。针对短路故障后，线路上出现的这些电气量的变化，可设置电流保护、距离保护、功率方向保护、纵联保护和零序电流保护等。

1. 相间短路的电流保护

电流保护是依据故障线路电流增大的特点设立的保护。按照动作电流整定的原则、保护动作时间、保护范围，电流保护可分为无时限电流速断保护（Ⅰ段电流保护）、带时限电流速断保护（Ⅱ段电流保护）和定时限过电流保护（Ⅲ段电流保护），一般情况下，线路保护

采用Ⅰ段和Ⅲ段电流保护。

（1）无时限电流速断保护 无时限电流速断保护（简称电流速断）是以动作电流大于保护范围外短路时的最大短路电流而获得选择性和速动性的一种电流保护，该保护在任何情况下只切除本线路上的故障。在图7-4所示的单侧电源供电网络中，断路器QF_1和QF_2上均装有无时限电流速断保护。当在B母线两侧的线路上f_1和f_2点分别发生短路时，由于这两点距离短，流过QF_1的短路电流相差无几，该处继电器1不能正确判断短路位置。从选择性上考虑当f_1点短路时，应只有QF_2动作，为了避免QF_1误动作，同时满足继电保护的快速性要求，QF_1处的无时限电流速断保护的保护范围不能达到线路l_1的全长，但保护范围不应小于线路全长的15%~20%。无时限电流速断保护可作为线路的主保护。

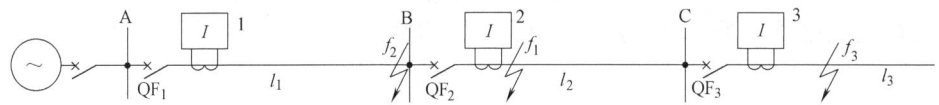

图7-4 电流保护动作原理

无时限电流速断保护的单相原理接线图如图7-5所示，因为电流继电器1的触点容量较小，不能直接用来接通断路器的跳闸线圈TQ回路，因此在电流继电器和跳闸线圈之间增加了一个中间继电器2。中间继电器除了起到扩大触点容量作用外，它还有一个0.06~0.08s的时间延时，避免装有管形避雷器的线路因避雷器放电而引起无时限电流速断保护的误动作。线路正常运行，断路器QF闭合，其辅助触点QF_1也闭合。此时，流过电流互感器TA的负荷电流小于电流继电器的动作电流，电流继电器常开触点断开，跳闸线圈不通电。当在保护范围内发生短路时，流过TA的电流大于电流继电器的动作值，电流继电器的常开触点闭合，中间继电器线圈通电，随后其触点闭合，信号继电器3的线圈通电，一方面信号继电器触点闭合，向值班人员发出报警信号；另一方面经过闭合的辅助触

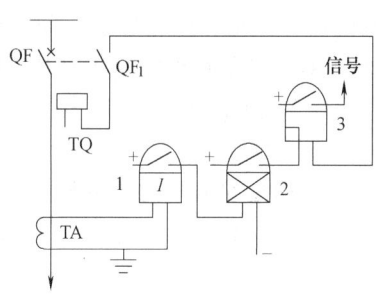

图7-5 电流速断保护原理接线图

点跳闸线圈被通电，断路器QF断开，将故障线路从运行中切除。

（2）带时限电流速断保护 带时限电流速断保护是针对无时限电流速断保护不能保护线路全长的缺点而提出的，设立该保护的目的是能保护线路的全长，具有足够的灵敏性，并且动作时限最小。

图7-4为带时限电流速断保护动作的原理接线图。由于要求带时限电流速断保护能保护线路全长，因此继电器1的保护范围必须延伸到下一线路l_2中，考虑到f_1点短路时只有断路器QF_2动作，而QF_1应不动作，以保证继电保护的选择性。同时，为实现保护的速动性，继电器1的带时限电流速断保护需要和下一段线路继电器2的无时限电流速断保护来配合。即，带时限电流速断保护的动作电流和动作时间均必须和相邻线路的无时限电流速断保护相配合。

如果f_2点短路，继电器1无时限电流速断保护拒动时，经过一个时限Δt（一般取为0.5s），继电器1带时限电流速断保护动作，将故障点f_2切除。可见，带时限电流速断保护

是本线路无时限电流速断保护的后备保护（简称近后备）。由此可见，当线路上装设了无时限电流速断保护和带时限电流速断保护后，可以保证全线路范围内的故障能够在0.5s内予以切除，构成了该线路的主保护。但是，当线路 l_2 上某处发生相间短路，继电器2无时限电流速断保护或 QF_2 拒动时，因短路点不一定属于继电器1带时限电流速断保护的保护范围，所以继电器1不一定动作，线路 l_1 的带时限电流速断保护对线路 l_2 不能实现远后备保护。

图7-6所示为带限时电流速断保护的单相原理接线图。它和无时限电流速断保护接线的主要区别是用时间继电器代替了原来的中间继电器，这样当电流继电器动作后，必须经过时间继电器的 Δt 延时之后才能动作于跳闸。如果在 Δt 还没达到之前，故障已经切除，则电流继电器立即返回，整个保护随即复归原状，而不会发生误动作。

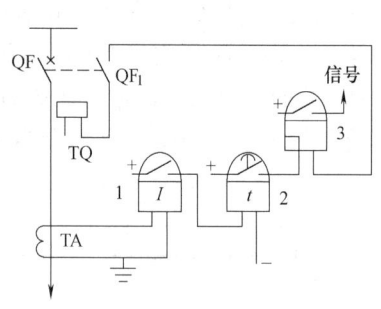

图7-6 带限时电流速断保护原理接线图

（3）定时限过电流保护 定时限过电流保护（简称过电流保护）的动作电流是按照躲过最大负荷电流来整定。该保护既是本线路主保护的近后备保护（保护本线路全长），又是相邻下一段线路的远后备保护（保护相邻线路全长）。

图7-4中，由于 f_3 点短路时流过各断路器的电流值相同，各继电器的定时限过电流保护均会起动，但为了保证选择性（只有 QF_3 动作），各过电流保护的动作时间不同。远离电源的过电流保护动作时间较短，而离电源近的动作时间较长，每段线路过电流保护动作时间相差 Δt，即定时限过电流保护动作时间按照逆向阶梯原则整定。

定时限过电流保护的原理接线与带限时电流速断保护的接线相同，只是时间继电器的延时时间不同而已。

2. 相间短路方向电流保护

上述的单侧电源供电网络中，电流保护的选择性是通过动作电流和动作时间的整定来保证的，但对于多电源所组成的复杂电网，只靠电流和时限的整定已经不能完全保证动作的选择性要求。

以图7-7所示的双侧电源供电网络为例，分析无时限电流速断保护和定时限过电流保护的动作行为。假设断路器 QF_2 和 QF_3 都设置了无时限电流速断保护，并且动作电流值之间的关系为 $I_{dz.2}^{I} > I_{dz.3}^{I}$，$f_1$ 点短路时流过断路器 QF_2、QF_3 和 QF_4 的电流相等并且大于 $I_{dz.3}^{I}$，显然此时 QF_3 会先于 QF_2 动作，使保护失去了选择性。另外，从定时限过电流保护的动作时限来分析，如果 $t_{dz.2}^{III} > t_{dz.3}^{III}$，当 f_1 点短路时 QF_3 也会误动作。QF_3 误动作时流过 QF_3 的短路电流由线路 l_2 流向母线B（如图中虚线所示）。但如果在 f_2 点发生短路，对于无时限电流速断保护，由于 $I_{dz.2}^{I} > I_{dz.3}^{I}$，$QF_3$ 先动作，将故障切除而 QF_2 不会误动，保证了选择性；对于定时限过电流保护，由于 $t_{dz.2}^{III} > t_{dz.3}^{III}$，也只有 QF_3 动作。此时流过 QF_3 的短路电流由母线B流向线路 l_2（如图中实线所示）。

从以上分析可见，为了保证选择性，应该在保护回路中除了有过电流保护元件外还需加设功率方向元件，构成方向性电流保护。以确保流过断路器的短路电流只有从母线流向线路侧（功率的正方向）时，才允许保护动作。

方向性过电流保护的原理接线图如图7-8所示。图中过电流继电器和功率方向继电器串

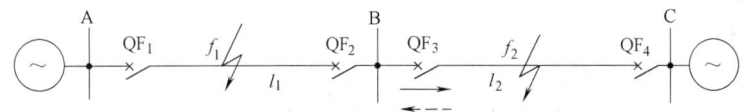

图 7-7 双侧电源供电网络不同点短路时的短路功率方向

联连接，只有同时满足短路电流值达到了电流继电器的动作电流值、短路电流方向由母线流向线路时断路器才会动作。

3. 接地短路的电流保护

接地故障是电力系统中架空线路上出现最多的一类故障，特别是单相接地故障约占所有故障的70%～80%。对于大电流接地系统中的单相接地短路用完全星形接线方式（三个电流互感器和三个电流继电器分别按相连接一起，并且互感器和继电器均接成星形），也可以起到保护的作用，

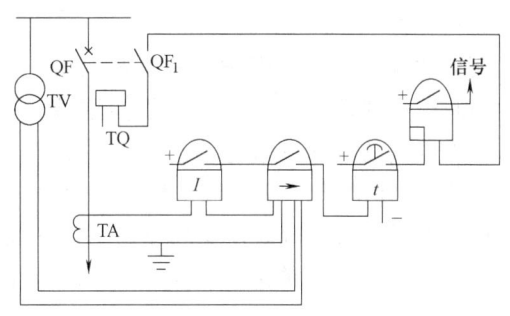

图 7-8 方向性电流保护的原理接线图

但灵敏度不高。为此，针对接地短路故障专门设置了接地电流保护。

当系统发生接地短路时，将出现较大的零序电流，而在正常运行情况下不存在该零序电流，为此利用零序电流来构成接地保护。

由第五章内的不对称短路分析可知，与正序参数相比，零序分量参数具有如下特点：

1) 故障点处的零序电压最高，系统中距离故障点越远处的零序电压越低，因此接地短路处不会存在电压死区问题。

2) 零序电流的方向是由线路流向母线的，与正序电流方向相反。

3) 在电力系统运行方式改变时，如果送电线路和中性点接地的变压器数目不变，零序阻抗和零序电路就基本保持不变。

因此，零序电流保护作为专门的接地保护具有灵敏性高、受运行方式影响小，在某些不正常运行状态（如系统振荡、短时过负荷等）不误动等优点。

与相间短路的电流保护相类似，零序电流保护也包括零序电流速断（电流Ⅰ段）保护、零序电流限时速断（零序Ⅱ段）保护、零序过电流（零序Ⅲ段）保护以及方向性零序电流保护。方向性零序电流速断保护的原理接线图如图7-9所示。

4. 距离保护

电力线路运行时，在线路首端安装的保护装置可测量到线路电流与母线电压值，测量阻抗定义为母线电压与线路电流的比值。正常运行时，线路电流为负荷电流，母线电压在线路额定电压值附近，测量阻抗由负荷的大小和线路的长短决定，此时测量阻抗一般较大；发生短路故障时，线路电流增大、母线电压下降，测量阻抗反应了短路点到保护安装点的线路距离，此时阻抗减小。利用正常运行时与故障时测量阻抗变化的特点设置了线路的距离保护。

与电流保护相比，距离保护是测量的阻抗值小于整定阻抗值而动作的一种欠量保护，而电流保护是过量保护；另外，距离保护受系统运行方式的影响小，因此广泛应用于110kV

及以上电压等级的电网中。

5. 纵联保护

前面提到的电流保护、距离保护等只能对整条线路的一部分实现无时限速断保护，而对于一些重要的线路需要实现全线的无时限速动保护，为此出现了输电线路的纵联保护。

所谓的输电线纵联保护，就是利用某种通道将输电线两端的保护装置纵向连接起来，将各端的电气量（电流、功率的方向等）传送到对端，将两端的电气量对比，以判断是否发生故障以及故障发生在本线路范围内还是范围外，从而决定是否切除被保护线路。理论上讲纵联保护具有绝对的选择性。按照通道的不同，纵联保护包括纵联差动保护和高频保护。

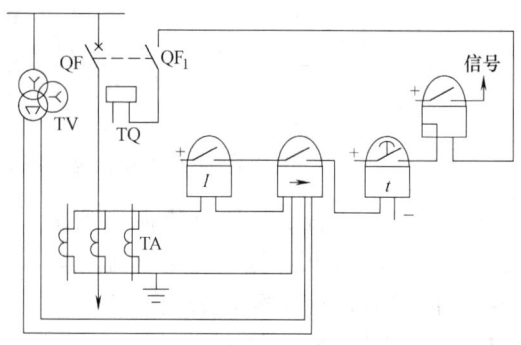

图 7-9　方向性零序电流速断保护的原理接线图

（1）纵联差动保护　纵联差动保护是最简单的一种利用辅助导线（也称导引线）作为通道的纵联保护，其基本工作原理接线图如图 7-10 所示。图中母线 M、N 侧两个电流互感器的特性和变比完全相同，互感器一次回路的正极性靠近母线侧，并且二次回路的同极性端子相连接，差动继电器并联接在电流互感器的二次端子上。

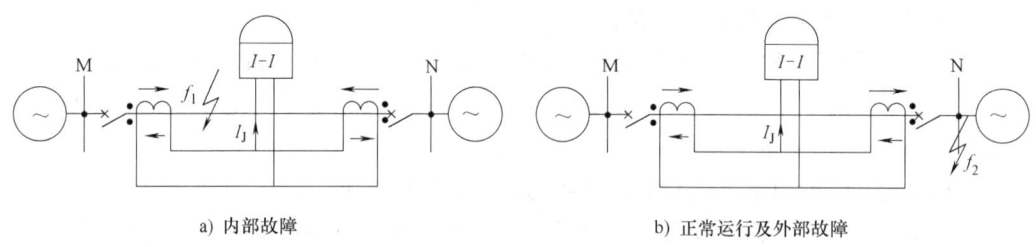

a) 内部故障　　　　　　　　　　b) 正常运行及外部故障

图 7-10　纵联差动保护的单相原理接线图

在被保护线路内部 f_1 点发生故障时，流入到差动继电器中的电流 $I_J \neq 0$，因此保护动作；而当正常运行及被保护线路外部 f_2 点发生故障时，流入到差动继电器的电流 $I_J = 0$，保护不动作。

（2）高频保护　高频保护是以输电线载波通道作为通信通道的纵联保护。根据工作原理的不同，高频保护分为方向高频保护和相差高频保护，方向高频保护是比较被保护线路两端的功率方向；而相差高频保护是比较两端电流的相位。以目前广泛应用的高频闭锁方向保护为例说明该种保护的工作原理，如图 7-11 所示。

在图 7-11 所示的系统接线中，正常运行时高频通道无信号，而在线路 BC 段内发生了短路故障时，则流过各保护的短路功率方向如图所示。此时，安装在 BC 两端的方向高频保护 3 和 4 的功率方向为正（功率方向由母线流向线路），两个保护都不发出高频闭锁信号，因而，在保护 3 和 4 启动后，即可瞬时动作，断开两端的断路器。但对于非故障线路 AB 和 CD，靠近故障点一端的保护 2 和 5 流过的功率方向为负（功率方向由线路流向母线），则该

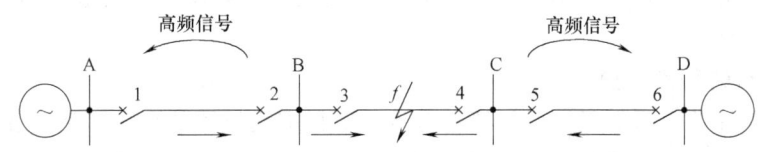

图 7-11　高频闭锁方向保护的工作原理

端保护发出高频闭锁信号。此信号一方面被自己的收信机接收,另一方面经过高频通道把信号传送到对端的保护 1 和 6,使得保护装置 1、2 和 5、6 都被高频信号闭锁,线路 AB 和 CD 不会被错误切除,从而保证了继电保护的选择性。

高频保护广泛应用于高压和超高压输电线路。

二、电力变压器保护

电力变压器是电力系统广泛使用且十分重要的电气设备。为保证电力变压器的安全和电力系统的稳定运行,在变压器上配置完善而可靠的保护是非常必要的。

变压器的故障分为油箱内故障和油箱外故障。油箱内故障包括绕组的相间短路、接地短路、匝间短路。油箱内部发生故障不仅会烧毁变压器,而且由于绝缘材料和油在电弧作用下急剧汽化,会引起变压器油箱爆炸。因此,对这些故障应该尽快切除。油箱外部故障有:套管或引出线上发生的相间短路和接地短路。

变压器的不正常运行状态主要包括由外部故障引起的过电流、过负荷、漏油引起的油面降低以及因外部过电压或低频率等引起的过励磁等。

根据上述故障和不正常运行状态,变压器通常应装设下列保护。

1. 气体保护

气体保护俗称瓦斯保护。对于油浸式变压器,当变压器油箱内部发生故障时,由于故障点电流和电弧的作用,将使变压器油和其他绝缘材料因局部受热而分解产生气体,因气体比较轻,它们将从油箱流向储油柜的上部。当故障严重时,变压器油会迅速膨胀并产生大量的气体,此时有大量的气体夹杂着油流冲向储油柜的上部。利用油箱内部故障时的这一特点,装设了反应箱内气体容量和流速的轻气体、重气体保护,轻气体保护动作于信号,重气体动作于跳开变压器各电源侧的断路器。气体保护中重要的元件气体继电器安装在油箱与储油柜之间的连接管道上,如图 7-12 所示。

2. 纵联差动保护或电流速断保护

对于变压器绕组、套管及引出线上的故障应按变压器的容量及实际运行条件装设纵联差动保护和电流速断保护。

对于并列运行的容量为 6300kV·A 及以上的变压器、单独运行的容量为 10000kV·A 以上的变压器采用纵联差动保护;对于容量在 10000kV·A 以下的变压器,并且过电流保护的时限大于 0.5s 时,采用

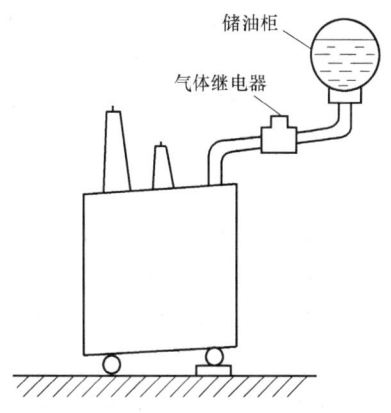

图 7-12　气体继电器安装示意图

电流速断保护；对于2000kV·A以上的变压器，当电流速断保护的灵敏性不能满足要求时，也应装设纵联差动保护。

3. 相间短路的后备保护

对于变压器外部短路引起的变压器过电流，应根据变压器的容量和类型装设相应的保护作为气体保护和纵联差动保护（或电流速断保护）的后备保护以及相邻元件的后备保护，如过电流保护、复合电压启动的过电流保护、负序电流保护、单相式低电压启动的过电流保护和低阻抗保护等。其中，过电流保护用于降压变压器；复合电压启动的过电流保护用于升压变压器、系统联络变压器或过电流保护不满足灵敏性要求的降压变压器；负序电流保护和单相式低电压启动的过电流保护用于大容量的升压变压器；低阻抗保护用于超高压系统联络变压器。

4. 接地保护

在中性点直接接地系统中接地保护用来反应变压器高压绕组引出线和相邻线路的接地短路。若变压器的中性点直接接地运行，应装零序电流保护。若低压侧有电源且中性点可能接地运行也可能不接地运行的变压器，应根据变压器的绝缘情况装设不同时限的零序电流保护、零序过电压保护。

5. 过负荷保护

过负荷保护用来反应变压器的对称过负荷。过负荷保护接在单相电流上，并延时作用于信号。对于无经常值班人员的变电所，必要时过负荷保护可动作于自动减负荷或跳闸。

6. 过励磁保护

高压侧电压为550kV及以上的变压器，对于频率降低和电压升高引起的变压器励磁电流的升高，应装设过励磁保护。在变压器允许的过励磁范围内，保护作用于信号，当过励磁超过允许值时，可动作于跳闸。

7. 其他保护

对于变压器温度过高、油箱内压力过高或冷却系统的故障，均应装设相应的保护以动作于信号或跳闸。

三、发电机保护

同步发电机是电力系统最重要的组成元件，它的安全可靠运行对保证电力系统运行的稳定性、用户供电的连续性及电能质量等起着决定性的作用。同时，发电机本身也是十分贵重的电气元件，因此应装设性能完善的继电保护装置。

发电机常见的故障类型主要有：定子绕组的相间短路、定子绕组匝间短路、定子绕组单相接地、励磁回路一点或两点接地、励磁回路励磁电流消失。

发电机的不正常运行状态主要有：外部短路引起的定子绕组过电流、超过发电机额定容量运行引起的三相过负荷、外部不对称故障或不对称负荷引起的负序过电流或过负荷、突然甩负荷引起的定子绕组过电压、汽轮机主汽门突然关闭引起的逆功率运行等。

针对发电机的各种不同故障和不正常运行状态，发电机主要保护配置如下：

1）定子绕组及其引出线上的相间短路，一般采用纵联差动保护，对于容量在1MW以下的发电机，根据具体情况可采用电流速断保护。

2）定子绕组的匝间短路，当绕组接成星形且每相中有引出的并联支路时，可装设单继电器的横联差动保护。

3) 定子绕组单相接地故障，当发电机单相接地电流大于或等于5A时，装设动作于跳闸的零序电流保护；当接地电容电流小于5A时，装设动作于信号的接地保护；对于容量在100MW及以上的发电机，装设保护区为100%的定子接地保护。

4) 发电机外部短路引起的过电流，可采用与变压器相同的后备保护，如过电流保护、负荷电压启动的过电流保护、单相式低电压启动的过电流保护和负序过电流保护。

5) 励磁回路一点和两点接地故障，对于容量在1MW以上的水轮发电机，应装设励磁回路一点接地保护；容量在100MW及以上的汽轮发电机，应装设励磁回路一点接地保护，并在检出励磁回路一点接地后再投入两点接地保护。

6) 发电机出现低励磁或失去励磁后，电网相应的无功功率备用不足，将破坏电力系统的稳定运行，威胁发电机本身的安全，因此需要对发电机进行失磁保护。对于采用半导体励磁系统和容量在100MW及以上的发电机，应装设反应失磁时电气参数变化的专用失磁保护。

7) 对称过负荷或不对称过负荷（单相负荷、非全相运行）引起的发电机定子绕组过电流，可采用接于一相电流的过负荷保护和负序过电流保护。

8) 当运行的发电机突然甩负荷或者带时限切除发电机较近的外部故障时，由于转子旋转速度的增加以及强行励磁装置动作等原因，造成发电机端电压将升高。因此，在水轮发电机及大容量汽轮发电机上，应装设带有延时的过电压保护。已经装设有过励磁保护的发电机，可不再装设过电压保护。

9) 对于汽轮发电机主汽门突然关闭，为防止汽轮机遭受损坏，对大容量的发电机宜装设逆功率保护。

10) 其他保护。当发电机在低频运行时，汽轮机将产生机械振动，汽轮机叶片损伤严重，对汽轮机危害很大，因此大型汽轮发电机，应装设低频保护；当电力系统振荡影响机组安全运行时，容量在300MW及以上的发电机应装设失步保护等。

为了快速消除发电机内部的故障，在保护动作于发电机断路器跳闸的同时，还必须动作于自动灭磁开关，断开发电机励磁回路，以保证转子回路电流不会在定子绕组中再产生感应电动势，继续提供短路电流。

四、母线保护

母线是发电厂、变电所中用于线路、变压器等电气设备之间连接并用于电能分配的元件。如果母线发生故障，与其相连的其他相关设备将不能保持正常运行。

对于35kV及以下电压等级的母线一般不设置专用的母线保护，而利用其电源侧其他设备的继电保护提供保护。

对于110kV及以上的双母线、分段单母线、重要发电厂或变电所35kV及以上单母线，应装设专用的母线差动保护。

第四节　电力系统自动装置

为了保证安全、可靠、优质、经济地发电、输电和分配电能以及提高事故的处理能力，在电力系统内配置了自动装置来完成对电力系统及设备的操作、控制、保护和监视。

电力系统自动装置包括备用电源和备用设备的自动投入、输电线路自动重合闸、同步发电机自动并列、同步发电机自动励磁调节及强行励磁、自动低频减负荷、电力系统频率和有功功率的自动调节、故障录波装置和自动解列等。

备用电源和备用设备的自动投入、输电线路自动重合闸，与继电保护配合可提高供电的可靠性；同步发电机的自动并列装置既可保证同步发电机并列操作的正确性和安全性，同时又加快了发电机的并列过程；同步发电机励磁自动调节和强行励磁装置既可保证系统电压水平，又提高了系统的稳定性并加快故障切除后电压的恢复；按频率自动减负荷装置，可防止电力系统因事故发生功率缺额时，频率的过度降低，保证了电力系统的稳定运行和重要负荷的正常工作；电力系统频率及有功功率的自动调节装置可保证电力系统正常运行时有功功率的自动平衡，使系统频率在规定范围内变动，保证电能质量，同时又可使有功功率在并联运行机组间合理分配，提高了系统运行的经济性；自动解列装置可防止系统稳定破坏时引起系统长期大面积停电和对重要地区的破坏性停电。这些自动装置对保证电力系统安全运行，提高供电可靠性具有重要作用。

一、同步发电机的自动并列装置

1. 同步发电机的并列方法

电力系统中的负荷是随机变化的，为保证电能质量，需要经常将发电机投入和退出运行；另外，当系统发生某些事故时，也常要求将备用发电机组迅速投入运行。在上述情况下，把一台空载运行的发电机经过必要的调节，在满足并列运行的条件下经断路器操作与系统并列，这种操作过程称为同步发电机的并列操作。同步发电机的并列操作是发电厂中一项重要的操作，如操作不当将产生很大的冲击电流，严重时会损坏发电机并引起系统电压波动，可能导致系统振荡，破坏电力系统稳定运行。因此，同步发电机组在并列时应使冲击电流尽可能小，并且发电机组并入电网后，能迅速进入同步运行状态，以减小对电力系统的扰动。

同步发电机的并列操作方法可分为准同期并列和自同期并列两种。

准同期并列是指先给待并网发电机加上励磁，使其建立起电压，再调整发电机的电压和频率，当符合同步条件时，合上并列断路器，将发电机并入系统。

自同期并列是将未励磁、转速接近同步转速的发电机投入系统，随后给发电机励磁，在原动机转矩和同步力矩的共同作用下将发电机牵入同步，完成并列操作。

准同期并列时冲击电流比较小，不会使系统电压下降，并列后容易牵入同步；其不足是并列时间长、操作复杂，另外，如果合闸时刻不准确可能造成非同步合闸。自同期并列的最大优点是不需要调整发电机的电压和频率，并列时间短、操作简单；但由于发电机未励磁，并列时会从系统吸收大量无功造成系统电压下降，同时产生很大的冲击电流。所以，准同期并列是发电机主要的并列方式，在系统中应用较为普遍；在电力系统故障情况下，有些水轮发电机可以采用自同期并列方式。

2. 准同期并列的条件

发电机以准同期的方式并网时，必须对发电机进行适当的调整，使其满足一定的条件时才能进行并列操作。发电机并列应遵循的原则如下：

1)并列瞬间,发电机的冲击电流尽可能小,不应超过允许值。
2)并列后,发电机应能迅速进入同步运行,暂态过程要短。

图 7-13 所示系统实现发电机并列。在断路器 QF 合闸瞬间,发电机电压 $\dot{U}_G$ 和系统侧电压 $\dot{U}_S$ 满足三个条件:幅值相等、频率相等、相位相同,即 $\dot{U}_G = \dot{U}_S$,$f_G = f_S$,则不会产生冲击电流,这就是理想的准同期并列条件。实际上发电机并列时,这三个条件很难同时满足,一般实际并列要求为:电压幅值差不应超过额定电压的 5% ~ 10%,相位差不应超过 5°,频率差不超过额定频率的 0.2% ~ 0.5%(对工频 50Hz 频差为 0.1 ~ 0.25Hz)。

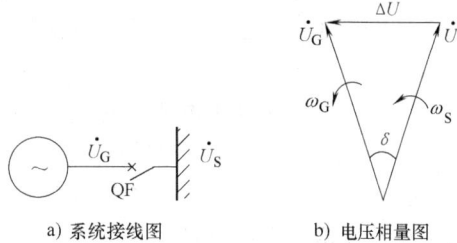

图 7-13 发电机与系统并列示意图

3. 准同期并列装置的构成

准同期并列装置主要由频率差控制单元、电压差控制单元和合闸信号控制单元三部分构成,如图 7-14 所示。

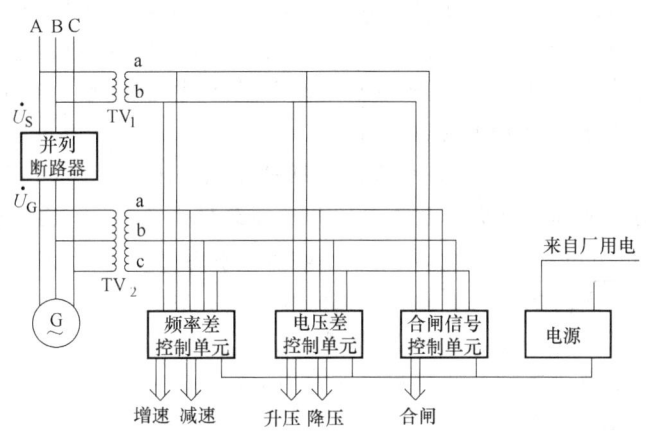

图 7-14 准同期并列装置的组成

1)频率差控制单元:其作用是检测发电机电压 $\dot{U}_G$ 与系统电压 $\dot{U}_S$ 间的转差角频率 ω_d,调节发电机的转速,使待并发电机的频率接近于系统频率。

2)电压差控制单元:其功能主要是检测发电机与系统间的电压差 ΔU、调节发电机电压,使之与系统电压间的差值小于规定允许值,以使发电机满足并列条件。

3)合闸信号控制单元:其功能是检查并列条件,当待并发电机的频率与电压都满足并列要求时,选择适当的时间发出合闸信号,使并列断路器主触头接通时,相位差 δ 接近于零或控制在允许的范围内。

在准同期并列装置中,合闸信号的控制是整个装置的核心,其控制原则是在电压差和频率差都满足并列条件的情况下,适时发出合闸信号,使断路器触头在 δ = 0 时闭合。由于并列装置合闸出口继电器具有一定的动作时间 t_c,以及断路器存在固有的合闸时间 t_{QF},因此,若要在 δ = 0 的瞬间断路器触头刚好闭合,就必须在此之前发出合闸信号。

二、同步发电机的自动励磁调节装置

同步发电机将机械能转换成电能过程中需要一个直流磁场，产生这个磁场的直流电流称为同步发电机的励磁电流。专门为同步发电机提供励磁电流的相关设备，构成了同步发电机的励磁系统。在电力系统的运行中，同步发电机的励磁电流是建立电力系统电压的唯一资源，所以同步发电机的励磁特性对电力系统的运行电压，无论在正常情况下还是事故情况下，都是十分重要的。为了改善电力系统电压的运行质量，提高其在反事故中的能力，必须在励磁系统中增设性能优良的自动励磁调节装置。

1. 自动励磁调节装置的作用

自动励磁调节装置在电力系统中的主要作用如下：

1）维持电压水平。当系统正常运行，发电机无功负荷变化时，机端电压随之会发生相应的改变，此时，该设备能自动调节所需的励磁电流以维持发电机机端或系统某点的电压水平。

2）合理分配无功功率。在并联运行的发电机中改变其中一台发电机的励磁电流，不但影响该发电机的电压和无功功率，而且也将影响与之并联运行的其他机组输出的无功功率。因此，自动励磁调节装置在并联运行的机组间，起着合理分配无功负荷的作用。

3）提高系统运行的稳定性。由前一章电力系统稳定性知识可知，电力系统稳定性与发电机空载电动势 E_q 有关，而 E_q 是发电机励磁电流 I_{EF} 的函数。因此，自动励磁调节装置通过改变励磁电流，从而改变 E_q 来改善系统稳定性。

4）改善系统的运行条件。当电力系统由于某种原因，出现短时低电压时，自动励磁调节装置可以大幅度地增加励磁以提高系统电压，从而改善系统的运行条件。

5）对水轮发电机组可实行强行减磁。当水轮发电机组发生故障突然跳闸时，由于水轮机组的调速系统具有较大的惯性，不能迅速关闭导水叶，因此会使转速急剧上升。如果不采取措施迅速降低发电机的励磁电流，则发电机电压有可能升高到危及定子绝缘的程度，所以，在这种情况下，要求自动励磁调节装置能实现强行减磁。

2. 自动励磁调节装置的构成

同步发电机自动励磁调节装置由励磁功率单元和励磁调节器两部分组成。励磁功率单元向同步发电机的转子提供直流电流，即励磁电流；励磁调节器根据输入信号和给定的调节准则控制励磁功率单元的输出。整个自动励磁控制系统是由励磁调节器、励磁功率单元和发电机构成的一个反馈控制系统，如图 7-15 所示。

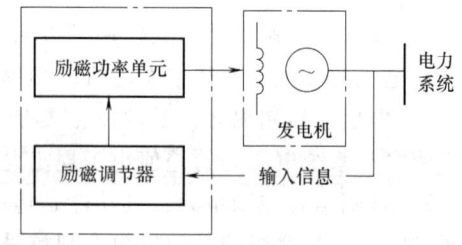

图 7-15 自动励磁调节装置的组成

三、输电线路自动重合闸装置

在电力系统的线路故障中，架空线路故障大部分都是瞬时性故障。例如，由雷电引起的绝缘子表面闪络、大风引起的碰线、通过鸟类以及树枝等物掉落在导线上引起的短路等，当线路被断路器迅速断开以后，电弧自行熄灭，故障点的绝缘强度重新恢复，外界物体（如树枝、鸟类等）也被电弧烧掉而消失，故障也随之解除，因此，称这类故障是瞬时性故障。对于瞬时性故障，如果断路器断开，故障解除后，把断开的线路断路器再重新闭合，线路就能够恢复正常的供电，提高供电的可靠性。除此之外，也有永久性故障。例如由于线路倒杆、断线、绝缘子击穿或损坏等引起的故障，在线路被断开之后，它们仍然是存在的。这时，即使再合上电源，由于故障仍然存在，线路还要被继电保护再次断开，因而就不能恢复正常的供电。

由于输电线路上的故障具有以上的性质，因此，在线路被断开以后再进行一次合闸，就能在多数情况下重合成功，从而提高了供电的可靠性。为此在电力系统中采用了自动重合闸装置。

在线路上装设重合闸以后，不论是瞬时性故障还是永久性故障，都必须完成一次重合。因此，在重合以后可能成功（指恢复供电不再断开），也可能不成功（永久性故障，重合后保护再次动作跳闸，不再重合）。用重合成功的次数与总动作次数之比来表示重合闸的成功率。根据运行资料的统计，成功率一般在60%~90%之间。

以前的重合闸装置，由于电磁式保护制造水平有限，功能不够完善，因此，当发生单相接地故障时，只能靠零序电流保护动作起动重合闸，经重合闸选相跳闸。所以，重合闸装置中设置有选相元件。目前的微机保护中已经有了功能完善的接地阻抗元件，发生接地故障时，保护可以正确判断故障，直接跳闸。因此，现在的重合闸装置不设置选相元件。

对自动重合闸装置的基本要求：

1）在下列情况下，自动重合闸装置应闭锁不动作：

① 手动操作将断路器跳闸，此时自动重合闸不应动作。

② 手动投入断路器，而合闸于故障线路上，随即继电保护动作将断路器跳开，此时自动重合闸不应动作。

③ 当断路器处于不正常状态，如操作机构的气压或液压低时，不允许自动重合闸动作。

2）当断路器由继电保护动作或其他原因跳闸时，重合闸应动作，使断路器重新合闸。

3）自动重合闸的动作次数应符合预先的规定。如一次重合闸就只应该动作一次，当重合于永久性故障而再次跳闸后，就不应该再重合。

4）自动重合闸装置在动作以后，应能自动恢复，准备好下一次再动作。

5）自动重合闸装置应与继电保护相配合，可实现在重合闸之前（称为前加速）或重合闸之后（称为后加速）加速继电保护动作的功能，以便能尽快切除故障。

6）在两端供电的线路上采用自动重合闸装置时，应考虑合闸的同步问题。

本 章 小 结

本章首先介绍了电力系统的三种运行状态：正常运行状态、事故运行状态和事故后运行状态，为了保证电力系统能安全可靠运行，采用自动控制实现对电力系统设备的监测、控制和操作。

接着介绍了电力系统继电保护的工作原理、作用和要求，并概述了输电线路所设置的反应相间短路故障的三段式电流保护（无时限电流速断保护、带时限电流速断保护和定时限过电流保护）和方向性电流保护、反应接地故障的零序电流保护，以及距离保护和能对全线路实现速动的纵联保护（差动保护、高频保护）；介绍了针对变压器和发电机故障及不正常运行状态采用的各种保护。

最后对电力系统的自动并列装置、自动励磁调节装置和自动重合闸装置进行了介绍。

复习思考题

7-1 电力系统运行状态有哪几种？

7-2 电力系统继电保护的作用和要求分别是什么？

7-3 输电线路反应相间短路故障的三段式电流保护分别是什么？各自的特点有哪些？

7-4 电流速断保护接线中中间继电器的作用是什么？

7-5 何谓方向电流保护中的正方向和反方向？

7-6 方向电流保护中的方向元件选用的是何种继电器？

7-7 反应输电线路接地故障采用的是哪种保护，其特点是什么？

7-8 反应变压器油箱内部故障的继电保护有哪些？

7-9 简述变压器和发电机的故障类型和不正常运行状态。

附 录

短路电流周期分量计算曲线数字表

附表 1　水轮发电机计算曲线数字表

X_c	t/s										
	0.1	0.01	0.06	0.1	0.2	0.4	0.5	0.6	1	2	4
0.18	6.127	5.695	4.623	4.331	4.100	3.933	3.867	3.807	3.605	3.300	3.081
0.20	5.526	5.184	4.297	4.045	3.856	3.754	3.716	3.681	3.563	3.378	3.234
0.22	5.055	4.767	4.026	3.806	3.633	3.556	3.531	3.508	3.430	3.302	3.191
0.24	4.647	4.402	3.764	3.575	3.433	3.378	3.363	3.348	3.300	3.220	3.151
0.26	2.29	4.083	3.538	3.375	3.253	3.216	3.208	3.200	3.174	3.133	3.098
0.28	3.993	3.816	3.343	3.200	3.096	3.073	3.070	3.067	3.060	3.049	3.043
0.30	3.727	3.574	3.163	3.039	2.950	2.938	2.940	2.943	2.952	2.970	2.993
0.32	3.494	3.360	3.001	2.892	2.817	2.815	2.822	2.828	2.851	2.896	2.943
0.34	3.285	3.168	2.851	2.755	2.692	2.699	2.709	2.719	2.754	2.820	2.891
0.36	3.095	2.991	2.712	2.627	2.574	2.589	2.602	2.614	2.660	2.745	2.837
0.38	2.922	2.831	2.583	2.508	2.464	2.484	2.500	2.515	2.569	2.671	2.782
0.40	2.767	2.685	2.464	2.398	3.361	2.388	2.405	2.422	2.484	2.600	2.728
0.42	2.627	2.554	2.356	2.297	2.267	2.297	2.317	2.336	2.404	2.532	2.675
0.44	2.500	2.434	2.256	2.204	2.179	2.214	2.235	2.255	2.329	2.467	2.624
0.46	2.385	2.325	2.164	2.117	2.098	2.136	2.158	2.180	2.258	2.406	2.575
0.48	2.280	2.225	2.079	2.038	2.023	2.064	2.087	2.110	2.192	2.348	2.527
0.50	2.183	2.134	2.001	1.964	1.953	1.996	2.021	2.044	2.130	2.293	2.482
0.52	2.095	2.050	1.928	1.895	1.887	1.933	1.958	1.983	2.071	2.241	2.438
0.54	2.013	1.972	1.861	1.831	1.826	1.874	1.900	1.925	2.015	2.191	2.396
0.56	1.938	1.899	1.798	1.771	1.769	1.818	1.845	1.870	1.963	2.143	2.355
0.60	1.802	1.770	1.683	1.662	1.665	1.717	1.744	1.770	1.866	2.054	2.263
0.65	1.658	1.630	1.559	1.543	1.550	1.605	1.633	1.660	1.759	1.950	2.137
0.70	1.534	1.511	1.452	1.440	1.451	1.507	1.535	1.562	1.663	1.846	1.964
0.75	1.428	1.408	1.358	1.349	1.363	1.420	1.449	1.476	1.578	1.741	1.794
0.80	1.336	1.318	1.276	1.270	1.286	1.343	1.372	1.400	1.498	1.620	1.642
0.85	1.254	1.239	1.203	1.199	1.217	1.274	1.303	1.331	1.432	1.507	1.513
0.90	1.182	1.169	1.138	1.135	1.155	1.212	1.241	1.268	1.352	1.403	1.403
0.95	1.118	1.106	1.080	1.078	1.099	1.156	1.185	1.210	1.282	1.308	1.308
1.00	1.061	1.050	1.027	1.022	1.048	1.105	1.132	1.156	1.211	1.225	1.225
1.05	1.009	0.999	0.979	0.980	1.002	1.058	1.084	1.105	1.146	1.152	1.152
1.10	0.962	0.953	0.936	0.937	0.959	1.015	1.038	1.057	1.085	1.087	1.087
1.15	0.919	0.911	0.896	0.898	0.920	0.974	0.995	1.011	1.029	1.029	1.029
1.20	0.880	0.872	0.859	0.862	0.885	0.936	0.955	0.966	0.977	0.977	0.977
1.25	0.843	0.837	0.825	0.829	0.852	0.900	0.916	0.923	0.930	0.930	0.930
1.30	0.810	0.804	0.794	0.798	0.821	0.866	0.878	0.884	0.888	0.888	0.888
1.35	0.780	0.774	0.765	0.769	0.792	0.834	0.843	0.847	0.849	0.849	0.849
1.40	0.751	0.746	0.738	0.743	0.766	0.803	0.810	0.812	0.813	0.813	0.813

（续）

X_c	t/s										
	0.1	0.01	0.06	0.1	0.2	0.4	0.5	0.6	1	2	4
1.45	0.725	0.720	0.713	0.718	0.740	0.774	0.778	0.780	0.780	0.780	0.780
1.50	0.700	0.696	0.690	0.695	0.717	0.746	0.749	0.750	0.750	0.750	0.750
1.55	0.677	0.673	0.668	0.673	0.694	0.719	0.722	0.722	0.722	0.722	0.722
1.60	0.655	0.652	0.647	0.653	0.673	0.694	0.696	0.696	0.696	0.696	0.696
1.65	0.635	0.632	0.628	0.633	0.653	0.671	0.672	0.672	0.672	0.672	0.672
1.70	0.616	0.613	0.610	0.615	0.634	0.649	0.649	0.649	0.649	0.649	0.649
1.75	0.598	0.595	0.592	0.598	0.616	0.628	0.628	0.628	0.628	0.628	0.628
1.80	0.581	0.578	0.576	0.582	0.599	0.608	0.608	0.608	0.608	0.608	0.608
1.85	0.565	0.563	0.561	0.566	0.582	0.590	0.590	0.590	0.590	0.590	0.590
1.90	0.550	0.548	0.546	0.552	0.566	0.572	0.572	0.572	0.572	0.572	0.572
1.95	0.536	0.533	0.532	0.538	0.551	0.556	0.556	0.556	0.556	0.556	0.556
2.00	0.522	0.520	0.519	0.524	0.537	0.540	0.540	0.540	0.540	0.540	0.540
2.05	0.509	0.507	0.507	0.512	0.523	0.525	0.525	0.525	0.525	0.525	0.525
2.10	0.497	0.495	0.495	0.500	0.510	0.512	0.512	0.512	0.512	0.512	0.512
2.15	0.485	0.483	0.483	0.488	0.497	0.498	0.498	0.498	0.498	0.498	0.498
2.20	0.474	0.472	0.472	0.477	0.485	0.486	0.486	0.486	0.486	0.486	0.486
2.25	0.463	0.462	0.462	0.466	0.473	0.474	0.474	0.474	0.474	0.474	0.474
2.30	0.453	0.452	0.452	0.456	0.462	0.462	0.462	0.462	0.462	0.462	0.462
2.35	0.443	0.442	0.442	0.446	0.452	0.452	0.452	0.452	0.452	0.452	0.452
2.40	0.434	0.433	0.433	0.436	0.441	0.441	0.441	0.441	0.441	0.441	0.441
2.45	0.425	0.424	0.424	0.427	0.431	0.431	0.431	0.431	0.431	0.431	0.431
2.50	0.416	0.415	0.415	0.419	0.422	0.422	0.422	0.422	0.422	0.422	0.422
2.55	0.408	0.407	0.407	0.410	0.413	0.413	0.413	0.413	0.413	0.413	0.413
2.60	0.400	0.399	0.399	0.402	0.404	0.404	0.404	0.404	0.404	0.404	0.404
2.65	0.392	0.391	0.392	0.394	0.396	0.396	0.396	0.396	0.396	0.396	0.396
2.70	0.385	0.384	0.384	0.387	0.388	0.388	0.388	0.388	0.388	0.388	0.388
2.75	0.378	0.377	0.377	0.379	0.380	0.380	0.380	0.380	0.380	0.380	0.380
2.80	0.371	0.370	0.370	0.372	0.373	0.373	0.373	0.373	0.373	0.373	0.373
2.85	0.364	0.363	0.364	0.365	0.366	0.366	0.366	0.366	0.366	0.366	0.366
2.90	0.358	0.357	0.357	0.359	0.359	0.359	0.359	0.359	0.359	0.359	0.359
2.95	0.351	0.351	0.351	0.352	0.353	0.353	0.353	0.353	0.353	0.353	0.353
3.00	0.345	0.345	0.345	0.346	0.346	0.346	0.346	0.346	0.346	0.346	0.346
3.05	0.339	0.339	0.339	0.340	0.340	0.340	0.340	0.340	0.340	0.340	0.340
3.10	0.334	0.333	0.333	0.334	0.334	0.334	0.334	0.334	0.334	0.334	0.334
3.15	0.328	0.328	0.328	0.329	0.329	0.329	0.329	0.329	0.329	0.329	0.329
3.20	0.323	0.322	0.322	0.323	0.323	0.323	0.323	0.323	0.323	0.323	0.323
3.25	0.317	0.317	0.317	0.318	0.318	0.318	0.318	0.318	0.318	0.318	0.318
3.30	0.312	0.312	0.312	0.313	0.313	0.313	0.313	0.313	0.313	0.313	0.313
3.35	0.307	0.307	0.307	0.308	0.308	0.308	0.308	0.308	0.308	0.308	0.308
3.40	0.303	0.302	0.302	0.303	0.303	0.303	0.303	0.303	0.303	0.303	0.303
3.45	0.298	0.298	0.298	0.298	0.298	0.298	0.298	0.298	0.298	0.298	0.298

附表 2 汽轮发电机计算曲线数字表

X_c	t/s										
	0	0.01	0.06	0.1	0.2	0.4	0.5	0.6	1	2	4
0.12	8.963	8.603	7.186	6.400	5.220	4.252	4.006	3.821	3.344	2.795	2.512
0.14	7.718	7.467	6.441	5.839	4.878	4.040	3.829	3.673	3.280	2.808	2.526
0.16	6.763	6.545	5.660	5.146	4.336	3.649	3.481	3.359	3.060	2.706	2.490
0.18	6.020	5.844	5.122	4.697	4.016	3.429	3.288	3.186	2.944	2.659	2.476
0.20	5.432	5.280	4.661	4.297	3.715	3.217	3.099	3.016	2.825	2.607	2.462
0.22	4.938	4.813	4.296	3.988	3.487	3.052	2.951	2.882	2.729	2.561	2.444
0.24	4.526	4.421	3.984	3.721	3.286	2.904	2.816	2.758	2.638	2.515	2.425
0.26	4.178	4.088	3.714	3.486	3.106	2.769	2.693	2.644	2.551	2.467	2.404
0.28	3.872	3.705	3.472	3.274	2.939	2.641	2.575	2.534	2.464	2.415	2.378
0.30	3.603	3.536	3.255	3.081	2.785	2.520	2.463	2.429	2.379	2.360	2.347
0.32	3.368	3.310	3.063	2.909	2.646	2.410	2.360	2.332	2.299	2.306	2.316
0.34	3.159	3.108	2.891	2.754	2.519	2.308	2.264	2.241	2.222	2.252	2.283
0.36	2.975	2.930	2.736	2.614	2.403	2.213	2.175	2.156	2.149	2.109	2.250
0.38	2.811	2.770	2.597	2.487	2.297	2.126	2.093	2.077	2.081	2.148	2.217
0.40	2.664	2.628	2.471	2.372	2.199	2.045	2.017	2.004	2.017	2.099	2.184
0.42	2.531	2.499	2.357	2.267	2.110	1.970	1.946	1.936	1.956	2.052	2.151
0.44	2.411	2.382	2.253	2.170	2.027	1.900	1.879	1.872	1.899	2.006	2.119
0.46	2.302	2.275	2.157	2.082	1.950	1.835	1.817	1.812	1.845	1.963	2.088
0.48	2.203	2.178	2.069	2.000	1.879	1.774	1.759	1.756	1.794	1.921	2.057
0.50	2.111	2.088	1.988	1.924	1.813	1.717	1.704	1.703	1.746	1.880	2.027
0.55	1.913	1.894	1.810	1.757	1.665	1.589	1.581	1.583	1.635	1.785	1.953
0.60	1.748	1.732	1.662	1.617	1.539	1.478	1.474	1.479	1.538	1.699	1.884
0.65	1.610	1.596	1.535	1.497	1.431	1.382	1.381	1.388	1.452	1.621	1.819
0.70	1.492	1.479	1.426	1.393	1.336	1.297	1.298	1.307	1.375	1.549	1.734
0.75	1.390	1.379	1.332	1.302	1.253	1.221	1.225	1.235	1.305	1.484	1.596
0.80	1.301	1.291	1.249	1.223	1.179	1.154	1.159	1.171	1.243	1.424	1.474
0.85	1.222	1.214	1.176	1.152	1.114	1.094	1.100	1.112	1.186	1.358	1.370
0.90	1.153	1.145	1.110	1.089	1.055	1.039	1.047	1.00	1.134	1.279	1.279
0.95	1.091	1.084	1.052	1.032	1.002	0.990	0.998	1.012	1.087	1.200	1.200
1.00	1.035	1.028	0.999	0.981	0.954	0.945	0.954	0.968	1.043	1.129	1.129
1.05	0.985	0.979	0.952	0.935	0.910	0.904	0.914	0.928	1.003	1.067	1.067
1.10	0.940	0.934	0.908	0.893	0.870	0.866	0.876	0.891	0.966	1.011	1.011
1.15	0.898	0.892	0.869	0.854	0.833	0.832	0.842	0.857	0.932	0.961	0.961
1.20	0.860	0.855	0.832	0.819	0.800	0.800	0.811	0.825	0.898	0.915	0.915
1.25	0.825	0.820	0.799	0.786	0.769	0.770	0.781	0.796	0.864	0.874	0.874
1.30	0.793	0.788	0.768	0.756	0.740	0.743	0.754	0.769	0.831	0.836	0.836
1.35	0.763	0.758	0.739	0.728	0.713	0.717	0.728	0.743	0.800	0.802	0.802
1.40	0.735	0.731	0.713	0.703	0.688	0.693	0.705	0.720	0.769	0.770	0.770
1.45	0.710	0.705	0.688	0.678	0.665	0.671	0.682	0.697	0.740	0.740	0.740
1.50	0.686	0.682	0.665	0.656	0.644	0.650	0.662	0.676	0.713	0.713	0.713

(续)

X_c	t/s										
	0	0.01	0.06	0.1	0.2	0.4	0.5	0.6	1	2	4
1.55	0.663	0.659	0.644	0.635	0.623	0.630	0.642	0.657	0.687	0.687	0.687
1.60	0.642	0.639	0.623	0.615	0.604	0.612	0.624	0.638	0.664	0.664	0.664
1.65	0.622	0.619	0.605	0.596	0.586	0.594	0.606	0.621	0.642	0.642	0.642
1.70	0.604	0.601	0.587	0.579	0.570	0.578	0.590	0.604	0.621	0.621	0.621
1.75	0.586	0.583	0.570	0.562	0.554	0.562	0.574	0.589	0.602	0.602	0.602
1.80	0.570	0.567	0.554	0.547	0.539	0.548	0.559	0.573	0.584	0.584	0.584
1.85	0.554	0.551	0.539	0.532	0.524	0.534	0.545	0.559	0.566	0.566	0.566
1.90	0.540	0.537	0.525	0.518	0.511	0.521	0.532	0.544	0.550	0.550	0.550
1.95	0.526	0.523	0.511	0.505	0.498	0.508	0.520	0.530	0.535	0.535	0.535
2.00	0.512	0.510	0.498	0.492	0.486	0.496	0.508	0.517	0.521	0.521	0.521
2.05	0.500	0.497	0.486	0.480	0.474	0.485	0.496	0.504	0.507	0.507	0.507
2.10	0.488	0.485	0.475	0.469	0.463	0.474	0.485	0.492	0.494	0.494	0.494
2.15	0.476	0.474	0.464	0.458	0.453	0.463	0.474	0.481	0.482	0.482	0.482
2.20	0.465	0.463	0.453	0.448	0.443	0.453	0.464	0.470	0.470	0.470	0.470
2.25	0.455	0.453	0.443	0.438	0.430	0.444	0.454	0.459	0.459	0.459	0.459
2.30	0.445	0.443	0.433	0.428	0.424	0.435	0.444	0.448	0.448	0.448	0.448
2.35	0.435	0.433	0.424	0.419	0.415	0.426	0.435	0.438	0.438	0.438	0.438
2.40	0.426	0.424	0.415	0.411	0.407	0.418	0.426	0.428	0.428	0.428	0.428
2.45	0.417	0.415	0.407	0.402	0.399	0.410	0.417	0.419	0.419	0.419	0.419
2.50	0.409	0.407	0.339	0.394	0.391	0.402	0.409	0.410	0.410	0.410	0.410
2.55	0.400	0.399	0.391	0.387	0.383	0.394	0.401	0.402	0.402	0.402	0.402
2.60	0.392	0.391	0.383	0.379	0.376	0.387	0.393	0.393	0.393	0.393	0.393
2.65	0.385	0.384	0.376	0.372	0.369	0.380	0.385	0.386	0.386	0.386	0.386
2.70	0.377	0.377	0.369	0.365	0.362	0.373	0.378	0.378	0.378	0.378	0.378
2.75	0.370	0.370	0.362	0.359	0.356	0.367	0.371	0.371	0.371	0.371	0.371
2.80	0.363	0.363	0.356	0.352	0.350	0.361	0.364	0.364	0.364	0.364	0.364
2.85	0.357	0.356	0.350	0.346	0.344	0.354	0.357	0.357	0.357	0.357	0.357
2.90	0.350	0.350	0.344	0.340	0.338	0.348	0.351	0.351	0.351	0.351	0.351
2.95	0.344	0.344	0.338	0.335	0.333	0.343	0.344	0.344	0.344	0.344	0.344
3.00	0.338	0.338	0.332	0.329	0.327	0.337	0.338	0.338	0.338	0.338	0.338
3.05	0.332	0.332	0.327	0.324	0.322	0.331	0.332	0.332	0.332	0.332	0.332
3.10	0.327	0.326	0.322	0.319	0.317	0.326	0.327	0.327	0.327	0.327	0.327
3.15	0.321	0.321	0.317	0.314	0.312	0.321	0.321	0.321	0.321	0.321	0.321
3.20	0.316	0.316	0.312	0.309	0.307	0.316	0.316	0.316	0.316	0.316	0.316
3.25	0.311	0.311	0.307	0.304	0.303	0.311	0.311	0.311	0.311	0.311	0.311
3.30	0.306	0.306	0.302	0.300	0.298	0.306	0.306	0.306	0.306	0.306	0.306
3.35	0.301	0.301	0.298	0.295	0.294	0.301	0.301	0.301	0.301	0.301	0.301
3.40	0.297	0.297	0.293	0.291	0.290	0.297	0.297	0.297	0.297	0.297	0.297
3.45	0.292	0.292	0.289	0.287	0.28	0.292	0.292	0.292	0.292	0.292	0.292

参 考 文 献

[1] 尹克宁. 电力工程 [M]. 北京：中国电力出版社，2005.
[2] 吴希再，熊信银，张国强. 电力工程 [M]. 武汉：华中理工大学出版社，1997.
[3] 杨以涵. 电力系统基础 [M]. 2版. 北京：中国电力出版社，2007.
[4] 陈志业. 电力工程 [M]. 北京：中国电力出版社，1997.
[5] 刘从爱，徐中立. 电力工程 [M]. 北京：机械工业出版社，1992.
[6] 何仰赞，温增银. 电力系统分析（上、下册）[M]. 3版. 武汉：华中科技大学出版社，2002.
[7] 陆敏政. 电力工程 [M]. 北京：中国电力出版社，2008.
[8] 贺家李，宋从矩. 电力系统继电保护原理 [M]. 3版. 北京：中国电力出版社，1994.
[9] 韦钢，等. 电力工程概论 [M]. 3版. 北京：中国电力出版社，2009.